3. 혁신에 대한 긍정적인 태도 형성
4. 혁신의 채용 결정
5. 혁신의 집행
6. 혁신이 번복되거나 포기되지 않도록, 혁신을 강화 또는 보강

자주 잊고 있는 네 번째 질문은 '혁신의 전형적 결과가 무엇인가?'이다. 이에 대해 Rogers는 도움이 될 만한 연구가 부족함을 지적하고 있다. 부분적으로 이는 관련 연구가 유용하려면 장기적이어야 하고, 문제가 되고 있는 결과의 대안적인 원인을 확실히 걸러낼 수 있어야 하기 때문이다. 이와 함께, 변화 당사자(Change Agencies)들은 '효과는 당연히 그들이 원하는 긍정적인 것'이라고 가정하는 경향이 있다. 그래서 후속하는 모니터링과 평가가 별로 필요로 하지 않을 것으로 보고 있는데, 이러한 변화당사자들이 혁신을 강화하면서 빈번하게 받는 위안에도 또한 관련되고 있다.

그렇지만 많은 혁신들은 기대하지 않았거나 바람직스럽지 못한 결과를 낳고 있다. 실제로, 농촌 젊은층 사이의 마약 확산이나 보다 극단적인 형태의 공장식 농업 등과 같은 일부 결과는 보다 나쁜 변화를 유발하므로서, 거의 보편적으로 비난 받고 있다. 일부 다른 혁신은 분명히 관대한 성격을 가지고 있음에도 불구하고, 이른 채용자와 늦은 채용자 사이에 출발점에서 갖고 있었던 격차가 -'먼저 일어난 자가 가장 좋은 옷을 입는(First up, best dressed)' 경우- 보통 늘어 나고 있다. 그래서 우리는 즉각적인 채용자에게 이익을 주는 모든 혁신은 넓은 사회에 순익을 부여한다는 가정, 즉, 쇄신 지지의 편견을 알고 있어야 한다.

그러나 정확한 원인과 결과가 여하튼 간에, 가까이는 영국농촌, 그리고 훨씬 더 멀리 떨어진 다른 곳에서도 굉장히 많은 혁신이 분명히 일어나고 있다. 그런데 농촌 사회와 경제에 내재된 맥락들이 훨씬 빠르게 변하기 때문에 지역적 혁신의 행보도 빨라질 필요가 있다. 대형 양판점 및 인터넷에 의한 마을과 소도읍 서비스의 잠식, 자가용차 복수 보유 확대, 농업의 위기 및 공동농업정책의 추가 개혁, 소규모 원격 출점에의 고급 서비스 전달을 독려하는 정부 보조금 지급 기피 성향 확대, 대중문화의 환경에 대한 관심 흡수 등, 이렇고 저러한 맥락적 변화들이 새로운 일처리 방식, 달리 말하면 혁신이 빨리 개발되고 채용되기를 바라고 있을 것이다.

이를 염두에 두고, 그리고 지금까지 수행되어 온 많은 연구를 살펴 보면, 예를 들어, 가게 주인, 학교 운영위원(School Governers), 지자체 의회의원, 마을회관 관재인(管財人), 그리고 소기업인 등 핵심적이지만 비농업적인 농촌 주체들이 가능한 변화에 호의적일 때, 실제 어떻게 생각하고 행동하는가에 대해 아직도 거의 알지 못하고 있는 것은 불행한 일이다. 주택협

수도 없다.

아직도 농촌지역사회가 혁신을 채용하는데 매우 많은 초점을 두고 있지만, 구역평가에서는 흥미로운 또 다른 분명한 길이 있다. 구역평가에 의해 더 혁신될 것인가? 그렇다면 어떻게, 그리고, 왜? 다시금 South Midlands 연구는 약간의 실마리를 제공한다. 조사된 44개의 평가실행 사례에서 지역주민들이 표현한 관심사를 살펴본 결과, 집합적으로 약 420개의 추천 및 행동사항이 도출되었다. 이에는 '마을을 통과하는 차량의 속도를 줄이기 위해 무엇인가를 해야 한다'에서 '마을학교를 유지 및 개선하기 위해서 무엇인가 해야 한다', 그리고 '마을의 이러한 지역에 나무를 일부라도 심자'에 이르기 까지 다양하다(이에 관한 보다 상세한 내용은 사례연구 19 참조).

이러한 평가결과에 바탕하여 제안된 많은 사업들은 해당 구역에서의 과거 조치들에 바탕하였거나 닮았기 때문에 논리적으로는 혁신으로 해석될 수 없다. 그러나 일부는 확실히 혁신이다. 이러한 사례로는 재순환 시책, 좋은 이웃 시책, 한 두 종류의 지역사회 교통조치 등의 출범이 있고, 가장 성공적인 지역혁신은 일반적으로 공통적인 하나의 특별한 특성, 즉, 상대적으로 외부기관의 별 도움없이 지역주민 스스로 출범시킬 수 있었다는 점이 흥미롭다. 이는 일부 저가주택 건설, 또는 번잡한 통과도로에서의 교통 제어시설 설치는 거의 대부분 일정한 상위기관의 업무이어서, 결코 실현되지 않는다고 말하는 것이 아니라, 실현된다면, 이는 수년간의 지속적인 로비의 산물이라는 의미이다.

마지막으로, 5개 핵심 요인의 일부, 또는 모두를 혁신, 잠재적 혁신자, 그리고 이들을 둘러싼 사회정치적 맥락에 적절히 관련시켜 보면, '구역의 추천 및 행동 사항 다수가 성공적인 행동으로 바뀌고 있다'라고 흥미롭게 지적할 수 있다(표 3.1).

사례연구 6 개별 농촌서비스의 병합 공급(The Joint Provision of Disparate Rural Services)

농촌지역사회에서 서비스 공급은 시간이 지날수록 어려움이 가중되고 있다. 이에 따라 이에 대응하는 특별한 방법 중의 하나가 복수의 개별 서비스를 단일 건물 또는 차량에서 함께 제공하는 방안이었다. 이렇게 되면 편측 또는 양측 공급자의 부담 비용을 줄일 뿐만아니라, 소비자는 다목적 여행의 범위를 늘리는 일거 양득의 성과를 거둘 수 있게 된다.

이는 물론 새로운 시도가 아니다. 다양한 방식의 마을 가게 병설 우체국과 다목적 마을회관은 바로 영국적이면서도, 지금까지 오랜 기간에 걸쳐 정립되어 온 이러한 원칙의 적용 사례가 되고 있다. 그런데, 1996-7년과 2000년에 수행된 조사에 의하면, 이제 폭 넓은 범주의 서비스가 이렇게 전달되어, 좋은 관행의 최적 확산 방법에 대한 조언도 만들어 지고 있다(Moseley & Parker (1998), Moseley et al.(2000)). 이 장에서 사용하고 있는 표현을 쓰면, 이러한 연구에서는 혁신 집합을 평가하고, 이러한 혁신의 수명을 산정하며(향후의 후속 조사에서), 이러한 혁신 채용을 촉진하기 위해 자문하게 된다.

협력적 운영(Tandem Oepration)이라는 용어는 문제가 되고 있는 현상에 대응하기 위해 만들어 졌다. 이는 '복수의 기관들이 하나의 기관, 또는 제삼자가 제공하는 토지나 시설물, 또는 차량에서 각자의 서비스를 개별적으로 공급하는 방식'으로 정의한다. 그러한 협력적 운영에 대한 전국적 또는 현 수준의 데이터베이스가 과거에 없었고, 현재도 없기 때문에, 연구에서는 Norfolk, Nottinghamshire 및 Cumbria 등 3개의 다소 서로 다른 농촌 현을 방문하여, 각 현 농촌지역사회협회의 협조를 받아, 관련 사례를 조사하였다.

표 3.2 3개 현 농촌지역에서의 일부 협력적 운영사례(Moseley & Parker, 1998)

지역 혁신출점	거기서의 전달서비스	운영 파트너
Norfolk		
Stoke Ferry 학교	초등학교, 교회, 지역사회센터/극장, 일반의원(GP)	Stoke Ferry 지역사회협회, 일반개업의, Norfolk 현청, 교장, 성공회
광대역 정보버스	다양한 파트너 소관 정보, 공공임대주택 임차료 및 지방세 납부	광대역 자치구청, 지역시민자문국, Age Concern, Inland Revenue
Nottinghamshire		
Collingham 의료원 겸 도서관	자원봉사 차량운행 제도를 갖춘 일반개업의, 치과, 발치료, 약국 및 기타 건강서비스, 공공도서관	의료비 지원대상 일반개업의, 기타 건강전문요원, Nottinghamshire 현청(도서관 서비스), 자원봉사 차량서비스 관리자
우유 배달차량 겸 비공식적 현금자동지급기	우유 배달 및 수표 현금화 서비스	우유 배달 프랜차이즈, 낙농회사(외면함)
Cumbria		
Roadhead에 있는 개인저택, 우체국, 비상근 의원	일반의원(GP Surgery), 우체국	지역의 일반개업의, 우체국 직원, 우체국장 직을 맡은 여성 주민, 2개의 건강 관련당국
Coniston Institute	마을회관, 노치원, 학습지체아 보호센터 및 (지금은 중단된) 시민자문국	Coniston Institute 위원회, 지역신탁, 시민자문국, Age Concern, Cumbria 현청, 지역사회건강신탁, Coniston 구역의회

발견된 다양한 실행사례를 예시하기 위해, 표 3.2에서는 3개 현별로, 각각 2개의 협력적 운영 사례에 관한 기본 정보를 일부 보여 주고 있다. 각 사례별로, 하나는 건물, 다른 하나는 차량에 관련된 내용이 제시되어 있고, 조사한 협력적 운영사례 모두는 분명히 혁신적이다. 즉, 인근 지역에서 비슷한 것이 없다. 그리고 각각은 같은 불리점, 즉, 관행적인 '단일 공급 출점(Single Provision Outlets)'과 비교했을 때, 서비스 품질 면에서 타협이 불가피한 점을 보이고 있지만, 다른 서비스 공급자의 건물, 차량 그리고 때로는 요원을 공유하여 비용을 절감하는 같은 이점을 또한 공유하고 있다.

이와함께 연구에 의하면, 추가적으로 3가지 편익이 자주 발생하고 있다. 첫째, 어떤 서비스 공급자가 다른 공급자의 고객을 또한 접할 수 있기 때문에 확보 가능한 잠재적 고객수가 증가하고 있다. 예를 들면, 우표를 사기 위해 선술집 겸 우체국이 복합된 시설을 이용하는 손님들은 머무르는 동안 맥주를 마시기도 한다. 둘째,

시너지로서, 어떤 서비스 제공자는 다른 서비스 제공자에게 가까이 근접해 있으면 그로부터 편익을 취할 수 있다. 예를 들면, 건강 및 사회적 업무 전문요원은 다목적 마을센터 내에서 서로 배우게 된다. 셋째, 사회적 상호작용 증가로서, 일부 병합적인 출점은 실제, 지역사회 포럼이나 마을 집회장소가 되기 때문이다. 우체국을 수용하고 있는 마을회관은 이러한 상호작용을 아주 잘 예시하고 있다.

요약하면, 점차 '함께 하거나 아니면 별도로 가거나' 선택할 수 밖에 없는 낮은 인구밀도 지역에서 특히, 이렇게 새로운 서비스 전달 패턴이 상당한 이점을 갖고 있는 것은 분명하다. 유럽대륙에서의 경험은 이러한 관점을 강화하고 있다. 예를 들어, 프랑스 정부의 '1,000개 마을 프로그램'은 잡화점이건, 빵집이건, 찻집 또는 어떤 것이건 간에 마을의 마지막 점포가 사라질 위기에 직면해 있는 꼬뮨에서 농촌 다중시설(Multiples Rurals)을 장려하기 위해 추진되었다. 정부가 그러한 시책에 자금을 투입하는데 있어 요구하고 있는 주요 조건은 다음과 같다. 즉, 해당 사업자가 지역사회의 니즈에 대해 시장조사를 시행하고, 이 조사결과를 바탕으로 서비스 제공을 정당화 하는 사업계획을 수립하며, 지자체는 이에 대한 지원과 헌신을 또한 보증하여야 한다는 점이다.

이러한 협력적 운영 모두를 혁신 확산이론의 관점에서 보면, 일반적으로 하나의 공통 요소는 지역 수준에서의 사업자 존재로서, 이 사업자는 보통 '아무 것도 하지 않는다'는 대안이 배제되는 문제에 보통 직면해 있으면서도, 위험과 불확실성에는 대처할 수 있어야 한다. 이에 더하여 사업자는 제안된 혁신을 최소한 용인하고, 적극적으로 지지하지는 않더라도 최소한 나긋나긋한 태도를 갖는 상급 기관이 있어야 한다. 이 기관들이 진정으로 지원적이고 기술적, 재정적 또는 기타 도움을 준다면, 혁신은 뿌리를 내려, 번영하는 매우 좋은 기회를 분명히 갖게 된다.

흥미롭게도 1997년에 연구된 24개의 협력적 출점에 대해, 2000년 후속 조사한 결과에 의하면, 다양한 출점에서 3개의 우체국이 폐쇄된 유일한 예외를 제외하고는, 3년 동안 지속적 및 점진적 변화 모습을 보이고 있다. 혁신의 동거(bedding down), 아니면 붕괴에 영향을 주는 핵심적인 변화 및 연속성 유인은 공급처 관리자 또는 소유자의 개인적인 품성과 양조업자, 우체국 지국(Post Office Counters) 및 건강당국 등 비지역적 이해당사자들의 정책과 태도이다.

그렇지만, 1997년과 2000년 모두 병합 출점 부재를 조사하지 않아, 아마도 재미있는 질문은 '이제 2~3백개의 우체국들이 왜 선술집에 자리하고 있는가?'가 아니라 '왜 훨씬 더 많은 곳에서는 그렇지 않는가?'이다. 이러한 질문에 답하기 위해서는 혁신을 방해하고 있는 다양한 제약, 실제로는 현상 유지에 기득권을 갖고 있거나, 새로운 가능성을 알지 못할 수 있는 주민들을 둘러 싼 혁신가, 비혁신가 및 의사결정자들의 태도와 행위를 보다 깊이 탐구할 필요가 있다.

구역평가와 협력적 서비스 출점, 양 혁신을 관찰하여 보면 중요한 결론이 일부 도출된다. 각각의 혁신은 각각, 구분 보다는 공감을 권장하는 지역적 기구 결여와 서비스 공급에 있어 규모의 경제 결여 등, 긍정적 변화를 가로 막는 제약을 공격하고 있다. 또한, 각각은 신뢰 및 기술, 그리고 다시 혁신할 용의를 갖는 개인이건 그룹 및 조직이건 간에 지역적 역량을 육성한다. 그리고 각각은 외부 지원에 별로 의존하지 않는 지역 주체들이 집행할 수 있다는 의미

에서 현실적이다. 마지막으로, 모든 최선의 혁신처럼, 각각은 비슷한 관심사를 갖고 있는 이웃들이 후속적으로 채용하거나 적응하고 있음을 보여 주고 있다.

그리고 어떤 요인들이 이러한 혁신의 신속한 확산과 선도적인 채용을 도와 주는가? 각 사례에서 선도적 채용자들은 동적인 리더십을 갖는 지역사회이거나 기업이고, 아이디어, 영감 및 자문의 원천에 잘 연결되어 있으며, 지원적인 제도적 환경에서 운영되는 경향이 있다. 그러나 이러한 조건들은 일반적으로 필수적이긴 하지만, 충족되는 경우는 드물다. '어떤 것이 잘못되었다'는 사실을 보다 빠르게 깨닫는 데서 오는 촉발사건(Trigger Event)이 있어야 하는 것이 보통이다. 이러한 촉발사건은 우체국 폐쇄나 지역계획이 수립되고 있다는 발표와 같은 인지된 위협 또는 위험일 수 있거나, 일부 LEADER 사업의 자금지원 전망과 같은 새로운 기회일 수도 있다. 마지막으로 외부의 격려 분위기가 신속한 확산을 강화한다. 상업적 및 지역사회 기업가들은 당연히 농촌개발의 동력일 수 있으나, 그 들의 노력이 외부기관의 지원을 끌어낼 때 가장 잘 꽃 피울 수 있다.

추가 참조사항

이 책에서 제시된 모든 사례연구는 어떻든 '틀 깨기'에 관계된다. 혁신의 도입인 경우도 있고, 강화인 경우도 있다. 사례연구 1, 7, 9 및 29는 일련의 관점을 보여 주고 있다. 사례연구 16은 서비스 전달 부문에서의 특수한 혁신 사례를, 그리고 사례연구 19는 구역평가에 대해 많은 것을 보여 주고 있다.

추가 권장문헌

Rogers(1995)는 사회시스템 혁신 분야에서 '필독서(Bible)'가 되고 있다. Moseley(2000a)는 이 장의 많은 바탕 내용을 보다 상세히 다루고 있다. LEADER Observatory(1994a)와 LEADER Observatory(1997b)에서는 혁신을 LEADER 프로그램의 주안점으로 간주하고 있다.

04 Adding Value: Building on What's There
고부가가치화: 할 만한 것에 기반

주님, 당신은 나에게 다섯 가지 재주를 주셨나이다. 보아라! 이 다섯 가지 재주 말고도, 나는 다섯 가지 재주를 더 얻었노라.
주님은 그에게 말씀하셨다. 잘 했다. 너는 착하고 신심이 충직한 종이리니....

마태복음 25장, 20-1절

정의 및 중요성

농민이 자신이 생산한 열매 작물을 더 이상 최종 소비자, 또는 멀리 떨어져 있는 식품가공 회사에 직접 팔지 않는다. 대신, 인근의 다른 농민들과 함께 열매 작물을 체리 브랜디로 변환하는 공장을 지어, 생과(生果) 보다는 브랜디로 가공하여 판다. 이렇게 되면, 지역경제에 부가가치를 증대하게 되어, 멀리 떨어져 있는 지역이 아닌 자신의 농장 또는 농장 인근지역에 부와 일자리를 창출하게 된다. 또한, 농민이 농장이나 인근 소도읍에 가게를 열어, 관광객들에게 도매 가격이 아닌 소매 가격으로 브랜디를 팔고, 이와 함께, 약간의 추가적인 요금을 받고 농장과 양조장에 대한 견학 과정을 제공하면, 보유 자원에 훨씬 더 많은 가치를 부가하게 된다. 프랑스인들이 '공정가격 설정(또는 가치화, Valorization)'이라고 부르는 이러한 개념은 외부에서 수입된 자원 보다는 지역자원에 주로 바탕하는 개발인 '내생적 개발'의 진수가 되고 있다.

실제로 '공정가격 설정'이라는 용어는 '제대로 상품성을 갖출 경우, 상품이 보다 높은 가격에 팔린다'는 좁은 의미의 부가가치 증대 보다, 약간 넓은 의미를 갖고 있다. 이는 또한 지역자원이 통상적인 방법으로 유통되지 않더라도, 이의 가치가 제고되는 의미를 갖고 있다. 그래서 붕괴된 성은 복원에 의해, 비숙련 잉여 노동력은 훈련에 의해, 또는 전형적인 영국의 구역의회와 같이 능력을 제대로 발휘하지 못하는 제도들은 지원, 분권 및 장려 프로그램 등에 의해 공정가격이 부여될 수 있다. 각 경우, 원래 경제적 측면에서 가치가 전혀 또는 거의 없었던 지역자원이 지속가능 개발과정에서는 실질적인 연주자가 된다. 여기서 '지속가능'이란, 미래의 자원 배분과 관련하여 선택지(選擇枝)를 훼손하지 않는 가운데, 현재의 자원이 활용되어야 한다는 의미이다.

그러한 관점에서 보면, 여기서의 고부가가치화 정의는 다소 큰 개념을 포괄한다. 고부가가치화는 지금까지 제대로 이용되지 못하였던 지역자원을 지속가능하게 활용하여, 해당 지역의 부와 일자리를 창출하는 일이다. 최근 일련의 문헌에서는 유럽 전체에 걸쳐 LEADER 사업 경험이 주는 교훈의 정수를 뽑아 놓고 있다. 고부가가치화 개념은 지역의 영역적 경쟁력을 제고하는 개념과 매우 근접해 있다. 지역 번영을 책임지고 있는 주민들이 지역자원에 바탕하여 자신의 영역적 사업을 설계하고, 대부분 지역 밖에서 온 고객들에게 자신들의 생산품을 팔아야 하는 방안이 성공의 열쇠가 되고 있다.

그리고 지역자원의 고부가가치화에 의해 지역이 수혜하는 것은 다른 곳이 아닌 거기서의 일자리 창출은 물론이고, 숫자가 늘어난 근로자들이 최소한 수입의 일부를 인근 지역에서 지출하는데서 연유되는 지역경제 승수효과(2장에서 이미 논의된 개념) 뿐만이 아니다. 경험에 의하면, 지금까지 놀리거나 무시하였던 지역자원의 재평가 및 재가치화는 부가적으로, 그리고 여러가지 진기한 방식으로, 폭 넓은 사회 문화적 효과를 갖는 경향이 있다. 지속적인 개발과정에서, 그 자체가 활용될 수 있는 잠재적 자원이 되고 있는 지역적 정체감과 장소에 대한 자부심 증가 또는 재주장이 그 것이다.

핵심 잇슈

지역자원 고부가가치화의 중요한 측면은 지역적 독특함을 옹호하는 것이다. 이러한 방향으로 사고(思考)하게 된 것은 1장에서 설명한 바와 같이, 농촌개발 영역에서 세계화의 영향에 대해 관심이 커지고 있는데서 많이 연유되고 있다. 점차 세계적으로 생산비용이 가장 싼 곳이면 어디라도 자본은 모여 들어, 과거에는 상당히 안정된 지역시장을 형성하였던 곳에도 침투하는 경우가 늘고 있다. 간단히 말하면, 지역경제는 이제 몇 천 마일 떨어진 곳에 있는 생산자들을 상대로 하는 차가운 경쟁의 돌풍에 실제적으로 노출되어 있다. 체리 브랜디를 사례로 들면, 과거 공산주의 체제 하에 있었던 일부 동구권 국가들과의 새로운 무역협정에 의해 값싼 열매 작물이 수입되어, 서유럽 시장에 홍수 출하되고 있는 것이 실질적인 변화의 채찍이 되고 있다.

이러한 모든 것에서 얻은 핵심적 교훈은 점차 지역 생산자들이 다소 다른 무엇, 즉, 경쟁

- 직업 시장과 직업 시장에 진입 또는 재진입하는 방법에 관한 정보의 적절한 제공
- 어린이를 가진 가정의 부모들에게 직업을 갖는 것이 활력있고 이익이라는 점을 설득할 수 있도록, 적절한 위치에 질 높은 어린이 보호서비스를 적절한 가격으로 제공
- 또한 진정으로 접근 가능한 위치에서 적절한 방법으로 훈련과 함께, 필요한 경우, 보수교육 제공
- 적당한 날짜와 시간에, 일터, 또는 적절한 경우, 훈련 장소에 도달할 수 있도록 교통 서비스 제공

물론, 이 것 중 어느 하나도 소외자 자신의 책임이 아니라고 말하는 것은 아니다. 그러나 경험에 의하면, 위에서 언급한 이유로 인해, 특히 농촌지역에서는 그러한 장애물들을 상당한 외부 지원 없이는 극복하기 어려울 것 같다. 정보, 어린이 보호, 훈련 및 교통 등을 농촌적 환경에서 공급할 수 있는 일련의 실제적 방법을 여기서 열거하기에는 여유 공간이 없는데 -일부 제안에 대해서는 사례연구 14와 특히 참여, 접근성 및 기업을 다루고 있는 다른 장을 참고-, 지도적 원칙은 창의와 유연성이어야 한다. 그렇기 때문에, 서비스 전달에 이르게 되면 농촌성 요건이 지도적 원칙이 된다.

저가주택

여기서의 도전 과제는 지역의 저소득층이 효과적으로 이용할 수 있는 주택 재고(Stock of Dwellings) 증대 방안이다. 최근 이 주제에 관해서는 많은 문헌들이 저술되었지만(예를 들면, 농촌개발위원회, 1999), 여러 측면에서, 같은 시공간에 5개의 결정적인 구성 요소들이 필요하다고 요약할 수 있다.

- 지역주택 니즈의 양과 속성에 대해 명확한 정량적 증거
- 토지이용계획체계 운영에 의해, '개발토지'에 적용되는 가격 보다 상당히 싼 가격의 토지
- 토지이용계획과 사회적 주택에 대해 일차적 책임이 있는 지자체 수준과 NIMBY족의 반대가 바로 빈발할 수 있는 지역 수준 등, 양 수준에서의 정치적 지원
- 대부분 규모가 작고, 상대적으로 멀리 떨어진 지구에서, 주택 몇 채를 신축하여 관리할 의지와 준비가 되어있는 주택협회나 기타 '사회적 지주'를 일반적으로 의미하는 개발기구

- 일반적으로 주택공사 및/또는 지자체가 주택협회에 충분한 자금을 제공하는 일을 의미하는 재정

특정한 위치에서 동시에 5개의 요소를 확보하는 일은, 대규모 포장(圃場)의 중간에 있는 작은 우리에 고집 센 양을 몰아 넣는 일보다 어려운 일일 수 있다. 그리고, 새로운 전담직, 즉, '주택 도우미(Housing Enabler)'라는 직종이 생겨 났는데, 이는 유순한 양 몰이개 역할을 수행한다. 지면 관계상, 지역 수준에서 이러한 과정을 활성화 할 수 있는 모든 것을 수록하지 못하고 있다. 이러한 사례로는 지역의 주택 니즈조사를 후원하는 일에서, 몰이개가 양을 모는 동안, 우호적인 지주들이 값싼 토지 제공 약속을 다짐할 수 있도록 '토지은행'을 설립하는 일은 물론이고, 거기에서 다른 어떤 개발도 배제되기 때문에 상대적으로 값이 쌀 수 있는 소위 '제외 토지(Exceptions Land)'에 사회적 주택을 승인하는 조항을 계획전략에 포함하도록 보장하는 일 까지 다양하다. 그러나 많은 영국농촌에서 저가주택 공급을 다루지 못한다면, 지역의 사회통합 프로그램은 심각한 문제가 있는 것으로 받아 들일 수 밖에 없다.

물론, 신축이 1980년대와 1990년대에 걸쳐 거의 대부분 보편적인 해결책으로 여겨져 왔지만, 저가주택의 공급 확대가 반드시 신축을 의미하는 것은 아니다. 소유권과 무관한 기존 주택 재고의 잠재력에 초점을 두어, 이 재고의 일부를 소외자들에게 보다 접근가능하게 만드므로서, 걱정을 상당히 줄이는 가운데, 많은 것이 성취될 수 있을 것이다.

지역사회개발

지역사회의 능력과 활력을 다양한 방법으로 배양하므로서, 많은 사회적 소외자들의 삶의 질을 의미있게 개선할 수 있다. 빈곤과 관련하여, 신용협동조합과 지역기업 거래시스템(LETS: Local Enterprise Trading System) 시책은 소외자들이 새로운 소득원 발굴을 추구하지 않더라도 도움이 될 수 있다. 유급 고용과 관련해서는 어린이 보호, 자동차 합승이나 편승제공 시책(Lift-giving Schemes), 그리고 기회에 대한 구전 정보 전파 등, 비공식적인 지원 네트워크가 도움을 줄 수 있다. 주택과 관련해서는 활력있고 활동적인 지역사회가 NIMBY형 반대를 누그러 뜨리고, 아마도 마을평가 수행과 평가결과의 폭 넓은 논의를 통해 보편적으로 문제를 인식하고 이해를 제고하므로서, 저비용 토지 제공 약속까지 확보할 수 있을 것이다. 서비스와 관련해서는, 우체국에서 마을회관과 대중교통에 이르기 까지, 시설 유지 및 개선 캠페인에 의해 이에 과도하게 의존하고 있는 소외자들을 모두 도울 수 있다. 마지막으로 장

기 거주민과 외부 유입자 -이 중 다수는 일에 종독된 남편이 있는 외로운 엄마, 어린이 그리고 지역에 친지가 없는 주민 등, 스스로 자산과 문제를 함께 가질 수 있음- 사이의 간극을 해소하려는 노력은 서로 이익이 될 수 있다. 여기서의 모든 것에 관해 다른 장, 특히 지속가능성, 공동체, 접근성 및 참여 관련 장을 참조하라.

정보와 조언

일자리나 훈련 기회, 정부 보조금 수혜자격, 채무관리, 어린이 보호, 교통 가용성 등등에 관한 무지나 적절한 자문 결여에 의해, 수 많은 소외들이 불필요하게 유발되거나 지속되어 왔음을 보아 왔다. 이러한 측면에서, 임시변통의 조치는 부적절하다는 사실이 교훈인 것 같다. 그래서 통합적이고 광역적인 전략이 필요하다. 그러한 전략은 적절히 입지한 다양한 종류의 자문국과 순회 단위조직(Mobile Units), 이동 활동가 또는 봉사 활동가들, 우체국과 학교와 같은 지역 출점, 그리고 변변치 않은 전화에 의한 상위지역으로의 전기통신 등, 다양한 '전달 기제'는 물론이고, 지자체, 복지수당(Benefits) 지급기관 및 시민자문국(Benefits Agency and Citizen's Advice Bureau) 등 다양한 분야 또는 기관을 포괄할 필요가 있다.

중요한 것은 정보나 조언을 소외를 겪고 있는 주민들에게 단순히 확산하는 일 만이 아니다. 앞의 절에서 목록화 하였던 많은 조치들을 장려하여 통합을 촉진하기 위해 많은 일을 할 수 있는 구역의회와 같은 잠재적 소외 경감자, 그리고 자신의 학교에서 방과후 어린이 보호와 '아침식사 클럽'을 주관하도록 설득할 수 있는 학교 관리자(Governer)를 잊어서는 안된다. 물론 많은 수가 이미 이렇게 하고 있다. 최적 실행을 퍼뜨리는 일도 임무로서, 이는 치밀한 설득은 물론 정보와 조언의 확산을 의미한다.

사회적 통합과 함께 하는 광역개발 프로그램 'Center-Stage'

지역의 통합 도구 킷은 매우 많다. 다음의 첫 번째 사례연구는 Dorset에서의 한 농촌개발 프로그램에서 채택한 주요 통합 도구들을 보여 주고 있다. 이는 또한 진정으로 사회적 통합을 무엇보다 소중한 목적으로 삼고 있는 광역 농촌개발전략의 내용과 성격에 관해 숙고하는데 유용할 수 있다(Leader Observatory, 2000). 그러한 전략은 다음과 같다.

- 소외자들을 지역발전의 문제이자 자원으로, 객체 만이 아닌 주체로 취급한다. 자원은 탐색 및 정량화 될 수 있고, 자원의 부가가치 증대에 관련된 제약도 주의 깊게 탐색될 수 있다(4장 참조).
- 특정한 사업에서 '소외자들의 니즈는 무엇인가?'와 '그 들의 능력은 무엇인가?'를 함께 다루기 위해 양자를 합성한다. 하나의 사례는 사회적 차량시책이나 방과후 보호에 보다 활동적인 노인들을 참여시키는 일이고, 다른 하나는 청년 실업자들이 노인들을 위한 컴맹퇴치 교실에 참여하는 경우이다.
- 젊은 엄마, 보호자 지원그룹에서의 활동가들, 편부모와 실업수당 청구자 등, 적절하게 확보된 자문그룹을 통해, 개발 프로그램의 계획 및 전달 과정에서 소외자들과 이 들 대표들을 참여시킨다.
- 마을, 구역 또는 소도읍에서 지역 상품과 서비스에 대한 수급(需給)을 내부화 하는데 방점을 두고, 바로 지역 수준에서 지속가능성을 진흥한다.
- 지역 수준에서 인적자원 개발, 역량강화 및 지역사회 보호를 진흥한다.
- 지역사회에 소득과 일정한 권한을 주는 지역사회 소유 자산의 -지역사회기업, 건물, 자원센터, 개발신탁, 교환시스템- 양과 범위를 늘린다.
- 프로그램의 다양한 사업, 모두에 대한 '통합 검증(Inclusion Proofing)'을 보장한다. 예를 들면, 마을회관위원회에 대한 보조금은 이용자의 바램 만이 아닌 전체 지역사회의 수요에 대한 사전조사를 조건부로 지원한다.

이러 저러한 방법을 써서 지역개발 프로그램에서 사회적 통합이 중심 무대에 오를 수 있게 할 수 있다.

사례연구 13 Dorset 1994-98년 농촌개발 프로그램 (The Dorset Rural Development Programme 1994-98)

지역의 공공 및 자발적 단체 파트너쉽이 인구 140,000명인 큰 띠 모양의 Dorset 농촌 일대에 걸쳐, 경제 및 사회적 개발을 진흥하기 위해, 1994년, Dorset 농촌개발 프로그램을 출범시켰다. 1998년 중반, 저자가 이 사업의 진척도를 평가하였을 때(Moseley, 1998), 약 70개 사업에, 약 9백만 파운드의 사업비를 지원하였다. 사회적 통합은 추진 목적의 단지 하나로서, 다른 목적들은 보다 경제적 또는 환경적 성격을 띠고 있었는데, 70개 사업에서 사회적 통합과 완전히 무관한 경우는 거의 없었다. 프로그램으로 성취한 통합 량은 정량화가 불가능하지만, 다음 표 7.1은 사회적 통합에 가장 근접한 목적을 가지고 있는 17개 사업을 열거하였다. 이 들 사업들을 살펴 보면 실질적으로 충분히 사회적 통합에 기여하고 있다고 볼 수 있다.

3년 동안, 17개 사업에 투입된 총 비용은 백만 파운드에 이르고, 많은 자금이 5개 소도읍의 산업용지 조성 및 작업장 공급, 그리고 관광객을 유치하기 위한 Swanage 부두 복원에 투입되었지만, 모든 사업은 지역의 일자리 전망 개선과 함께 통합성 제고도 희망하고 있다. 쓸모있는 결론이 3개 도출되었다. 첫째, 사회적 통합을 다루므로서 사업이 다양해 졌다. 둘째, 제한된 자원을 나선형의 상승개발을 촉진하기 보다는 격차를 메우는 일에 지출할 위험성이 있다(차이를 밝히기 어려우나, '개발적인' 순회 훈련센터(5번)와 '간극 메우기'식의 노인복지센터의 확장자금 지원(13번)을 비교하라). 셋째, 소위 '사업주의(Project-ism)'에 빠질 위험성이다. 여기서 사업주의란 개발의 독려를 적절하게 선정된 사업에 대한 자금 지원과 함께 핵심적인 외부기관의 영향력 행사 등, 양 측면으로 보기 보다는 단순히 전자로만 해석하는 것을 의미한다(13장에서 보다 충분하게 논의될 관점).

| 표 7.1 | Dorset 농촌개발 프로그램: 사회적 통합요소가 강한 사업

사 업	사업내용	사회적 통합과의 관련성
Portland(13,000명), Sturminster Newton 읍과 배후지역을 담당하는 지역사회요원	자원봉사국, 여름놀이시책, 방과후 클럽, 노인과 실업자를 위한 지원 그룹 출범을 도와 주는 2명의 요원	어린이 보호는 엄마들의 유급고용 참여능력 제고를 의미. 또, 소외그룹의 사회적 고립이 줄고, 지원 네트워크가 개선
Swanage 청년층 자문소	훈련, 고용, 교통, 서비스 접근, 건강 및 개인적 관심사 등에 관해 청년층(14-25세)에게 자문 및 방향을 제시하는 정규직 개발요원	청년층의 취업과 훈련을 도와 주는데 상당한 성과. 6명에게 훈련, 고용을 제공하고, 숙소를 스스로 만드는 '훈련 및 건설' 프로그램 파생
Maiden Newtown 청년 및 지역사회센터	특히 청년층과 지역사회가 폭 넓게 만나고 사교하기 위한 적절한 집회장소를 제공하기 위해 마을센터를 개수하고 시설을 확충	임시직으로 일하는 엄마를 돕는 놀이그룹과 방과후 그룹 등 일부 새로운 활동. 보다 일반적으로는 청소년들의 사회적 기술개발, 지역사회개발, 비공식적 지원네트워크 강화 등을 지원
Sherborne 시민자문국 -가정방문서비스	10마일 반경 내에 있는 교통약자 가정을 방문하여 전문적 자문/옹호/대변/협상 서비스	고객조사에 의하면 부채 문제를 안고 있는 저소득층 가구 등 불이익자에게 접근 성공. 전반적으로 이러한 지역에서 보조금 수령을 늘리는데 도움
순회 훈련센터	훈련센터로 개조된 카라반과 전담 관리자가 인접한 관할지에서 수일간 체류. 맛 감별사, 여성 복직자, 다양한 IT 과정 등	일평균 10명의 피훈련자와 연간 200일 동안 주민 500명이 이용. 먼 도시에 있는 훈련시설에 거의 접근할 수 없는 농촌주민들에게 성공적으로 제공. 잠재적인 여성 복직자에게 특히 유용

| 표 7.1 | 계속

사 업	사업내용	사회적 통합과의 관련성
농촌교통 자문자	좋은 관행 관련 정보 확산, 개인, 지역사회, 자발적 그룹, 교통운영자 등을 지원하기 위해 장려 및 개발된 지역사회기반 교통시책	자가용차를 보유하지 못한 많은 농촌 주민들의 사회적 고립을 간접적으로 경감. 통근과 훈련 목적 이동수단을 제공하여 일부 도움을 주고 있으나, 다른 이동 형태들이 양적으로 보다 의미있음
Wincombe 고용센터, Shaftesbury	12개의 소기업단위(34개 일자리). 54개 어린이 보호시설과 훈련을 담당하는 평생교육대학의 전초기지	어린이 보호는 일하는 엄마들에 도움. 훈련에 의해 특히 청년층의 고용 전망을 개선
지역사회사업기금	전체 농촌개발지역에 걸친 소규모 보조시책에 의해 연간 50-60개 사업을 지원(평균 보조금액 500파운드). 모든 사업은 지역에서 연원, 운영 및 공동투자되고, 지역을 위함	사업은 보통 지역사회시설과 설비, 어린이 놀이, 위락에 관련. 불이익자를 명시적으로 목표로 하지 않으나, 산출 항목에는 일반 주민의 자치 역량 부여, 지역 수준의 보다 좋은 사회적/지원 네트워크 등이 포함
Cold Harbour 기업공원, Sherborne	관행적인 소규모 산업단지였는데, 사회적 주택 50동 신축용 용도지구로 개설	지역의 사회적 주택 재고를 소중하게 추가할 수 있음
일과 놀이시책 Work 'n' Play Initiative	전 시역에 방과후 어린이 보호 시책, 놀이-작업을 겸한 훈련 프로그램, 놀이클럽 네트워크 등을 개발하는 요원 고용	보다 많은 엄마들이 노동시장에 진입할 수 있도록, 어린이 보호 하부구조 시설을 건설
농촌가정사업	가정지원 서비스 제고, 질 좋은 노인 보호 및 나이 많은 어린이들을 위한 레저 기회 강화 등을 위해 3개 구역을 관할하는 임시직 요원	어려움을 겪고 있는 가정, 지역사회 네트워크 개선, 양질의 어린이 보호 등을 지원
북부 Dorset 장애우 정보서비스	북부 Dorset 장애우들을 위한 정보 서비스 지원	장애우 및 보호자들이 장애 관련 구체적 정보에 접근 가능
Bridport 노인복지센터	노인센터의 건물 확장, 고객용 시설 개선	점심클럽, 발 치료 등 노인들의 삶의 질 개선
YMCA Upgrade, Portland	호스텔, 사회성 강화, 훈련, 자문 및 카운슬링 제공 등 다목적 청년센터	Dorset 소외지역에서 청년층의 사회적 통합 개선

표 7.1 계속

사 업	사업내용	사회적 통합과의 관련성
Bridport 휴게실	청년층의 훈련 및 카운슬링을 위한 안전한 집을 제공하고, 이 들이 일을 체험할 수 있도록 이전의 청소년용 호스텔을 개조	청년층 불이익자를 위한 쉼터, 지원 및 일자리 전망 개선
여성에 대한 새로운 기회	여성 재취업자를 위한 다양한 직업 기술과 신뢰 회복를 제공하는 14주 짜리 훈련과정, 하나의 큰 마을에서 약 20명이 참여	참여한 20명 중, 4명은 취업이 진행되고 있고, 5명은 추가 교육/훈련 중
Maiden Newton & Sturminster Newton 장애우 컴퓨터 훈련센터	장애우들의 고용 가능성을 제고하기 위한 정보기술 및 기타 과정. 직업 탐색을 도와 주기 위해 '직업클럽' 설치	Maiden Newton에는 최초에 7명의 피훈련자가 있었는데, 이 중 3명이 몇 달 안에 취업

사례연구 14 Peak District 농촌소외포럼(The Peak District Rural Deprivation Forum)

Peak District 농촌소외포럼은 1992년 설립된 자발적 조직으로, Peak District 국립공원 내에서 소외의 속성과 정도에 대한 인식을 제고하고, 다른 기관 및 지역주민들이 협력하여 해결책을 만드는 것이 설립 목적이다.

이 포럼에서 포함하고 있는 지리적인 범역은 면적 약 1,300㎢, 인구 약 40,000명인 Peak District 국립공원 지역과 거의 일치한다. 지역은 말 그대로 거의 대부분 인근 도읍과 도시주민 수 백만의 '후원(後園)'이다. 이러한 근접성에 의해 대개는 중산층인 통근자와 은퇴자 집단이 목가적인 환경에서 살려고 유입되고 있으며, 매년 2,200만 명의 방문객을 끌어 들이고 있다는 사실이 지리적 맥락에서 중요하다. 이러한 사람들의 거의 대부분은 일반적으로 지역개발을 강하게 반대한다. 또한 이 공원지역은 3개 현, 6개 기초 지자체, 5개 자치구의 일부를 이루고 있이, 정치적 및 행전저으로 지역이 파편화 되어 있는 점도 중요하다. 단지 하나의 단체인 국립공원관리공단이 전체 지역에 대해 배타적으로 관할하고 있는데, 이 단체의 관련 업무와 기조는 본질적으로 보전과 위락에 관련된다.

약 10년 전에 발표된 한 영향력있는 연구보고서(Scott et al., 199)에 의해, 이렇게 아름다운 농촌 안식처 및 놀이터가 또한 심각한 사회적 문제를 안고 있음이 밝혀졌다. 이 연구보고서는 많은 노인, 편부모와 임시직 및 저임금 일자리에 종사하고 있는 지역주민들이 겪고 있는 빈곤, 극히 제한된 일자리 기회, 중산층 유입과 규제적 계획정책에 의해 부풀려진 집값의 사회적 결과, 그리고 자신의 마을에서 보통 이방인이라고 느끼는 많은 주민들의 고립감, 외로움 및 좌절감 등을 강조하고 있다. 그리고 이러한 소외는 지역의 아름다움에 의해, 거기 살고, 일하거나 휴양하기 위해 온 사람들의 선입관에 의해, 그리고 가장 필요한 사람들이 보통 가장 그러한 사실을 받아 들이는데 주저한다는 사실에 의해 시야에서 대부분 감추어져 있음을 강조하고 있다. 여기서의 소외는 인근의 탄전지대 및 산업지역과는 사뭇 다르다.

영국농촌지역에서 지역주민의 증언을 질적인 측면에서 분석한 사례는 이 보고서가 처음이다. 이 보고서의 발간에 의해, 다양한 법정 및 자발적 기관들, 그리고 관련된 개인들이 참여하여 최적 대응방법을 강구하는 일련의 '공개 포럼회의'가 출범하였다. 이 모임을 통해 Scott가 '하향식도 상향식도 아닌 중간 횡단적'이라고 멋지게 규정한 포럼이 창설되었다(Peak District Rural Deprivation Forum, 출간년도 미표기). Scott에 의하면 이 포럼은 최근 확장 및 확대되어 약 400명의 주민과 조직 - 이 중 다수는 보다 '풀 뿌리'적 속성을 가진- 으로 이루어진 회원 규모를 자랑하고 있다. 이 포럼은 이러한 기관에서 대부분 중간급의 위계를 갖고 있는 활동가들로 구성된 느슨한 구조의 네트워크를 의미한다.

포럼의 작업은 대개 1992-97년 사이와 그 이후의 두 단계로 구분된다. 첫 단계에서는 농촌개발위원회(Rural Development Commission)와 North Derbyshire Health Authority의 3년간 자금 지원이 크게 도움이 되었는데, 지원 대상에는 추가 연구, 인식 제고, 네트워킹 및 캠페인 등이 포함되어 있다. 보다 구체적으로 보면, 지역의 자발적 기구인 서비스협회와 농촌지역사회협회, 지자체와 보건당국 복지권(Welfare Rights) 그룹, 보호자 연합 등과 같은 단체, 그리고 지역사회교육, 정신건강, 카운슬링, 옹호, 교통 및 주택 관련 업계를 대표하는 12명 정도의 회원을 전형적으로 가진 수 많은 작업그룹들이 설립되었다. 이러한 그룹들은 교통 및 접근성, 저소득 및 복지권, 건강과 지역사회 보호 및 기타 폭 넓은 주제, 추가적인 지역적 증거 수집과 보고서 작성 및 배포, 그리고 한 경우는 비디오 및 훈련 패키지 등에 초점을 맞추고 있다. 이 모두는 일련의 기관과 지역사회 그룹들이 자신들이 하는 작업에 포함된 농촌소외 차원을 보다 더 잘 인식하도록 돕기 위해 고안되었다.

이러한 노력, 그리고 관련된 컨퍼런스, 뉴스레터 및 캠페인은 인식 제고와 태도 변화에 상당한 영향을 미쳤다. 1998년에 수행된 평가(Scott & Russel, 1999)에 의하면, 과거 6년 동안 Peak District 교통 파트너쉽, Peak 농촌복지권리사업, 그리고 자발적 부문 하부구조 작업그룹 등과 같은 새로운 제휴가 결성되었는데, 이 모두는 보다 소외된 사람들에게 자원을 보다 적절하게 집중하는 의도를 갖고 있다. 평가에서는 또한, 최소한 하나의 지역사회 보호계획에서 사소하더라도 자원의 유용한 변환이나 강조사항 변화, 다양한 전략적 문서에서의 반 빈곤 천명 포함 여부, 그리고 포럼이 앞으로 핵심적 잇슈화 할 것으로 예상되는 사항의 예리한 부분에 대해 지금까지는 다소 피상적으로 다루어 왔던 특정한 자발적 단체들의 독려 내용 등을 탐색하였다.

포럼의 개인 회원 및 작업그룹들이 경험을 통해 독려되고, 대담하게 시도하는 경우가 또한 있다. 부모교통시책과 일반 의원에서의 시민자문실 설립과 같은 수많은 사업들은 개인 회원들이 포럼에서 강점과 아이디어를 도출한 다음, 사업으로 발전시킨 성과물들이다(Scott & Russel, 1999).

그리고 1998년 경, 한 편에서는, 인식 제고에서 밑 바닥에서의 사업 추진으로의 진전을 소망하는데서, 다른 한 편에서는, 일반 주민들이 지금까지 단지 제한된 정도만 포럼작업에 직접 참여하여 왔다는 의미에서 강조점이 바뀌어 졌다. '전문가의 효율성과 지역주민들의 경험이 통합될 수 있을까?'라고 포럼대표인 Denise Servante는 포럼의 방향을 재평가 하기 위해 개최된 한 세미나에서 질문하였다. 1998년 이래 시작한 일부 사업은 이 질문에 긍정적으로 대응하는 시도이었다.

그러한 조치 중 하나가 '초점 그룹(Focus Group)'이다. 이는 Peak District 주민이면 누구나 참여를 환영하는 '비공식적 친화그룹'으로, 매달 만나, 직접 관련 일들을 알고 있는 주민들로부터 지역에서의 주요한 삶의 문제를 찾아 낸다. 이 그룹의 토의 내용들은 이미 지역의 시민자문실과 교통운영자들에게 성공적으로 대변되어 왔다.

또 다른 조치는 Comic Relief가 자금을 지원하는 작은 그룹사업으로, 한계 상태에 놓인 주민들이 있는 지역에서의 매우 작은 자발적 그룹 집단에 대해 재원, 정보기술 공급과 재정관리 등을 지원한다.

그러나 가장 중요한 것은 Amethyst 사업이다. 이 사업은 지역 여성들의 충분한 잠재력 발휘에 장애가 되는 문제를 지역여성 그룹들이 확인 및 극복하도록 도와주기 위해, 국가 및 지역의 8개 재원들이 컨소시움을 구성하여, 3년 동안 지원하였다. 아이디어는 사업 담당자가 여성 불이익자 자신들이 표현한 의제에 부응하여, 전부 약 50명의 여성들이 참여하고 있는 5개 그룹이 지금 정기적으로 만나도록 주선한 다음, 육아법, 도로안전, 지역교통 및 컴퓨터 기술 학습 등과 관련된 실제적인 제안을 논의하고, 진전시키는 것이다. 불이익을 받고 있으면서도 보통 잊혀져 있는 여성 참여자들의 개인계발 관련 사업의 '비물리적 산출'이, 그러한 잇슈에 구체적으로 관련되어 있는 다른 가시적 성공 만큼 최소한 의미있다는 점을 모두 지적하고 있다.

그리고 또한 포럼이 시작된 이후, 거의 10년이 지난 시점에서, 포럼은 단일 잇슈(소외), 즉, 지금까지 감춰졌거나 잊혀졌던 사회적 문제를 더 잘 이해, 소통 및 해결하기 위해, 지역에 초점을 두고(Peak District 국립공원), 법정, 자발적 및 지역사회 부문을 연계하고 있는 네트워크 조직의 가치를 시범적으로 보여 주고 있다고 결론지을 수 있다. 핵심적 도전과제는 소외된 사람들을 위해서 일하는 것이 아니라 이 들과 함께 일하는 것이다. 이에는 시간, 보호와 인내가 필요하지만, 일부 의미있는 성공은 이미 달성되었다.

추가 참고사항

사례연구 15, 16, 17 및 21, 각각은 사회적 소외의 완화에 관계된다.

추가 권장 문헌

연구에 기반한 탁월한 개관을 위해서는 Shucksmith(2000)를 참조하라. 또, Policy Studies Institute(1998), Countryside Agency(2000a), 그리고 양 문헌에서 인용한 지역연구를 참조하라.

08 Accesibility: Bringing within Reach
접근성: 수중(手中)에 들여 놓기

말이다, 말이다, 내 나라를 내 줄 터이니 말을 다오!

세익스피어의 리차드 3세에서(Richard Ⅲ)

정의 및 중요성

농촌주민들이 겪고 있는 접근성 문제는 농촌개발 프로그램의 핵심적 관심사 중 하나이다. 접근성은 '사람이 자신에게 중요한 사물에 접근할 수 있는 능력에 관한 척도'로 정의될 수 있지만, 여기서 추구하는 목적의 관점에서 보면, 이러한 정의는 오히려 너무 광범위한 의미를 담고 있다. 이 장에서는 단지 공간적, 또는 지리적 차원에서 '사람의 사물에 대한 도달능력'에 관심을 갖고 있다. 물론, 7장에서 사회적 소외의 원천에 관해 논할 때 분명하게 하였듯이, 이 용어의 넓은 의미에서 보면, 지리적 공간은 인간의 접근성에 관해, 단지 하나의 제약요소일 따름이다. 그러나 개인별로 불평등한 소득, 교육, 정보 및 사회적 기술 분포 등, 다른 요인들이 함의하는 배급기제(Rationing Mechanism)는 현재 장이 다룰려고 하는 범위 밖의 내용들이다. 여기서의 관심사는 공간이 어떻게 사람들을 제약하고, 그에 대해 어떻게 대응할 수 있는가이다.

접근성은 기동력(Mobility)과 혼동해서는 안된다. 기동력은 인간이 돌아 다닐 수 있는 능력이다. 어떤 사람이 개인적인 기동력을 많이 향유할 수는 있으나, 그럼에도 불구하고, 자신에게 중요한 사물의 다수가 실제에서는 자신의 도달 범위 밖에 있을 수 있다. 매우 큰 Hebridean 섬에서 자가용차 2대를 보유하고 있는 가구가 이 사례이다. 반대로 집에 박혀 사는 사람(House-bound People)이라도 자신이 필요한 모든 것을 대문까지 배달하여 준다면, 상당한 접근성을 향유할 수 있다. 달리 말하면, 원하는 사물의 위치, 그리고 실제는 원하는 것을 갖는 사람의 주거지 위치는 기동력 만큼 접근성에 중요한 역할을 수행한다. 이러한 전명에 의해 저자들이 수년 전에 제안하였던 단순하면서도 아직도 유용한 접근성의 개념화 시도를 연상하게 된다(Moseley, 1979). 공간적 차원에서 접근성은 3가지 요소를 갖고, 각 요소에 대해 적절한 공공정책이 적용될 수 있다. 즉, 사람은 활동에의 연계가 필요하다. 간단히 말하면, 교통 보다 접근성에 대해서는 고려해야 할 사항이 많다.

이렇게 소망하는 대상들이 다양하기 때문에, 농촌주민들이 접근하기 원하는 것을 지칭하기 위해 '사물', '활동'과 같이, 그렇게 매우 일반적인 단어를 사용하는 일이 위에서는 필요하였다. 건강보호 및 소매 행위와 같은 서비스, 병원 및 운동장 같은 시설, 고용, 훈련 제공, 친구와의 사회적 접촉 등등, 간단히 말하면, 통상적으로 약간 떨어진 곳에 위치한 대상자에게 중요한 모든 것들이 이에 포함된다.

정책적 측면에서의 도전과제, 즉, 농촌개발의 사회적 측면에 관심사를 두고 있는 모든 기관이 불가피하게 당면하고 있는 도전과제는 다음과 같다.

- 접근성 측면에서 소외를 겪고 있는 주민들이 원하는 사물에 보다 쉽게 도달할 수 있도록, 이 들에게 효과적으로 개인적 공간을 확대하는 방안
- 이러한 개인적 공간 내에 주민들이 원하는 사물을 보다 많이 거치(据置)하는 방안

이 선택지의 첫 번째는 교통정책적 사안이고, 두 번째는 서비스 전달과 무엇이든 원하는 것의 지리적 분포 관련 사안이다.

도읍이나 또는 대규모 도시근교 주택단지에서 물리적 접근성이 결코 문제가 되지 않는다고 아무도 주장할 수는 없으나, 정의에 의해 지리적으로 주민, 서비스 및 마을 등이 본질적으로 분산되어 있는 농촌지역에서 특유의 심각한 문제를 안고 있다.

이러한 모든 일이 과거 40년 동안 전면에 부각된 것은 두 개의 주요 이유 때문이다. 첫째는, 자가용차 보유 증가로, 오늘날 영국 농촌가구의 46%가 한 대의 자가용차를 갖고 있고, 37%는 두 대 이상을 보유하고 있다(Countryside Agency, 2000). 이로 인해 농촌 대중교통과 마을가게 및 학교 같은 지역의 소규모 출점(Outlet)들이 쇠퇴하여 왔다. 두 번째는, 오늘날 많은 서비스 전달기관들이 갖는 능력 증대이다. 주요 식품 소매업자에서 1, 2차 건강보호를 책임지고 있는 보건당국에 이르기 까지 규모의 경제를 통해, 소수의 규모가 크고, 그래서 필연적으로 드문 드문 배치된 출점에 -여기서의 설명과 맞는 사례로는 각각, 대형 할인점과 자치구(District) 종합병원- 서비스를 집중하므로서, 보다 세련되게 공급한다. 그래서 자가용차가 없는 17%의 농촌가구들과, 자가용차를 보유하고 있더라고 가구원 일부는 손해를 보게 된다.

최근, 아직 껏 솜씨를 충분히 발휘하지는 못하고 있는 새로운 핵심적 발전, 즉, 정보통신기술 혁명이 지속적으로 진행되고 있다(Leader Observatory, 1999). 농촌주민의 개인적 접근성

을 제고하기 위한 도전에서 이러한 혁명은 양날의 칼인 것 같다. 어떤 관점에서 이 혁명은 이미 거리를 박멸하여, 예를 들면 은행, 서비스를 주민의 가정에 바로 전달하고 있다. 그러나 이는 또한 은행, 우체국, 경찰서 및 지방정부 사무소 등, 정보기반 마을과 소도읍이 보유한 출구시설 숫자를 추가적으로 줄여 사회적 소외가 확대되는 문제도 함께 할 수 있다. 그리고, 또 다시 그러한 영향을 가장 잘 덜 수 있는 경우는 두 대 이상의 자가용차 보유 가구이고, 고통을 겪을 수 있는 경우는 자가용차가 없는 가구이다.

핵심 잇슈

접근성은 단순한 사회적 복지 문제가 아니다. 다른 장에서 기술한 개발 과정을 지역이 유지하는 능력에 영향을 미치기 때문에 폭 넓은 농촌개발 잇슈이다. 이러한 주장을 입증하는데 3개 사례이면 충분할 것이다.

첫째, 지역의 사회적 자본은 지역개발의 핵심적 요소라고 2장에서 주장하였고, 10장에서 다시 강조할 것이다. 그러나 주민 개인들이 서로 가까이 사는 집단으로서 단순히 존재하기 보다는 상호 작용하여 하나의 공동체로서 녹아들 수 있게 만드는 선술집, 교회, 가게, 그리고 학교와 같은 행위의 장들(Venues)이 점점 줄어든다면, 그러한 자본은 심각하게 위축될 것이다. 둘째, 고용주들은 노동력, 물론 보통은 숙련된 노동력을 필요로 하기 때문에, 이러한 사람들, 특히 여성, 청년 및 실업자 등을 무시하면, 이러한 노동력을 확보활 수 없는데, 이 들은 스스로 직장이나 훈련 기회에 도달할 수 있는 교통 수단을 거의 갖지 못하는 것 같다. 셋째, 지역 서비스와 이에 함의된 지역 내부 지출을 놓치는 것은 지역적 승수효과를 희생하는 일이다. 예를 들면, 작은 소도읍의 지역사회 병원이 아닌 큰 도시의 종합병원에서 수술을 받고 치료비를 지불하게 되면 농촌경제를 유지하는데 아무 것도 기여하지 않게 된다.

다음에서 고려하는 기타 핵심적 잇슈, 각각은 이러한 문제에 대한 대응의 복잡성과 관련된다. 복잡성은 확실히 옳은 단어이다. 소규모 가게가 마을에 입지하더라도 살아 남도록 도와주기 위해, 가게 주인으로 하여금 새로운 설비에 투자하도록 유도하는 프로그램, 또는 먼 곳에 있는 일자리를 얻거나 추가적으로 대학 교육을 받는데 필요한 모페드(Moped)를 청년들이 이용할 수 있는 프로그램을 도입하므로서, 문제의 측면들을 분명히 분리하여 다루는 경향이 있다. 그러나 전일적 견해를 취하는 것이 도전과제로서, 확실히 교통 문제 뿐만이 아니라 문제가 되고 있는 서비스 및 시설의 위치와 가용성도 함께 고려하여야 본질적으로 문제를 해결할 수 있다.

여기서 더 나아가, 잠재적으로 활용할 수 있는 모든 교통수단을 고려할 필요가 있다. 이에는 정기 버스 및 철도 서비스, 통학 차량과 같이 계약에 의해 제공되는 버스 서비스, '전화하고 타기(Ring and ride)'와 같은 수요 추동적(Demand-actuated) 대중교통, 택시와 응급 이외 목적의 구급차, 보통은 특수한 장애우 등, 단일 유형의 고객 그룹 만을 위해 현재 예약되고 있는 미니버스 서비스, 그리고 개인 자동차 등이 해당된다. 특히 통근을 위해 자원봉사자들이 운영하는 '사회적 차량시책'과 조직화된 '차량 공동이용(Car-sharing)'의 중요성을 고려하면, 마지막 언급된 것은 '좋은 이웃관계'를 활용하는 자원이기 때문에, 확실히 간과해서는 안된다. 이에 더하여, 이동 상점 및 도서관, 그리고 도처에서 운행되고 있는 우편차량 등과 같은 순회 및 배달 서비스가 있다

가게, 선술집(Pub: Public House), 교회 및 우체국 등 고정된 입지를 가진 서비스 출점 제공 측면으로 옮겨 보면, 각 경우의 도전과제는 소위 농촌서비스 전달의 삼각 딜레마를 해결하는 일이다(Moseley, 2000). 이 딜레마는 사회가 어떻게 하면 3개의 가치있으면서도 경합되는 목적, 즉, 높은 서비스 품질, 규모의 경제를 통한 낮은 단위비용, 그리고 출점의 적절한 지리적 분포 등을 가능한 최적으로 타협하여 기동력이 떨어지는 농촌주민들이 부당하게 소외되지 않도록 하는데 있다. 아래의 그림에서 알 수 있듯이, 일반적으로 3개의 요건 중, 다만 2개를 달성하는 서비스 출점 사례를 예시하므로서 이러한 딜레마가 명확하여 질 수 있다.

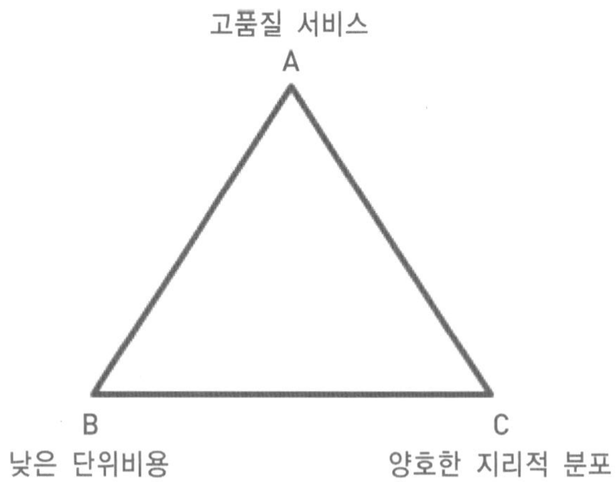

A와 B는 성립, C는 미성립: 일차 건강보호센터

B와 C는 성립, A는 미성립: 대부분의 일반의원 분원

A와 C는 성립, B는 미성립: 대부분의 작은 초등학교

자원감사

또 다른 접근법은 핵심적인 현황 요소인 지역의 자원 수혜 현황에 명시적으로 초점을 둔다. 이러한 접근법 중 하나가 또한 위에서 언급한 프랑스 논문에 제시되어 있다(Commissariat Général du Plan, 1991). 이는 자원의 6개 집합 각각에 대해 아주 단순하게 6개의 질문을 부여하는 방법으로, 실제 탐색 작업은 6 × 6 매트릭스의 각 칸을 채우는 일이다, 여기서의 초점은 확실히 지역 경제개발에 두고 있어, 사회개발을 강조하는 경우에는 다소 다른 매트릭스와 질문들이 필요할 것이다. 그리고, 이 들의 견해를 정제하기 위해서는 적절한 '자원관리자들'과의 구조화된 인터뷰들이 필수적으로 이루어져야 할 것 같지만, 매트릭스를 채우는 방법에 대해서는 정확한 지침이 거의 주어져 있지 않다.

6개의 자원 집합은 다음과 같다.

- 자연환경: 토지, 산림, 물, 언덕, 동식물상
- 문화유산: 경관, 역사적 기념물, 지역 건축물, 지역 생산품 및 노하우, 지역 브랜드 및 트레이드 마크
- 하부구조: 지역의 교류 결절, 이 결절의 도심부 근접성, 가동 중인(Serviced) 산업용지, 임대가능 주택
- 사람: 혁신능력, 리더십의 질, 책임있는 위치에 있는 토착주민의 숫자, 그리고 특정한 자격을 갖춘 주민
- 조직: 상호 공동협력기구(Machine), 강력한 자발적 단체, 협동조합과 같은 강력한 집단구조, 주요 회사의 지사 및 지역 상표 보유
- 재정자원: 기업의 투자능력, 자체 저축, 꼬뮨의 재정자원 및 지방세 기반

6개 자원집합 각각에 대해 다음과 같은 6개의 질문들이 던져질 수 있다.

- 이러한 자원을 활용할 수 있는 시장이 있는가?
- 다른 곳으로부터 실제 또는 잠재적인 경쟁이 있는가?
- 이 자원을 이용할 수 있는 지역적 기구는 존재하는가? 그렇다면, 요구되는 조건은 무엇인가?
- 이 자원은 실제로 얼마만큼 활용되고 있는가?
- 이 자원의 활용은 얼마나 긴급한가(아니면 이의 보전은)?
- 추가적인 평가작업이 필요한가?

전문가 의견 발췌

기준선 탐색에 관하여 프랑스 정부가 제공하고 있는 또 다른 '좋은 실행지침(Good Practice Guide)'(Ministère de l'Equipement des Transports et duLogement, 1977)에서는 지역개발기관들이 대략 50명에서 150명 정도의 지역 리더들을 폭 넓게 참여시킨 포럼 창설을 권장하고 있다. 이와 함께 질 높은 개인적 인터뷰와 인터뷰 결과로부터 핵심적인 지역 잇슈 목록, 그리고 이와 관련된 필수적인 사실적 정보를 끌어내기 위한 집단토의 등, 이 포럼에서는 양자가 혼재되어 있다. 프랑스에서 이 접근법이 시범적으로 적용되었을 때, 이 들 리더들이 후속하는 개발전략에 대해 주인의식을 증대시키는 일은 이렇게 특별한 사실 찾기 접근법의 가치있는 파생품으로 회자되어 왔다.

보다 일반적으로는 SWOT 분석을 이야기할 수 있다. 여기서 SWOT는 'Strengths, Weaknesses, Opportunities 및 Threats'를 의미한다. 이 기법은 지역에 대해 잘 알고 있는 지역주민 및 최소한 지역 현황, 또는 이에 대한 작용력의 일부 측면에 대해 잘 알고 있는 외부인들이 함께 참여하여, 혼자가 아닌 집단적으로 지역 현황의 4가지 차원을 곰곰이 생각하게 한다. '실제적으로 이것이 어떻게 수행될 수 있는 가'는 아래 첫 사례연구에서 제시되어 있으므로, 여기서는 상세하게 설명하지 않는다.

지역적 입증(Local Testimony)

마지막으로 매우 넓은 표본의 지역주민들로 부터의 체계적인 증거 수집과 의견 발췌를 언급하여야 한다. '지역사회 참여' 장에서 그러한 기법 몇 가지가 다루어 졌다. 특히 여기서의 맥락에서 가치있는 것은 조사 대상 지역주민들에 대한 포괄적, 또는 표본 조사를 아우르는 기법들이다. 그러나 위에서 설명한 바와 같이 신속하게 진전시킬 필요가 있다면, 이 기법은 문제가 없지는 않다. 다수의 마을평가 실천 사례들이 그 예로서, 개발계획 실행에 반영될 수 있도록 지역 차원에서 입증하는 하나의 방법으로서 지역활동가들이 크게 열광하여 적용하여 왔다. 그러나 전체 과정이 너무 오래 걸려 이벤트에 영향을 주는 기회를 놓쳤을 따름이다.

그러므로, 연구팀이 유용한 증거를 정제한다는 생각을 가지고, 지역에서 최근에 수행한 지역 평가, 또는 기타 사회조사의 결과물을 조사하는 일이 보다 현실적인 대안일 수 있다. 그러한 보고서가 3~4개월의 시한 만이 주어졌을 경우, 최선의 방법은 초점그룹(Focus Group) 또는 평범한 지역주민들의 대표 표본이 포함된 유사한 대안적 모임을 소집하는 것이다. 또 다시 지역사회 참여에 관한 장에서 이에 대해 언급한다.

사례연구 21 Forest of Dean 농촌개발 프로그램의 기준선 연구 (A Baseline Study for Forest of Dean Rural Development Programme)

1994년 저자는 Gloucester 현의 잉글랜드-웨일즈 경계부에 있는 Forest of Dean 지역에 대한 포괄적인 개발전략 수립에 앞서 기준선 연구용역을 수행하였다(Moseley, 1996).

간략하게 Forest of Dean 지역을 소개하면, 인구는 약 75,000명이고 관할 면적은 약 500㎢이다. 이 곳은 이전에 탄광지역으로, 경지 보다는 임야가 많다. 1990년대 중반 이 곳은 전국 평균 보다 높은 실업율, 취약한 제조업 기반, 노령화 등의 문제를 겪고 있었고, 4개의 소도읍, 산재해 있는 폐광촌이 일부 있었으며, 강한 문화적 정체성 의식과 '청년 문제(Youth Problem)'에 관한 우려도 갖고 있었다. 이러한 측면에서 자주 인용되고 있는 사소한 범죄, 마약 중독 및 일반적인 불만감도 함께 하고 있다.

재정자원, 물리적 하부구조, 사무실 및 산업용 건물공간의 가용성, 그리고 보다 일반적으로는 경쟁지역들과 비교했을 때 지역 자산을 의미하는 지역의 자원기반을 탐색하기 위해 다른 자문가가 추가로 참여하였다. 저자에게는 지역적 니즈에 집중하여, 지역의 사회 및 경제적 니즈의 속성과 혹독함, 그리고 선정된 문제, 하위지역과 사회 그룹에 대한 자원할당의 적절성 등에 관해 간략하게 조사하는 임무가 주어졌다. 그래서 처음부터 자원이 한정되어 있기 때문에, 정당한 과정을 거쳐 세 개의 차원, 즉, 잇슈, 지리 및 사회구조 등에 관해 명확한 우선순위가 설정되어야 한다는 점을 받아들이고 있었다.

이러한 목적을 염두에 두고, 6개의 작업이 실행되었다.

첫째는 지역과 관련된 최근 문헌자료 검토로서, 특히 채택 가능한 경제발전전략에 관한 최근 논문, 지자체의 기업계획안, 최근의 기업의견 조사, 현청의 구조계획 및 농촌전략, 자치구의 지방계획, 지역의 주택 수요와 개인적인 접근성에 관한 학술연구, 정부의 농업변화 관련 보고서, 현청 훈련 및 기업협회의 다양한 노동시장 잇슈에 관한 자료 등이 해당된다.

둘째, 동료 Peter Gaskell과 함께, 불이익 계층의 지리적 분포와 불이익 사회계층의 존재 및 규모를 명확히 밝히기 위해, 구역 수준에서의 사회적 취약성 및 소외에 관한 27개 지표에 초점을 두고, 1991년 센서스 자료를 분석하였다. 분석 결과, 예를 들면, 지역에 소속된 4개의 소도읍은 실업율과 독거 연금가구 비율이 평균 보다 높고, 지역 전체적으로 어린이가 있지만 자가용차는 없는 가구가 700호, 만성 질환으로 제약을 받으면서도 자가용차가 없는 노인 가구가 2,000호에 달하고 있음이 밝혀 졌다.

세 번째는 지역의 일정한 정책, 또는 서비스 전달 영역에서 책임자로 일하고 있는 공공 또는 자발적 분야의 지도적 지역인사 26명에 대한 직접 또는 전화 인터뷰이다.

네 번째는 과거 5년 동안 수행된 7개 마을, 또는 도읍 평가결과의 합성으로, 여기서의 가구조사는 지역인구의 16%로부터 수집한 증거이다. 각 평가결과는 지역의 희망, 두려움, 좋고, 싫음을 나타내고 있다.

다섯째, 보다 쇠락한 소도읍, 폐광촌 및 보다 번영하는 통근/은퇴마을에 있는 공공 임대주택의 입주 가구에서 약 150호를 무작위로 추출하여 실시한 심층 논의 등, 독자적인 가구조사를 실시하였다.

마지막으로 지역 현황자료 초안에 바탕한 논의 등을 위해 다음과 같은 6개의 자문회의가 개최되었다.

- SWOT 분석
- 제안서 초안에 대해 논의하기 위해 각기 다른 마을에서 공청회 5회 실시

SWOT 분석회합에서는 지역의 민간, 공공, 자발적 및 지역사회 부문에서 약 30명이 함께 모여 한 나절 동안 회의를 진행하였고, 사회경제적 위상, 나이 및 성별로 적절하게 분포되도록 참여망을 넓게 구축하였다. 피초청자의 선발 조건은 지역의 자문을 받아, 일련의 다른 지역주민, 예를 들면, 노동조합 조합원, 선출직 대표, 지역의 고용주, 언론인 또는 청년 지도자 등과 잘 연결되어야 한다는 점이다.

짧은 준비시간을 가진 후, 예상되는 개발 실행의 일반적인 목적을 설명하고, 참여자들은 7～8명을 한 조로 하여 4개의 그룹으로 구분한 후, 그룹별로 별도의 방을 배정받아, 플립차트를 이용, 특정한 브레인 스토밍 작업이 수행되었다.

그룹 당 하나씩 수행하는 임무는 다음과 같다. 'Forest of Dean에 대해 생각하기 및 앞으로 몇 년 동안에 대해 전망하기, 지역의 장래를 결정하는데 도움이 되는 주요 강점(또는 약점/기회/위협)은 무엇이라고 보는가?' 그리고 나서 약 90분 후, 4개 그룹은 다시 모인다. 그룹별로 논의 목록 4개가 제시되고, 앞서 그룹별로 가졌던 논의와 관련시켜 설명한다. 추가적인 집단 토의가 계속 이어진다. 4개의 목록은 절차를 거치면서 확장, 수정, 재작성 그리고 완벽해 지며, 최종적으로 각각에 대해 광범위한 공감대가 형성된다. 22개 요소를 가진 복합 목록이 완성되어 지역진단의 중요한 요인이자 정책과 조치들이 개발되는 지지대를 형성하여 간다.

SWOT분석에서 도출된 목록 사례, 몇 개를 들 수 있다. 강점과 기회는 다음과 같다.

- 농촌적 표준으로는 높은 인구밀도, 지역의 대부분을 인구 60,000명인 단일의 분산된 도시로 간주할 수 있는 가능성을 열어 놓고 있는데, 이는 노동시장, 소매시장 및 교통의 관점에서 중요한 함의가 있다.
- Bristol, 남부 웨일즈 및 서부 Midlands를 차량으로 90분 이내에 도달할 수 있는 '고속도로 연결망(Motorway Box)' 내부에 지역이 입지
- 광산, 채굴장, 폐철도, 전차로, 운하, 수로 및 쓰레기 더미 등, 가치가 저평가된 산업유산

위협 또는 약점은 다음과 같이 확인되었다.

- 특히 내부 도로망, 주요 간선 철도역 및 고급 호텔시설 부족 등과 관련된 하부구조 격차
- 특정 사회계층의 훈련 및 재훈련에 대해 특별히 갖고 있는 문화적 저항
- 소수의 경제부문, 특히 금속 제조업 및 소수의 대형업체에 대한 지나친 의존

이렇게 급속하게 수행된 6개의 탐색 실행결과를 정제하여 작성한 기준선 보고서 요소들은 전략계획 관련 서류들에 직접적으로 녹아 들고, 이 서류에 의해 후속하는 연례 운영계획의 일부로서 자금이 지원되는 실천사업에 녹아 든다.

사례연구 22 관광 잠재력 진단: 좋은 실행 유럽모델 (The Diagnosis of Tourism Potential: A European Model of Good Practice)

두 번째 사례연구는 지역개발 잠재력의 총괄적 진단이 아닌 관광이라는 특정 부문에 대해 지역 잠재력을 설정하는데 초점을 두고 있다. 유럽의 많은 농촌지역에서 관광은 경제 구원(Relief)의 주요한 원천으로 간주되고 있으나, 관광을 지역 농촌개발의 중심 무대에 올려 놓는 결정은 보통 견실한 분석 보다는 육감과 '다른 무엇을 할 수 있을까?'하는 감에 바탕하고 있다.

이를 염두에 두고, Leader 관측소는 관광시책 독려에 경험이 많은 다수의 지역개발 관리자와 함께 다국적 농촌관광 경영자 및 자문가 그룹을 1996년 구성하였다. 다음의 내용은 그 세미나와 이후 출간된 '좋은 실행지침'에서 제시된 조언을 요약한 것이다(Leader Observatory, 1997).

이 지침에서는 다섯 단계의 지역관광 잠재력 진단 방안이 제안되고 있다. 첫째, 지역 관광지침, 소책자(Brochures) 및 보고서 등 일련의 자료원으로 부터의 자료수집, 둘째, 주요 매력 지점에 대한 현장 답사, 셋째, 최소한 주요 숙박 및 시설 제공자에 대한 표본조사, 넷째, 각 꼬뮨의 자원기반과 꼬뮨 수준에서 인지되고 있는 잇슈 조사, 마지막으로 훨씬 멀리 떨어져 있는 경쟁지역은 물론이고, 인근 경쟁지역의 관련 문헌 정사(精査) 등의 단계를 거친다.

공급분석

분명히, 이에는 호수 및 독특한 경관과 같은 핵심적인 자연자원, 지역축제, 공예품 생산자 및 역사적 건축물 등과 같은 문화자원, 그리고 레저시설, 숙박, 회의센터, 요식능력(Catering Capacity) 등의 가용성이 포함되어야 한다. 그러나 지역관광자원의 개념은 지역관광조직, 관광과 관련된 기존의 마케팅 및 훈련활동의 존재와 역할, 그리고 보다 일반적으로는 지역주민의 관광개발에 대한 태도를 - 주민들이 긍정적으로 지지하는가 아니면 본질적으로 반대하는가? - 넓게 포괄하여 해석하여야 한다.

수요분석

여기서는 우선, 지역을 방문하는 기존 고객들이 최소한 일박하는 관광객으로서 지역에서 상당한 돈을 쓰는지, 아니면 당일치기 여행자인지에 대해 알 필요가 있다. 고객들은 어디서 노는지? 어떤 유형의 사람들인지? 어디를 가고 무엇에 돈을 쓰는지? 도착해서 이 들이 기대하는 것은 무엇인지? 좋아하고 싫어하는 것은 무엇인지? 탁상 연구를 통해 그러한 정보의 일부는 일반적으로 수집될 수 있지만, 이 들의 숙박장소나 선호하는 특별한 관광 매력물에 대해서는 최소한 표본조사가 필요할 것이다. 그렇지만, 차량 번호판과 방문객의 숙박 기록부와 같은 기타 유용한 정보 가용원을 간과하지 않는 일도 중요하다. 또한 관광객들의 기대와 경험을 탐구하기 위해, 관광객 유형별로 소규모 표본을 선정하여, 이 들이 참여하는 폭 넓은 집단 원탁토의를 실시하는 일도 가치있다.

경쟁분석

지역 자체의 관광상품이 합리적으로 타당하다고 여겨지면, 이어서 기존 및 잠재적인 경합지역에 대한 정보를 수집한다. 4개의 질문들이 중요하다. 즉, 주요 경쟁지역은 어디인가? 경쟁지역이 마케팅 하고 있는 관광상품은 무엇인가? 이 들 관광상품의 강점과 약점은 무엇인가? 이러한 경쟁자에 대한 정보는 어떻게 효과적으로 이용될 수 있는가? 이러한 자료수집 실행은 당일치기 여행객들에 관한 한, 바로 인접한 중요 지역, 그리고 유사한 상품을 제공하는 보다 멀리 떨어진 다른 지역에 초점을 맞추어야 한다. 이러한 경쟁분석에 의해 다음과 같은 3가지 대안적 전략에 이를 수 있다.

- 경합 본보기(Imitating): 어떤 성공적인 모습의 재생산을 통해
- 경합에 의한 영감: 다른 형태의 상품이나 서비스, 또는 아이디어 개발에 의해
- 경합 비껴 가기: 틈새시장이 있다고 결론짓고 이 시장을 활용하여

추세분석

다음 단계는 관련된 외적 추세, 특히 소비자 행동에 영향을 주는 추세를 탐색하는 진단이 이루어 진다. 아마도 초점이 되고 있는 지역의 휴일 행락객과 관광업자 그룹 등을 포함한 일부 지역적 분석이 문헌에서 요약된 글로벌 추세의 지역적 의미와의 관련성을 전개하는데 있어 유용한 도움이 될 수 있지만, 기존 연구결과를 최대한 활용하는 일이 중요하다. 21세기 농촌관광의 활력과 속성에 영향을 미칠 수 있는 일부 추세는 유럽인구의 고령화, 보다 차별화된 상품 선호에 따른 대중관광의 쇠퇴, 환경과 건강에 대한 관심 증대, 그리고 보다 단기간, 보다 많은 빈도 및 보통은 막바지 휴가의 성장 등을 들 수 있다. 이러한 종류의 관련 추세 목록을 작성하고, 이를 지역적 상황에 관련시키는 일이 주어진 임무이다.

종합(Putting It All Together)

최종 단계는 관광개발에 관한 지역의 강점, 약점, 기회 및 위협을 발견하기 위해, 이전의 공급, 수요, 경쟁 및 추세 분석결과를 상호 관련시키는 일이다. 실제, 이를 수행하는 엄밀하고 명백한 방법은 없다. 다만 LEADER 프로그램의 '좋은 실행지침'에서는 본질적으로 앞에서 기술한 Forest of Dean 지역과 관련된 사례를 재확인해 주고 있다. 먼저, 가설적인 강점, 약점, 기회 및 위협/위험 목록을 초기 실행에서 작성하여 이 실행의 산출결과를 정선한 다음, 이 목록을 이용하여 지역주민과 지역 관광객 표본은 물론이고, 전문가 및 관광업자들이 함께 하는 '싱크 탱크', 또는 '열린 포럼' 상황에서의 논의를 위한 하나의 자극물로 이용하는 방안이다.

이러한 실행에서 지역의 성공적인 전략적 위상, 그리고 또한 이를 활용하는데 필요한 행동 제안들을 제시하는 것이 여기서 의도하는 바이다.

동일한 출간물(Leader Observatory, 1997)에서 기술한 특정 사례가 유용할 수 있다. 이는 Rhon Massif에 적합한 관광 유형을 추진하기 위해, 관광 자문업체의 도움을 받아 제안된 진단법을 따르고 있는 지역 Leader 그룹에 관한 내용이다. Rhon Massif는 독일 중앙부의 3개 주(Lander)에 걸쳐 있는 면적 약 2,000㎢의 지역으로서, 기능적 측면에서 산악지역이라는 동질성에 의해 적절하게 획정되어 있고, UNESCO가 '생물권 보존지역(Biospere Reserve)'으로 지정한 지역이다. 진단작업에는 85개 호텔조사, 44개 꼬뮨 방문, 관광객 약 600명에 대한 현장 인터뷰, 예를 들면 경쟁지역과 관련된 문헌에 대한 탁상분석, 그리고 가치있는 결론이 많이 도출된 다수의 '열린 포럼' 토의그룹 등이 포함되었다. 예를 들어, 기존의 광고물을 분석할 때, 많은 관광사업 운영자들

과 독려 기관들은 지역의 '고유한 판매 요점(Unique Selling Point)', 즉, 지역이 보유하고 있는 '생물권 보존' 위상을 단순히 언급하지 못하고 있다는 점이 지적되고 있다. 그리고 격려가 되고 있는 점은 방문객의 75%가 보전작업에 자금 지원하는 하나의 방법으로 일정한 종류의 적절한 '환경세', 가능하다면 숙박비나 주차료에 부가하는 형태의 부가금을 지불할 용의가 있다는 사실이다.

이러한 조사결과, 그리고 강점, 약점, 기회 및 위험에 관해 토의그룹에서 수행된 작업을 통해, 결과적으로 관광개발계획이 폭 넓은 지원 수단과 함께 제시되었다. 여기에는 수 많은 목표그룹, 예를 들면, 상대적으로 나이가 많지만 '가슴은 젊은(Young-at-heart)' 사람들, 그리고 기간은 짧지만 휴가 빈도는 많은 방문객들을 정의하고, 이로부터 더 나가 Rhon Massif의 '생물권 보존' 상표를 개발하고, 지역 요식업자들이 메뉴에 보다 지역적인 음식들을 올릴 수 있도록 독려하는 등, 200개가 넘는 '행동점'도 해당된다. 상호 지원적이고 결속력있으며, 전체적으로 지역의 잠재력에 대해 우선 면밀하고 전일적인 견해를 갖지 않고서는 목적이 달성될 수 없는 수단들을 규명하는 일이 전체적으로 중요한 관점이다.

밝혀진 모든 증거에 의하면, 이 장에서 기술된 종류의 기준선 연구는 이 연구에 소요된 노력에 대해 보답하고, 기준선 연구가 그대로 이루어지지 않았을 때 겪는 좌절감을 보상한다고 주장하고 있다. 견고한 행동 기반을 제공할 수 있는 증거와 아이디어가 수집되고 있을 뿐만 아니라, 진단에 참여하는 사람 다수가 지역개발 과정에서 자신들을 보다 가치있게 만드는 경험에 의해 영향을 받을 것 같다. 다음 장은 이러한 진단의 양 성과물이(이해 증진과 역량강화) 후속하는 계획과정에서 어떻게 활용될 수 있는가를 설명하게 된다.

추가 참조사항

기타 여러 사례연구가 진단 문제를 다루고 있다. 특히, 사례연구 7은 포착된 자원의 가치 부가를 다루고 있다. 사례연구 19와 20은 지역사회 참여에 초점을 두고 있고, 23과 24는 그러한 진단이 전략적 계획 수립을 어떻게 지지하여야 하는가를 보여 주고 있다.

추가 권장문헌

Moseley(1996b)와 Chanard et al.(1994)은 개괄적 내용과 일부 실천적 제안을 보여 주고 있다. 잉글랜드 소도읍의 개발 잠재력에 대한 Countryside Agency(2001b)의 평가 지침은 폭 넓게 적용되고 있다.

12 Strategic Planning: Orchestrating Action
전략적 계획: 합주적(合奏的) 행동

'목표를 달성하려면, 지향하는 목표 보다도 약간 높게 목표를 설정하라.
날아가는 모든 화살은 지구의 인력을 감지하고 있다.'

Henry Wadsworth Longfellow[24]

정의 및 중요성

여기서는 지역의 전략적 계획 수립, 전략계획, 그리고 지역농촌개발에서 이 들이 갖는 가치에 관심을 둔다. 이전 장에서는 전략적 계획 수립의 필수적 출발점을 제공하는 진단을 다루었고, 다음 장들에서는 계획의 집행과 집행 과정 및 성과 평가를 다룰 것이다.

지역의 전략적 계획 수립은 '지역 주체들이 확인된 니즈와 우선 순위에 바탕하여 지역의 장기 비전을 정의하고, 규정된 기간 동안 이러한 비전을 성취하는데 필요한 분명한 목적들과 일련의 작업수단들을 설정하는 구조적 과정'으로 정의한다. 이 정의는 Flanagan et al.(1995)의 정의에 기초한 것이다. 전략계획은 이러한 과정의 산물로서, 보다 상세한 운영계획과 프로그램을 위한 틀을 만든다. 보편적으로 도시 및 농촌 계획가들은 계획을 토지이용적 의미로 인식하고 있지만, 어떠한 종류의 계획도 토지이용적 요인을 꼭 가져야 할 필요는 없다는 점을 지적하고 싶다. 또한 계획이 전략적인지의 여부를 결정하는 것은 대상 지역의 지리적 범

24 역자주: 19세기 미국의 대표적인 대중적 시인(1807~1882). 초서의 '캔터베리 이야기(Canterbury Tales)'를 모방해 1863년에 출판한 '웨이사이드 주막 이야기(Tales of Wayside Inn)'는 이야기꾼으로서의 그의 재능을 보여줬다. 첫 번째 시 '폴 리비어의 승마(Paul Revere's Ride)는 국민적 애송시가 되었다. 보든 대학을 졸업하고 모교에서 교수가 되어, 교과서를 집필 · 편집했으며 시와 산문을 번역했다. 프랑스 · 스페인 · 이탈리아 문학에 관한 글도 썼다. 이후 18년 동안 하버드대학교의 현대언어 교육과정을 주관했다. 1835년 첫 번째 아내가 죽자 비탄에 잠겼던 롱펠로는 1843년 재혼했다. 그러나 두 번째 아내마저도 옷에 불이 붙어 타 죽자 우울증에 빠지게 된다. 정신적 위안을 얻기 위해 단테의 신곡을 번역했는데, 이 것은 그 때까지 나온 가장 훌륭한 번역본 중 하나이며, 단테에 관한 그의 소네트 6편은 수작으로 꼽힌다.

위가 아니라 상세함을 넘는 정도라는 점을 지적한다. 그렇더라도, 이 장에서는 LEADER 지역과 같이 상당히 넓은 지역에 걸친 개발 프로그램 계획 수립을 절대적으로 염두에 두고 내용이 기술되었다.

전략적 계획 수립의 중요성은 이 계획이 다음과 같은 3가지 핵심적인 질문에 대해 정련(精鍊)된 답변을 주려고 노력한다는 점에 있다. 무엇을 하기를 원하는가? 어떻게 이 것을 할 것인가? 그 것을 제대로 하는지를 어떻게 알 수 있는가? 모든 전략적 계획 수립은 그러한 질문에 대한 답을 구하려고 쏟아 붓은 엄밀함과 주의, 그리고 후속하는 계획에서 이를 명료하게 표현하는지 여부에 의해 평가될 수 있다.

전략적 계획 수립은 정부, 기업, 공공 서비스 전달, 군사행동 기타 등등, 인간의 거의 모든 노력에 관련되어 있기 때문에 엄청나게 많은 관련 자료가 축적되어 있는 것은 놀랄 일이 아니다. 최근에는 특히 지역농촌개발에 종사하는 사람들을 지도하기 위해 쓰여진 지침서가 증가하고 있다(예를 들면, Leader Observatory(1995), Area Development Management(1995)). 이 책에서는 그러한 맥락에서 전략적 계획 수립의 일반적 원칙을 적용하려 한다.

아마 이러한 원칙은 다른 종류의 노력들과 비교하였을 때 발견할 수 있는 지역개발 부문만의 특별한 특징을 반영하여 작성되었다.

- 사회적, 경제적, 문화적, 환경적 및 정치적인 측면을 모두 포괄하는 다면적 범위와 이러한 각각의 관심사 및 자원을 통합할 필요성
- 참여 주체 또는 이해당사자들의 다양성, 여기서 이해당사자는 당면하고 있는 관심사에 대해 합법적인 이해 관계를 갖고 있는 개인이나 조직
- 계획과정을 하나의 참여 및 역량강화 실천으로 다룰 필요성, 달리 말하면, 과정 자체를 하나의 개발엔진으로 간주
- 진정한 개발이 일어나는 요건으로, 이는 특정한 재화나 서비스 전달의 개선 만은 아님

그리고 다음에서는 지역농촌개발에서 실행되는 전략적 계획 수립을 다룬다. 일반적으로 광역 수준에서는 개발기관, 또는 지역 파트너쉽이 이러한 임무를 수행한다고 가정한다. 그러나 점차 전략적인 지역개발계획은 개별 마을, 구역 또는 소도읍 수준에서 활동하고 있는 가장 지역적이면서, 보통은 이 계획을 위해 특별히 조직된 그룹들이 수립하고 있다(Murray & Greer, 2001). 실제로 이 장의 두 번째 사례연구는 이리한 맥락에 특별히 관련된다. 전략적 계획의 일반적 원칙과 가용 수단은 어떤 지역적 규모에서도 폭 넓게 이용될 수 있다.

핵심 잇슈

지역농촌개발의 맥락에서 전략적 계획 수립은 3개의 산출물을 생산하도록 설계되어 있다. 첫째, 그리고 가장 명백하게는 하나의 서류, 즉, 아래에서 기술하듯이 후속하는 행동의 지침이 되는 계획서이다. 둘째, 참여하는 주체와 제도에 일정한 가치를 부여한다. 이는 계획 및 교섭에서 고유한 특성이 되고 있는 상호 학습과 토론에 의해 도출될 것 같다. 셋째, 계획에 설정되어 있고, 참여자들이 합의한 비전과 수단들에 대해 공동으로 기여한다. 이러한 기여는 다양한 파트너십 협약에 의해 공식적으로 이루어질 수 있거나, 또는 이러한 협약과 관계없이 비공식적으로 이루어질 수도 있다. 기여자로서는 지자체, 정부기관, 자발적 부문, 지역기업, 다양한 지역사회, 그리고 확실하게는 앞에서 말한 몇몇 기관 또는 조직들이 포함될 수 있는 자금지원 예상자, 기타 등등, 주요 이해당사자 모두를 포괄할 필요가 있다.

Douglas(1994)는 캐나다에서의 지역전략적 계획수립 작업팀을 사례로 하여, 계획결정으로부터 파생되는 인적 및 제도적 측면에 대해 세련되게 보여 주고 있다. 즉, '좋은 계획은 60%의 과정과 40%의 내용이다'라는 표현이다. 사고, 가시화, 개념화, 의사결정 및 문제해결에 이르는 과정은 실제로 계획, 그 자체 보다 더 중요하다. 과정은 주민들이 계획을 사들이는 기회를 제공하여야 하는데, 그렇지 않으면, 캄캄한 선반 위에서 먼지만 쌓일 수도 있다.

계획 자체는 다음과 같이 되어야 한다.

- 광범위한 자문과 함께, 기준선 증거의 엄밀한 수집과 분석, 양자 중 하나만으로는 불충분
- 관련 니즈, 잇슈, 자원 및 행동 처리에 있어서의 전일성 및 통합성
- 계획 내용를 달성하기 위한 공유 비전과 공동 기여 천명, 이러한 맥락에서 비전은 오늘 처하고 있는 것, 또는 아무 것도 하지 않았을 때 장래 보일 수 있는 것과는 다른 해야 할 무엇으로 표현(Douglas, 1994)
- 계획을 달성하기 위해 선택한 목표와 목적 및 수단을 특정하는데 있어, 선택적이면서도 적절하게 논의된 계획으로서, 단순한 '바램 목록(Wish List)'으로는 불충분
- 파트너들의 후속되는 역할 및 책임 명확화
- 집행 및 모니터링과 평가 절차의 명확화
- 장래의 의사결정을 위한 진정한 틀

계획은 또한 위계의 개념을 구체화 해야 한다. 이는 계획이 훨씬 상세한 운영 사항을 담는 후속 계획의 필요성을 인식하고, 그 기반을 제공하여야 한다는 의미이다. 보통 후자를 '운영

계획' 또는 '작업 프로그램'이라 부른다. 전략적 계획의 다년적 견해와는 대조적으로, 재정적인 회계 절차 때문에 운영기간이 짧아 일반적으로 운영계획은 연차별로 수립되는 경우가 많다. 이 계획에서는 정확한 날짜와 명쾌한 책임 소재는 물론이고, 각각에 할당된 자원과 정량화된 목표를 가지고 수행하여야 할 각 임무작업을 규명한다.

위계의 개념에 의해 계획은 보다 높은 부분에 한정하는 전략적 계획을 포함하고 있다. 계획수립 측면에서 가치가 있음에도 불구하고 위무(慰撫)하는 내용을 담아 부드럽게 조제하여야 하는 부담으로부터 자유로울 수 있다. 이러한 위계의 개념은 가상적 농촌지역에 대한 다음과 같은 사례적 설정에 의해 예시될 수 있다.

- **비전:** '이 지역에서 2015년 실업과 기타 주요 사회적 불이익 요인들이 전국 평균 이상의 양호한 수준을 보이고, 지역경제는 지역의 자연 및 문화적 환경 보전과 조화되는 가운데 번영을 구가할 것이다'
- **목표:** 모두 8개 목표. '지역사회가 역량을 강화하여 스스로 사회적 소외를 줄이는데 의미있는 기여를 한다'가 예이다.
- **목적:** 18개 목적. '전 지역에 걸쳐 지역사회 그룹에게 훈련 및 기타 지원을 제공하여, 지역사회 활동에 적극적인 주민 숫자를 최소한 2배로 늘린다'가 예이다.
- **수단:** 총 약 40개가 있고, '다양한 지역사회 활동가들을 위한 훈련과정과 기타 역량강화 활동들이 지역의 평생교육대학 및 기타 파트너들과의 제휴 하에 운영된다'가 사례 수단이다.

보편적으로 전략계획이 종료되는 것은 이 시점이고, 그 다음으로는 연간 운영계획을 수립하는 단계로 넘어간다. 예를 들면 다음과 같다.

- **임무:** 2002년 10월–2003년 5월의 기간 동안, 마을 및 지역사회회관 수탁관리자들을 위해 '회관의 최대한 활용에 관한 훈련과정'을 설계하고 운영하며, 훈련생을 모집하는 일 등. 주로 원격 교육과 글쓰기 과제 부여, 그리고 세 번의 주말 주민 모임을 통해 훈련 시행
- **대상:** '참여자 중 훈련과정을 최소한 10명 수료' 등
- **재원:** 참여자 및/또는 후원에 의해 50:50으로 경비를 분담하는 농촌개발 프로그램 보조금 ×파운드
- **주관 책임:** 지역의 평생교육 대학(Local Further Education College)

전략적 지역개발계획 수립에 관한 기타 핵심적 잇슈 일부가 완벽한 목록은 아니지만, 간략하게 언급되어야 한다. 첫째, 계획은 기술적 및 정치적 활동이라는 점이다. 기술적 작업은 지역에 관한 정보의 수집과 분석, 자문 프로그램의 실행, 일련의 가능한 목표, 목적 및 수단의 정교화, 가능한 사업과 프로그램의 정의, 적절한 집행, 모니터링 및 평가방법 구축 등에 관련된다. 정치적 작업은 대안 선택과 우선순위 설정, 그리고 책임 부여 등에 관련된다. 농촌개발을 위한 전략적 계획 수립의 심장에는 다양한 이해당사자들이 참여하는 교섭, 설득 및 타협을 실천하고, 갈등, 또는 최소한 이견이 보편적인 규범임을 수용하는 자세가 자리하고 있다.

그러므로, 책임 계통이 명확해야 하고, 기술적 활동 기간별로 개최되는 일련의 모임을 중심으로 수 개월에 걸친 계획과정이 설계되는 것이 필수적이다. 그리고, 이 모임에서 계획의 주요 요소에 대해 합의가 이루어진다. 간략하게 말하면, 전체적인 계획작업을 정치적 과정에서 초연한 기술팀, 또는 컨설팅 업체에게 넘기는 일은 어떠한 경우에도 심각한 실수가 된다. 결과가 기술적으로 우아할 수는 있어도, 근본적인 의미에서 파트너들에 의해 실천이 담보되지는 않을 것 같다.

둘째, 그리고 이전의 문단에서 함의되어 있는 대로, 전체 과정은 가능한 한 다양한 유권자들의 견해를 포괄하여야 한다. 물론 농촌개발 계획에서의 참여와 같은 수준으로 농촌개발시책 전달에의 참여에도 초점이 주어져 있지만, 지역 파트너쉽과 지역사회 참여에 관해 설명한 9, 10장 전체는 주체 포괄이라는 이러한 주제를 다루고 있다.

셋째, 지역농촌개발계획은 개발이 무엇인가에 대한 분명한 개념에 견고한 기반을 둘 필요가 있다. 앞에서 주장한 바와 같이 개발은 본질적으로 '고결한 나선형 변화(Virtuous Spiral of Change)'를 가동 및 지지하려는 의도를 함의하고 있다. 이러한 변화의 나선에서는 각 행동이 일차적으로 경제, 사회, 문화, 정치 또는 환경적 관심사에 초점을 둔다면, 최소한 중립적이고, 가능한 범위에서는 자주, 다른 차원에 대해 결과가 긍정적이 되도록 고안되어 있다. 불행하게도 전략적 계획 서류들은 보통 '균형(Balance)'이라는 언어에 대신 웅크리고 있고 -이것을 조금 더, 그리고 저 것을 조금 적게-, 개발 나선의 언어로는 표현되어 있지 않다.

넷째, 그리고 위의 내용과 관련하여, 희귀한 자원을 간극 메우기에 낭비하는 경향이 있다. 여기서 '간극 메우기(Gap-filling)'는 주류 기관이 공급 부족을 교정하려는 시도를 의미한다. 예를 들면, 기준선 연구 결과 상당한 지역들이 일상적인 버스 서비스가 부족하거나 저가주택이 충분하지 못함이 밝혀 졌다면, 전략계획에 적절한 수단을 기술하므로서 결핍을 바로 잡으려는 경향이 있다. 그러나 공급 상 간극은 항시 있어, 주민들은 이를 채워 달라고 아우성 치는 일이 다반사이어서 이는 궁극적으로 승리할 수 없는 전투이다. 그렇다고 해서 이러한 간극이 고통을 야기하지 않는다거나, 요구가 반드시 타당하지 않다고 주장하는 것은 아니다. 다만, 지역개발 전략은 바로 그 것, 즉, 개발, 위에서 언급한 '고결한 나선'이 희귀한 가용 자원을 가지고 어떻게 시작되고 지원될 수 있는지에 초점을 맞추어야 한다는 주장이다.

도구 킷

이제 계획을 수립하는 과정에서 도구로 쓸 수 있는 것을 살펴 보자. 몇 개의 단계를 상정할 수 있는데, 실제 작업에서는 많은 작업들이 동시에 이루어질 수 있다. 시간은 보통 빠듯하고, 모멘텀을 잃지 않으려면, 착수에서 주요 주체 모두가 합의한 계획서 출간에 이르기 까지 쓸 수 있는 최대한의 가능 시간은 아마 6개월일 것이다. 그리고, 물론, 이 기간에는 위에서 설명한 기술적 및 정치적 과정을 당연히 포함하여야 한다.

보편적으로 수용되고 있는 전략적 계획 모델은 없으나, 대부분의 기고자들, 특히, 위에서 인용한 기고자들은 일반적으로 5개의 필수적 단계를 적시하고 있다. 이에 따라 이제 염두에 두고 있는 지역농촌개발에서는 이러한 단계들이 고려되고 있다.

1. 맥락의 명확화

이는 진단단계이다. 11장은 전적으로 이 주제에 할애되어 있다. 여기서의 실질적인 목적은 전략계획에서 요구하고 있는 핵심적 관심사와 함께, 실행 수단들이 다듬어질 수 있는 맥락을 정의하는 일이다.

2. 비전, 목표 및 목적의 합의

위계적 의미에서 3개의 용어가 채용되었음을 기억하라. 실제, 비전은 진단작업이 수행되어 반영되면 출현하는 경향이 있다. 모두 또는 대부분이 동의할 수 있는 분명하고 간결한 언어로 비전을 구체화 하는 것이 보통, 이 단계에서의 임무이다. 그러나 바로 지역적 수준에서의 '장래 니즈가 있는 날(Future Needs Days)' 행사조직 등과 같은 '집단적 비전 만들기'에 도움이 되는 특정한 도구들을 쓸 수도 있다. 이를 위해, 모델, 도면, 그림, 플립차트 등등을 이용하여 주민들을 브레인스토밍한다. 이 브레인스토밍 결과에 바탕하여 전체적으로는 지역에 대해, 그리고 지역 내에서는 특정한 '분쟁지대와 지저분한 지대(Hot Spots and Gro Spots)'에 대해 선호, 비선호, 희망 및 두려움을 반영하도록 도와 주므로서, 일련의 실제 업무에 가능한 많은 사람들이 참여한다(마을의 맥락에서 이러한 도구의 적절한 적용 사례로는 Northamptonshire ACRE(1999)를 참고하라).

목표와 목적들은 비전에서 흘러 나오고, 다시금 진단작업에서 확보된 증거에 견고하게 바탕하여야 한다. 이는 행동이 의도하는 영역을 포괄적으로 아울러야 하고, 가용 자원에 대해 비합리적인 기대를 하지 않도록 현실적이어야 하며, 이후에 있을 모니터링과 평가의 기초를 형성할 수 있도록 충분히 명쾌하여야 한다. 그러나 무엇 보다도 목표와 목적은 달성하고자 하는 것이 무엇인지를 설정하여야 한다.

목표와 목적을 합의하는데는 선택이 불가피하다. 모든 지역농촌개발 프로그램들은 유의해 주기를 요구하는 다양한 잇슈, 지역사회그룹 사이에 우선 순위를 결정하여야 한다. 잇슈의 경우, 우선 순위를 두어야 할 곳은 개인적인 접근성, 저가주택, 환경보호, 일자리 창출, 또는 농업 다각화 등 어디인가? 지역의 경우, 소도읍, 쇠락한 폐탄광지역, 또는 원격 마을 중 어디에 우선순위를 두어야 하는가? 그리고 사회적 그룹에 대해서는 장기 실업자, 독거노인, 또는 어려움을 겪고 있는 소농 중 어디에 우선순위를 두어야 하는가?

합의된 목표와 목적들은 그러한 질문에 대한 결정을 반영하여야 하지만, 결정은 어떻게 내려야 하는가? 표본 사회조사나 초점그룹의 논의를 통해 지역주민들이 다수의 잇슈에 대해 관심 수준을 서열화 하게 하므로서 제안들이 도출될 수 있다. 유사 투표절차를 포함한 일종의 '게임 실행'도 이러한 맥락에서의 선택과 절충을 다듬는데 도움이 될 수 있다. 이와 함께, 예를 들면, 각 경우에 몇몇 통계적 수단을 사용하여, 지역 내 각기 다른 소지역의 니즈와 잠재력을 정량화 하는 일부 기술적 분석을 할 수 있다. 이러한 기술적 분석을 통해 자원이 가장 효과적으로 활용될 수 있는 곳이 어디인지를 탐색하는 방법을 찾을 수 있다.

그러나 실세 이러한 실행, 보누는 정지적 선택의 단서일 따름이다. 이러한 측면에서 다양한 모든 이해당사자들이 참여하여, 이해당사자들에게 각자의 견해를 주장할 기회를 주는 토론과 의사결정 과정을 설계하는 일이 도전과제로서, 이 과정에서 숙련된 도우미(Facilitator)는 가치가 무궁 무진하다. 요점은 목표설정은 전적으로 전문가를 위한 기술적 과정으로 인식하지 않으면서도, 소수의 정치적 강자 음모집단에 -우선순위 결정이 '밀실(Smoke-filled Room)에서 이루어짐- 맡기지도 않는 묘안이다.

3. 주요 수단이나 행동을 개략적 형태로 결정

다음 질문은 가용 자원과 제약이 작동하고 있을 때, 목표와 목적들이 실제 어떻게 실현되는가에 관련된다. 이러한 관점에서, 관련된 수단이나 폭 넓은 행동들은 거의 틀림없이 앞의 두 단계에서 스스로 제안하였을 것이다. 그러나 몇 가지 근본적인 질문을 던지면서 이 단계를 시작하는 것은 가치있는 일이다. 그러한 질문 하나는 '우리의 목적을 달성하기 위해 수많은 개별 사업 자금을 지원하여야 하는가, 아니면 상당한 자원들을 투입하여, 하나 이상의 핵심 기관들이 운영하는 주류 프로그램에 영향을 미칠 수 있는 여지는 있는가?'이다. 예를 들면, 30,000 파운드를 3개의 개별 훈련조치에 투입하였지만, 지역의 주된 훈련기관의 3백만 파운드 예산을 망각하는 일은 -사실상 후자가 독자적으로 우선순위를 결정하게 하여, 합의된 농촌개발 프로그램을 염두에 두지 않는 행동을 하도록 방치- 현명하지 않다고 할 수 있다. 그렇기 때문에, 기관의 일상적인 업무 수행과정에서 훈련기관 대표를 참여시킨다. 이 들은 합의된 농촌개발 프로그램의 목표를 옹호하도록 독려되고 있다. 이로 부터 적절하게 조직한 지역 파트너쉽이 헤아릴 수 없는 가치가 있음이 입증되고 있다.

그러한 질문에 응답하므로서 전략에 들어가야 할 수단 유형을 정의하는데 도움이 될 것이다. 그러나, 결국, 잇슈, 니즈, 자원, 기회, 목표, 목적 등을 훑어 보고, 각각에 대해 '정책 또는 프로그램의 대안은 무엇인가, 유사한 맥락에서 추진되고 있는 다른 농촌개발 프로그램이나 다른 기관들은 어떤 종류의 수단을 갖고 있는가'에 대해 질문하는 것이 임무이다. 행동에 대한 아이디어가 나오기 시작하면, 아이디어의 타당성과 수중에 있는 잇슈에 아이디어가 영향을 미칠 수 있는 능력에 관해 최소한 비공식적인 평가를 받을 필요가 있을 것이다. 그러나 이미 설명하였듯이 대부분의 전략적 계획 실천은 그러한 전문성 수준을 넘을 수 없다. 엄밀한 사업평가가 이루어지는 것은 다음 단계인 운영계획에서이다.

4. 집행절차 수립

13장에서는 집행에 대해 보다 심도있게 다룰 것이다. 여기서는 전략적 계획 수립단계에서 결정하여, 계획에 명확히 표현할 필요가 있는 일부 집행 관련 잇슈를 간단히 설정할 것이다. 관련 잇슈는 다음과 같다.

- 연간 운영계획이나 작업 프로그램은 어떻게 작성되고 승인되는가?

- 이 계획, 또는 프로그램은 어떻게 집행되고, 목표와의 편차(Slippage) 및 이와 관련된 지출은 어떻게 삭감될 것인가?
- 순향적인 사업과 -개발 파트너십 자체적으로 고안하고 집행하는 사업- 대응적인 사업 -제 3자가 고안한 사업으로 승인 및 자금 지원을 받기 위해 신청- 사이의 균형은 어떻게 취할 것인가?
- 사업 제안 내용은 어떻게 신청, 평가, 그리고 선정되면 지원 및 모니터링 할 것인가? '좋은 사업'의 특징은 무엇일까?
- 대응 자금에 대해서는 어떤 기대를 할 수 있는가? 즉, 프로그램 자체적으로 확보할 수 있는 다른 자금원에 의해 부족한 재원을 채울 수 있는가?
- 조직 내부의 의사결정 구조와 절차는 무엇인가? 예를 들면, 운영요원, 이사회와 소위원회 사이에 책임은 어떻게 배분되는가? 회의가 연속되는 과정에서 개별 파트너들에게 무엇을 기대할 수 있는가? 재정은 어떻게 관리될 것인가?

5. 계획의 모니터링, 평가 및 변경 절차 수립

14장에서 모니터링과 평가에 대해 자세히 다룬다. 여기서는 이러한 활동들이 원하는 결과를 달성하는데 있어 계획과정과의 지속적인 관련성 및 효과성을 점검하기 위해 필수적임을 강조하면 충분하다.

그리고 계획은 일단 승인되더라도 고칠 수 없는 것은 아니다. 결코 그렇지 않다. 여건이 근본적으로 변하면, 계획도 당연히 변해야 한다. 그렇지만, 일반적으로 지역개발 전략계획은 확고한 방식, 즉, 최소한 5년, 그리고 전형적으로는 10-15년을 설득력있게 전망할 수 있는 유용한 의사결정의 틀을 유지한 가운데 수립되고 있다. 그래서, 위계의 개념 도입과 함께 상세한 많은 부분은 연간 작업 프로그램이나 운영계획에 위임할 필요가 있다. 그러나 시간이 지나면, 계획은 '나이를 먹어(Showing its Age)', 위에서 설정한 단계 중 일부를 최소한 거쳐 재검토하고, 재조정할 필요가 있다. 15년을 전망하여 수립된 전략이 5년 후 본원적으로 재수립되더라도, 실패로 보아야 할 이유가 없다. 이는 장기계획의 경우, 계획이 종료되기 까지 정기적으로 재검토하여야 성공한다는 의미인 '점진적 프로그램(Rolling Programme)'의 속성이기 때문이다.

이러한 원칙과 임무의 많은 부분이 아주 넓은 농촌지역과 마을 또는 구역 수준을 각각 다룬 두 개의 사례연구에 예시되고 있다.

사례연구 23 Dorset 농촌개발전략 1994-98(The Dorset Rural Development Strategy 1994-98)

1993년 12월, 잉글랜드 농촌개발위원회는 Dorset 농촌지역의 많은 부분(해당지역 인구 136,000명)을 농촌개발지역으로 지정하여, 지역 파트너쉽의 일부인 농촌개발 프로그램에 대해 부분적인 재정 지원을 약속하였다. 여기서 농촌개발 프로그램의 목적은 지역의 일부 사회적 및 경제적 문제를 경감하고, 폭 넓은 범주의 개발과정을 순차적으로 설정하는 것이다. 1994년 초, 프로그램을 관리하기 위해 15개의 지역, 또는 광역 파트너 기관들을 아우르는 Dorset 농촌위원회가 설립되었고, 1994년 5월, Dorset 농촌개발전략이 수립 및 합의되었다. 여기서 초점을 두고 있는 것은 '1994년 5월 전략' 문서로, 본문 33쪽과 수 많은 도면으로 구성되어 있다(Committee for Rural Dorset, 1994).

이 문서에서는 다음과 같이 공표하고 있다.

> 농촌개발 프로그램 과정의 본질적 부분은 Dorset 농촌지역의 니즈, 기회 및 자원을 점검하여, 행동을 위한 목적과 틀을 설정하는 전략을 생산하는데 있다. 전략은 10년을 내다 보아야 하는데, 주로 첫 5년에 집중한다. 5년 후 전면적으로 계획을 재검토할 것이지만, '운영계획'을 수정하는 과정의 일부로서 매년 전략계획을 재점검한다. 운영계획은 3개년 연동 행동계획(Rolling Plan of Action)을 통해 전략을 행동으로 옮기는 수단이다.

문서에서 설정한 전략 자체는 위에서 정립한 모델을 매우 충실하게 따르고 있다. 첫째는 지역에 대한 직설적인 묘사로서, 수 많은 친숙한 요소들, 특히, 인구추세, 주택, 자동차 보유, 취업/실업, 관광, 농촌시설 및 환경 등을 아우르고 있다. 둘째, 그리고 이러한 모습과 연계하여, 전략적 목표와 목적 개발 및 우선순위 결정을 위한 맥락을 제공할 수 있는 약 40개의 핵심적 잇슈를 구체화 하는 일이다. 예를 들면, '농촌지역사회에서 현재의 연령구조 불균형을 어떻게 가장 효과적으로 나루어 나갈 수 있을 것인가?' 그리고 '관광객에 내한 현 시역의 매력을 개선하기 위해, 지역의 환경의 질은 어떻게 높일 것인가?' 이러한 잇슈 목록은 잇슈의 중요성을 설명하고 정교화 한 본문에 제시되어 있다.

이후, 농촌개발위원회의 염원과 위원회 이외의 다른 파트너들이 모두 참여한 논의결과를 종합하여 공유 비전이 정리 및 도출되었다. 이 공유 비전은 지속가능한 생활스타일을 실천하는 균형된 사회공동체들을 포괄하고 있다. 이는 일련의 고용 및 훈련 기회, 지역주택시장, 지역사회 서비스 및 시설 선택 등에의 양호한 접근성이 확보되고, 고품질의 자연 및 건조 환경을 음미 및 향유할 수 있는 것을 의미한다. 계속해서, '이 비전은 현재의 상황에서 보면 의욕적이고 머나 먼 길일지 모르나, 이 전략의 목적은 비전 달성을 향해 가는 과정을 설정하는 일'이다.

비전에 바탕하여 전략적 목적이 도출된다. 비전과 유사하게 전략적 목적은 지속가능한 농촌경제 개발을 통해, 그리고, 보다 구체적으로는 11개의 목적을 가지고 사회적, 경제적 및 환경적 문제 해결을 언급한다. 아래에 다소 축약된 형태로 정리된 11개의 목적들이 보다 명확하게 제시되어 있다.

1. 보다 다양한 범주의 고용기회 확보
2. 지역주민과 기업의 사업을 독려하고 촉진

3. 고용 목적의 적절한 토지 및 건물 공급 보장
4. 훈련시설의 범위, 품질 및 유연성 증대
5. 지역 관광산업의 재활성화 지원
6. 저가/사회적 주택의 적절한 공급 지원
7. 일련의 지역사회 시설과 서비스 제공 및 유지
8. 지역 주민들과 그룹들이 자신들의 견해를 분명하게 표현할 수 있고, 지역적 행동이 지역의 니즈에 부응하게 하는 하부구조 지원
9. 대중교통 서비스 및 대안적 교통수단 개발을 독려
10. 자연 및 건조 환경의 존중 및 제고 독려
11. 조사/연구 작업을 수행하여, 정보 제공 및 로비를 위한 농촌지역사회, 생활스타일 및 추세에 대한 이해 증대

문서의 최종 절에서는 간략하게 집행과 평가를 다루고 있다. 이 절에서는 파트너 기관들과 지역의 자발적 조직 및 지역사회 조직들 사이, 그리고, 다른 의미에서는 농촌개발전략과 예를 들어, 토지이용계획, 전원지역 및 관광 등을 다루고 있는 '주류 기관들'이 채택한 기타 모든 전략 사이에서의 협력 및 조정 필요성을 강조하고 있다. 이 문서에서는, 또한 매년 10월, 다음 년도의 추진 사업을 구체화 하고, 적절한 관련 사업비를 요청하는 운영계획을 농촌개발위원회에 제출하기 위해 준비하여야 한다고 설명하고 있다. 사업의 진전도를 매년 점검하고, 인근 농촌지역과 비교하여 농촌개발사업의 진척도를 평가하기 위해 결과적으로 2001년 센서스 자료를 기준하여야 한다는 점 이외에는 평가에 대해 거의 언급하지 않고 있다.

저자가 이전 4년간의 진전 사항에 대한 중간평가 작업 수행을 위탁받았던 1998년 까지는 최소한, 전략문서가 의사결정의 진정한 기반을 견지하고 있었다는 사실은 인상적이었다(Moseley, 1998). 각 년도별 운영계획은 두 개의 주요 장으로 구성되어 있다. 첫 장은 전략에서 설정한 12개의 목적과 관련하여, 그리고, 이전 년도의 계획에서 밝혀 놓은 개별 특정사업에 대해 전년도의 진척 사항을 점검한다. 둘째 장은 통상 약 50-60개의 사업들을 표로서 정리한다. 이 사업들은 다음 년도에 예상되는 사업으로서, 각각은 관련 목적에 교차적으로 대비하여 검토되며, 다음 년도, 적절한 경우는 또한 2개 년도의 관련된 재원 흐름을 설정한다. 그래서 이러한 운영계획은 후속 년도에 대해 견실하고 정확한 계획이 되고, 이후에 대해서는 지표가 된다.

그러므로 Dorset 농촌개발 프로그램 전략은 이 장의 앞 부분에서 기술한 전략적 계획수립 모델을 거의 그대로 반영하고 있다. 이에 따라 1990년대 다양한 잉글랜드 농촌개발지역에서 수립한 30개 이상의 농촌개발 프로그램 전략은 매우 좋은 전범(典範)이 되고 있다. 전략은 명쾌한 목적을 설정하고, 운영계획을 통해 후속하여 재정 지원되는 개별 사업들과 전략적인 전체 실행 목표 사이의 합리적인 접합을 보장한다.

그러나 전략 문서 자체 만을 단순히 살펴 보면, 몇 가지 측면에서 실망스러운 점이 일부있다. 이 문서 평가를 위해 이전에 제안된 단순한 기준을 회상하여 보면, '우리가 어떻게 하여야 할 것인가' 보다는 '우리는 무엇을 하기를 원하는가'를 훨씬 잘 약술하고 있음은 분명하다. 아마도 이는 처음부터 이 방법은 단지 하나 이상의 목적을 달성하기 위해, 명백하게 도움이 될 수 있는 '좋은 사업을 요청(A Call for Good Projects)'할 때름이라는 가정이 함의되어 있기 때문이다. 운영계획이 후속하여 수행되어야 하는 모니터링 역할을 충족하고 있음에도

불구하고, 이 문서는 '우리는 일을 제대로 하고 있는지를 어떻게 알 것인가'에 대해 많은 것을 말하지 못하고 있다.

이와 함께, 문서에는 전략이 창출 및 승인되는 과정에 대한 내용이 없다. 이는 말하자면 하늘에서 단순히 떨어진 것이다. 전략 수립의 배후에는 실제 누가 있는지, 그리고 어떻게 공감대에 이르렀는지 궁금하다. 그리고 이의 바탕이 되는 기술적 및 정치적 과정을 섞어 짜는 일도 설명되어 있지 않다. 이에 대해 추론하더라도, 전략적 계획 실행이 바로 역량강화 자체, 또는 독자적인 상호학습 실행은 결코 아니다. 실제, 소규모 파트너 집단을 넘어 자문을 구했다는 어떠한 조짐도 없다.

다행스럽게 4년 동안의 Dorset 농촌개발 프로그램에 대한 저자 자신의 평가에서는 특히 파트너쉽에 적극적인 8~9개의 주요 기관들이 참여하여 상당한 상호학습이 이루어졌음을 적시하고 있다. 전략의 관리 및 집행 업무에서 유래하는 파생 효과, 또는 시너지는 처음에는 의도하지 않았다 할지라도 전체 실행에서 실질적이면서도 의미있는 편익이 되고 있다.

사례연구 24 마을 행동계획 수립 및 계획(Village Action Planning and Plans)

최근, 바로 지역 수준에서 특정한 종류의 전략계획을 수립 및 집행하기 위해 작업하는 지역공동체가 - 마을, 구역 또는 소도읍의 장래에 관심있는 주민 그룹을 의미 - 늘어나고 있다. 보편적으로 이는 구역회와 차상위 법정 단체들이 관계되더라도 단지 살짝 참여하고 있어, 전적으로 비공식적인 실천이었다. 이렇게 매우 국지적인 계획이 급증하는 것은 1990년대 후반 잉글랜드의 몇 가지 모습을 반영하고 있다. 그 중에서 현저한 모습은 지역공동체가 외부로부터 유래된 불리한 변화를 수용하는 역할에 대한 준비 부족, 지속가능성 추구가 환경보호 만큼 지역사회 분권을 함의하고 있다는 인식 확대, 농촌서비스의 하향적 공급 보다는 공급여건 조성 방향으로의 중앙 및 지방 정부정책 전환, LEADER 그룹, Lottery 재단 및 정부, 또는 지자체의 소규모 보조금 시책 등에 의한 '자작(Do it yourself)'의 독려와 얄팍한 자금지원 가능성 등이다.

2001년 저자는 농촌청으로부터 이렇게 아주 국지적인 전략계획의 모험적 사례들에 대한 정사(精査) 작업을 의뢰받아, 잉글랜드 6개 현에서 인구 200~6,000명인 13개 지역을 집중적으로 연구하였다(Moseley, 2002). 잉글랜드의 소지역 농촌공동체가 자신들의 지역을 위한 전일적 행동계획을 작성 및 집행하려는 시도에 초점을 두고 있다. 틀로 존재하려면, 계획은 바로 지역사회 평가 만이 아니라 계획 그대로 이어야 하고, 또한 하나의 특정한 잇슈에 몰입하기 보다는 아주 폭 넓게 관장하여야 한다. 그렇게 정의하면, 2001년 전국적으로 수 백개 라기 보다는 수십개의 마을행동계획이 있는 것 같다. 보다 더 많은 계획들이 수립 중에 있었지만 말이다.

최우수 계획들은 모두 다음과 같은 6개의 핵심적 특성을 가지고 있다.

- 전일적(Holistic) 범위: 최소한 지역 공동체의 관심사를 별개로 칸막이 하기 보다는 포괄적으로 다루려고 노력
- 상향식 접근: 계획 수립과정에 지역 공동체가 진정으로, 그리고 철저하게 참여하고, 적절한 주인의식 발휘

- 연구에 기반: 지역의 니즈와 장래 희망은 물론이고, 지역적 잇슈와 자원에 관한 증거의 수집 및 평가를 위해 노력한다는 의미
- 우선순위에 관심: 목적 사이의 지역적 갈등과 우선순위에 대한 이견을 조정하려는 노력
- 파트너쉽 접근법에 결부: 집행 단계에서 지역 공동체와 공식적인 기관 및 조직들을 망라
- 행동에 초점: 의도한 사업과 제안된 모든 행동에 대해 '왜, 누구에 의해, 어디에서, 언제, 어떻게, 그리고 어떤 자원을 가지고' 등의 측면을 명확히 정교화

심층 연구한 6개 현, 13개 지역공동체 중, 최소한 절반이 다음에서 제시한 8개, 또는 9개 요점 과정을 실제 따르고 있다. 이 과정은 어떤 류의 지역개발기관, 통상적으로는 농촌지역사회협회나 지자체가 시종 일관하여 조언한 것이다. 9개 요점 과정은 다음과 같다.

1. 구역에서 처음으로 관심 일깨우기
2. 행동의 이념을 알리는 공청회
3. 단지 마을평가 작업을 계획하기 위해 최초의 마을행동그룹 결성
4. 마을평가와 가능하다면 다른 감사 작업 수행
5. 두 번째 공청회에서 평가보고서 발표
6. 행동그룹과 하위 그룹이 평가에 바탕하여 마을행동계획 초안을 준비
7. 논의 및 승인을 위한 세 번째 공청회에서 행동계획을 발표
8. 개인, 소그룹, 또는 기관들에 의한 집행 노력
9. (때로는) 과정 모니터링 및 평가

2001년에 있은 마을행동계획 현황에 대한 13개 사례연구로부터 다양한 결론이 도출될 수 있었다. 특히, 주목할 만한 것을 정리하면 다음과 같다.

1. 격려, 기술적 자문, 적정한 재정적 지원 및 자금원에의 접근로 등을 제공하는 등, 지역개발기관의 지원은 결정적이었다.
2. 모든 경우, 일정한 류의 지역행동그룹이 추동력을 제공하고 있다. 지역행동그룹이 소규모 작업그룹들과 연합하였을 때, 그리고 새로운 구성원 모집과 나머지 지역사회 구성원들과의 관계에 대해 열린 태도를 가졌을 때 가장 효과적이었다.
3. 구역회 및 도읍 의회가 다양한 역할을 수행하였다. 일부는 계획수립 활동을 주도하고 전반적으로 강력하게 참여하였다. 일부는 지원적이면서도 어느 정도 거리를 유지하면서, 서면으로 관련 내용을 접수하여 의견을 제시하고 있으며, 행동그룹과는 일종의 교차적 회원자격(Cross Membership)을 향유하고 있다. 또 다른 경우는 항시 그러한 것은 아니지만, 방관자적 입장을 견지하고 있다.
4. 하나의 이상으로서 사회적 통합은 어디서나 격찬되고 있으나, 소외는 몇몇 단계에서 무심코 계획과정에 스며들고 있다.

5. 마을평가는 가장 공통적인 형태의 초기 기준선 연구이나, 자문 도구로서 많은 측면에서 결함이 있고, 자원과는 동 떨어진 지역적 니즈 적출에 과도하게 편중되어 있다.
6. '사실 찾기(Fact-finding)'와는 달리, 실제의 계획수립은 일반적으로 비공식적이고 창조적인 과정으로 간주되고 있다. 계획은 뒤에 어느 정도 지역의 확인작업이 있어야 함에도 불구하고 단지 출현하는데 그치는 경향이 있다.
7. 보통 계획 만들기에서 제시되는 사업과 제안을 집행하는 기구 창설 및 이에 대한 지원에 대해서는 명시적인 주의가 거의 주어지지 않는다.
8. 증거에 의하면, 통상적으로 이러한 마을행동계획을 실행하므로서, 밑바닥 사업과 지역역량 강화 및 지역사회개발 등과 같은 '비물리적 산출(Soft Outputs)' 등, 많은 가치가 파생된다.
9. 이러한 실제적인 산출은 대개 다음과 같은 두 개의 필수적 구성요소에 영향 받는다.

- 지역 자원봉사 자원의 품질, 에너지 및 끈기와 이러한 자원봉사자들이 수행하는 계획 및 집행 작업의 품질
- 이러한 자원봉사자들이 지역개발기관으로부터 받는 지원의 양과 질

하나의 특정한 사례로 Staffordshire의 Ipstones(인구 약 1,450명) 구역을 들 수 있다. 1997년과, 그리고 2000년 다시, 일부 구역회 의원 등을 포함하여 12명 정도의 회원으로 구성된 Ipstones 구역 행동그룹이 구역행동계획을 수립하였다. 이 구역행동계획은 주민 다수가 참여한 공청회에서 효과적으로 합법화 되었다. 첫 번째 계획은 Peak District 국립공원지역의 Leader II 프로그램에, 두 번째는 후속하는 Staffordshire Moorlands 단일재생예산(SRB: Single Regeneration Budget) 개발프로그램에 연계되었다. 각 경우에 중요한 것은 사업비를 지원 받으려 하고 있는 지역 공동체들이 철저한 행동계획 수립을 통해, 주장한 우선순위에 대해 높은 수준의 지역적 지지를 먼저 보여 주어야 한다는 요건이다.

두 개의 계획 수립은 위에서 설정한 '9개 요점 모델(Nine-point Model)'을 거의 그대로 따르고 있다. 각 계획은 가구조사가 포함된 구역평가와 가능한 사업에 대해 투표가 이루어진 공청회 결과에 바탕하고 있다. 행동그룹의 하위 그룹은 뒤 이은 사업비 신청과 다양한 사업의 집행관리 작업에 중요한 역할을 수행하였다. 지역 상인들에게 상당한 비즈니스 기회를 제공한 크리스마스 등불 축제와 폐교를 활용한 4개의 보호시설 단위 조성, 그리고 어린이 놀이 활동을 위한 특별 수용시설 건설 등, 일부 상당한 성공을 거두었다. 모든 사람들이 계획 만들기와 밑바닥에서의 후속 행동의 직접적 결과로 '도전 하려는(Have a go)' 지역 공동체 정신과 자원봉사자 풀이 증가하였다는데 동의하고 있다.

사업이 진행되었던 5년 동안에 일어났던 돌풍적인 활동을 되돌아 보면, LEADER와 SRB 현장요원들의 본원적인 지원이 결정적이었음은 분명하다. 실제로 SRB 프로그램은 현재, 언제라도 3-4개의 구역에 한정한 지원을 제공하기 위해 비정규직인 '마을 대리인(Village Agents)'을 배치하고 있다. 또한 Ipstones의 구역계획 두 개는 각각 전략계획과 운영계획의 구분을 무디게 하고 있다. 이는 부분적으로 체계적으로 집행되어야 할 프로그램인 동시에 계속적인 지역적 창의성과 주도권을 위한 가늠자이다. 그리고 흥미롭게도 연구에 의하면, Ipstones에서 지역개발의 견인력은 계획 문서가 아니라 계획과정이라는 것이 결론이다(Moseley, 2002).

그래서, 두 개의 사례연구 어느 것도 앞에서 약술한 모델을 정확하게 따른 고전적인 의미의 전략적 계획은

아니지만, 각 계획은 지역 여건에 적용한 체계적 사고와 행동의 가치, 그리고 성공적으로 합주되고 합의된 행동의 가치를 보여 주고 있다.

추가 참조사항

사례연구 13, 또한 Dorset 농촌개발 프로그램에 관련되나, 특별히 '사회적 통합'의 관점에서 관련된다. 사례연구 17과 20은 지역농촌개발을 위한 전략계획의 다른 수립 사례를 보여 주고 있다.

추가 권장 문헌

소지역의 전략계획 수립에 관해서는 Douglas(1994), Area Development Management(1994), Flanagen et al.(1995), 그리고 LEADER Observatory(1995b) 등을 참조하라. 마을 수준에서 그러한 계획의 수립에 관해서는 Moseley(2002)를 참조하라.

13 Implementation: Making Things Happen 집행: 이루기

'주님께 찬송 드리라. 그리고 나서 탄약을 넘겨 주어라.'[25]

1941년 진주만 주둔 미 해군의 군목, Howell Forgy

정의 및 중요성

캐나다에서의 지역개발 진흥 경험을 반영하여, Douglas(1994)는 특히 공공, 유사 공공 및 지역사회 영역에서 계획의 아킬레스 건은 그렇게 많은 디자인으로서의 계획과 운영관리 견인차로서의 계획 사이의 간극 확대라고 결론짓고 있다. 너무나 많은 계획들이 선반에서 먼지만 쌓인 채 방치되고 있는 것은 놀랄 일이 아니다. 이 장에서 관심을 두고 있는 것은 '벌어지는 간극'을 좁혀, 밑바닥에서 개발이 실제 일어나도록 보장하는 일로서, 이는 농촌개발 관련 학술문헌이나 실제 지역 수준에서 개발전략을 모색하고 있는 사람들이 충분히 알리지 못하고 있는 도전 과제이다. 12개의 계획 또는 전략에 관한 12개의 협약 마다 겨우 하나 만이 실제 집행되고 있다(Flanagan et al.(1995), Leader Observatory(1995, 1998) 참조).

기본적으로 여기서는 국지적인 면적(面的) 개발 프로그램의 집행에 대해 검토한다. 여기서 국지적인 면적 개발프로그램은 자체적으로 여러 개의 개별 활동, 또는 여러 해에 걸쳐 성취되어야 할 임무를 담거나 함의하고 있다. 앞 장에서는 장기적이면서도 반드시 폭 넓은 범역을 가져야 하는 전략계획을 구체적으로 발현시키기 위해서는, 어떻게 단기적이고 보다 치밀한 운영계획으로 넘어 가야 하는가를 설명하므로서, 이에 대한 필요성을 소개하였다. 이는

25 역자주: Frank Loesser가 작사한 미국의 애국가로, 1942년 Famous Music Corp.에서 낱장 악보로 발간. 이 노래는 1941년 12월의 진주만 공격에 대한 대응으로 만들어 졌다. 이 노래는 적의 공격을 받아 싸우고 있는 병사들과 함께 하고 있는 군목(Chaplain, 또는 Sky Pilot)을 묘사하고 있다. 군목은 성경을 내려놓고, 군함의 총좌에 앉아, 실탄을 발사하기 시작한다. '주님께 찬송 드리라, 그리고 나서 실탄을 넘겨 주어라'라고 말하면서.

전략적 목적에 연계된 개별적 임무가 갖는 역할을 강조하고 있다. 여기서 각 임무별로 독자적인 대상, 비용 및 책임 배분구조를 갖는다.

그러한 영역은 여기서 다시 다루지 않는다. 대신, 의사결정과 관련된 특정 잇슈, 개발기관에서 필요한 관리구조 및 절차 등은 물론이고, 사업의 속성, 선정, 개발, 지원 및 모니터링에 집중할 것이다. 물론, 이러한 측면에서 다른 장도 또한 관련된다. 특히, 지역개발 파트너쉽의 역할, 지역사회 참여 및 기업가 정신 독려 등에 관련된 장에서 그러한데, 각각은 개발과정에 결정적으로 중요한 다양한 주체들을 역동화 하는 도전과제를 다루고 있다. 명쾌한 전략과 일련의 운영계획들이 합의되더라도 집행은 어찌 하든 자동적으로 일어나는 것이 아니라는 점이 요점이다. 이는 미리 정해진 계획을 체계적으로 수행하는 일 만은 아니다. 집행은 자체적으로 창조적 및 발전적이어야 한다. 그래서, 관련 사업들이 계획에서 설정되어, 신청 또는 고안되고, 운영 가능한 형태로 만들어 지며, 결론에 이르기 까지 계속적으로 지원하여야 하기 때문에 집행은 이니셔티브와 사업성을 강화하여야 한다.

이에 따라, 집행은 '전략 및 운영 계획에 담겨진 수단과 임무를 실행하여 성공적으로 달성하는 과정'으로 정의할 것을 제안한다.

핵심 잇슈

많은 지역개발기관들은 자신들의 전략계획을 수립하면서, 집행 과세가 지역의 주민과 기업에게 적절한 사업 제안을 요청하고, 무엇을 지원할지 선택하며, 자금과 기타 실행 지원을 제공하여 유효화 하는 일로만 구성되어 있다고 자동적으로 가정하는 것 같다. 다수의 집행이, 실제로는 이렇게 하여야 하지만, 먼저 제기해야 할 근본적인 질문이 두 개 있다.

영향력을 행사하는 역할(Influencing Role)

첫 번째 질문은 개발기관이 한 편에서는 개별 사업의 진흥, 다른 한 편에서는 개발기관의 계획 집행과 관련된 업무와 관련되어 있는 다른 주체 및 조직들에 대한 영향력 행사 사이에서 취해야 하는 균형적 역할에 관한 내용이다. 지금까지 영향력을 행사하는 역할은 보통 무시되어 왔지만, 특히, 개발기관의 업무와 관련성이 있는 다른 주체 및 조직들이 독자적인 처분 권한을 갖고 있는 자원을 본원적으로 더 많이 갖고 있을 수 있기 때문에 매우 가치있을 수 있다. 예를 들어, 재정 운용 규모가 거대한 보건당국이 가용 자원의 0.5%만 특정 지역이나 대상 인구집단으로 돌리게 되면, 개발기관 자체 예산의 25%를 특정한 건강보호사업에 투입하는 경우 보다 문제가 되는 지역의 불이익 주민에 대해 더 많이 투자하게 될 수도 있다.

이는 특히 지자체가 이제는 관할 지역주민들의 복지에 대해 보편적인 책임을 지는 것을 받아 들여야 하고, 다른 지역기관들과의 긴밀한 관계 속에서 광역적인 지역사회 전략을 고안 및 집행하므로서 부분적으로는 책임을 지고 있다는 주장에 의해 이러한 영향력 행사의 중요성을 영국정부가 점차 인식하고 있다(DETR, 2001). 조장과 영향력이 이의 핵심적 요소들이다. 비슷한 맥락에서 자발적 부문의 협정, 즉, 지역의 공공부문 기관들과 자발적 부문 기관들 사이의 협약에 바탕하여, 지역사회 활동을 육성하기 위해 기관들이 파트너쉽으로 일하는 방법과 일반적으로 지역주민의 삶의 질을 개선하는 방법이 설정된다. 다시금, 영향력 행사는 집행의 핵심적 요소이다.

그렇기 때문에 9장에서 보다 충분히 논의하였던 지역개발 파트너쉽, 다른 도움 자원으로의 길잡이(Signposting), 그리고 네트워크의 적극적인 구축 및 이용 등의 가치를 논하여 보자. 실제로 접촉을 늘리거나, 또는, 자체적으로 영향력이 있거나 다른 기관에서 자신이 향유하고 있는 위상 덕분에 영향력이 있는 개인을 체계적으로 육성 및 양성하는 것을 의미하는 네트워킹은 최근 주요한 집행 도구로 출현하고 있다. 그러한 사람들이 해당 지역의 관심사와 활동에 대해 알게 만들고, 그 들의 활동에 영향을 미치며, 지원을 요구하는 일이 과업이다. 실제로는 웹사이트, 뉴스레터, 세미나, 전시회 등등 적절한 소통 매체에, 공동 관심사를 갖고 있는 사람들을 위한 일정한 종류의 회원자격 기반 구축에, 로비 및 설득에, 그리고 파트너쉽 작업 및 지역사회 참여 등에 자원을 투입하는 것을 의미한다(사례연구 14에서 기술한 바와 같이, Peak District 농촌소외 포럼은 의도적인 지역개발 프로그램 요소로서 효과적인 네트워킹의 우수 사례를 제공한다). 최근 농촌개발 프로그램의 표본을 취해, 이 들의 궁극적인 성공이 자금 지원사업의 직접적인 지원과는 별개로 다른 사람들에 대한 영향력 행사로부터 얼마만큼 오는가를 평가하고 있는데 이는 흥미로운 탐색작업이다.

순향적 및/또는 대응적?

지역개발기관은 전략계획을 어떻게 집행할 것인가를 생각하기 때문에, 이 기관을 위한 두 번째 핵심적 잇슈는 순향적 사업과 대응적 사업의 적절한 균형에 관련된다. 전자는 개발기관 자체적으로, 또는 개발기관을 위해서 고안되고 수행되는 사업인데 비해, 후자는 사적인 개인, 회사, 협동조합 또는 지역사회 그룹 등, 누구든 간에 제3자가 추동하고, 자금 제공 및 지원 요청과 함께 기관에게 회부된 사업이다. 가끔, 순향적 사업들은 개발 프로그램에서 아무 역할도 못하는데, 이 경우, 기관이 생각하는 방향으로만 나가게 되는 것에 전적으로, 그리고 아마도 취약하게 의존하고 있기 때문이다. 다른 극단에서는 순향적 사업이 상향적 개념의 개발을 실질적으로 잊고 있는 프로그램을 완전히 지배할 수 있다.

일반적으로, 상향식 사업에서는 개발의 기본적인 하부구조가 이미 구비되어 있고 사업문화가 존재하는 경우에 우선순위를 부여하고 있어, 이 경우, 균형이 취해질 수 있다. 정반대로, 잠재적인 사업 리더들을 도태시키기(Flush out) 위해 사전 조정과 역동화 작업이 필요한 Leader 지역에서는 지역 프로그램 예산의 절반 이상을 순향적인 사업에 유용하게 투입할 수 있다고 제안되었다(Leader Observatory, 1998). 이러한 위치에 있는 Leader 그룹들은 다양한 인식 제고 시책, 훈련 프로그램, 시범사업, 그리고 돌아 다니면서 '일을 휘젓는(Stir things up)' 역할을 하는 사업요원 배치 등에 대한 집중적 투자를 강요받는다고 느끼고 있다.

다수가 또한 '주력사업(Flagship Projects)'에 투자하였다. 이를 통해 지역행동그룹은 어느 정도 실제적이면서도 매우 가시적인 시설을 조성하는데 참여하고 있는데, 이 시설을 이용하여 개인사업 추진자들은 일반적으로 소규모인 관련 사업을 고안할 수 있다. 프랑스 Leader 그룹이 전체 지역의 정체성을 살리고, 주변에서 집중적으로 추진되고 있는 소규모 유산관광 시책들을 독려하여 Pays Cathares에서 오랫동안 방치되어 왔던 수 많은 성들을 수선하는 것이 하나의 사례이다(Leader Observatory, 연대 미상).

도구 킷

사업지원

이제 위에서 논의한 두가지 잇슈가 잘 풀렸다고 가정하여 보자. 다시 말하면, 영향력 행사와 사업자금 지원 사이 및 순향적 사업 지원과 대응적 사업 지원 사이의 균형이 취해 졌다고 가정하여 보자. 또한 개발기관이 명쾌한 전략계획과 함께, 지역의 '사업 추진자(Project Promoters)'가 지원을 요청하는 대응적이고 상향적인 수 많은 사업에 대해 지원분담 예산을 확보하고 있다고 가정할 것이다. 이러한 시나리오에서, 농촌개발 파트너쉽의 유효성을 저자가 검토해 본 결과, 모델 농촌개발 파트너쉽은 쉽게 접할 수 있는 정보, 쉽게 활용할 수 있는 조언 및 지원, 이용하기 쉬운 자금 지원과정 및 적절한 후속조치 등을 통해, 기존 및 잠재적인 파트너쉽 지원 수혜자들에게 이용자 친화적이어야 한다고 제안한다(Cherrett & Moseley,

2001). 지역개발에서 이러한 좋은 관행 처방은 이제 사업의 신청, 선정, 자금확보, 지원 및 모니터링과 관련하여 더 구체적으로 탐색한다.

1. 신청 및 사업 제안서 시안 작성

기관이나 파트너쉽이 '정상 영업중(Open for Business)'이라고 단순하게 공표만 하고, 충분한 근거가 있는 사업 제안을 갖고 있는 사람들이 나오기 만을 기다리는 것으로 충분한 경우는 거의 없다. 일반적으로 첫 번째 단계는 쉽게 이해되는 어떤 류의 '예정안(Prospectus')을 작성하는 일인데, 이 예정안은 개발 프로그램이 무엇인가와 지원이 가능한 사업 종류 및 준수하여야 할 절차 등을 설명한다. 그런 다음, 이 예정안은 10장에서 논의한 지역사회참여 기법 다수를 사용하여, 독려 및 설명되어야 한다. 상공회의소, 도읍의회, 지역사회 그룹, 농민그룹, 그리고 기타 지역 기업인들에게 접근하여 이 들의 관심을 얻을 필요가 있다. 지역의 기업가정신 수준이 낮으면, 일정한 기초적 역량강화 작업이 필요할 수 있다. 실제, 잠재적인 사업 추진자들이 처음에는 단지 매우 개략적인 아이디어에 불과할 수 있는 것으로부터 조리있고 잘 논의된(Well-argued) 사업 제안으로 발전시킬 수 있도록 도와주는 일은 당연한 임무일 수 있다. 이러한 모든 일은 시간이 걸리고, 사업요원들과 개발 프로그램에 참여하는 다양한 대표자들의 부지런한 노력, 사업 추진자 그리고 가능하다면 사업 성공에 대한 이해 관계를 공유하고 있는 기타 이해당사자들과 협력할 용의(用意)가 필요하다.

2. 사업 선정

이후 사업 제안에 관련된 일련의 작업 흐름이 계속되어, 일정한 류의 개략적인 사업계획을 포함하고 있는 모든 사업 제안들이 사업의 목적, 핵심적 특징, 관리 및 가능한 성과를 명확화 하였다면, 다음에는 무슨 일이 일어나야 하는가? 일반적으로는 선정 과정이 이어지는데, 이 과정의 핵심 요소는 기준 목록에 대비한 제안의 정밀검토이다. 사례연구 25는 Scottish Leader II 그룹이 사용한 기준 목록을 제시하고 있는데, 필수적으로 3개의 판단이 내려져야 한다. 첫째는 전략과의 일치(Congruence with Strategy)로서, '제안된 사업은 기관의 목적과 얼마나 잘 맞는가? 사업은 규명된 니즈를 충족시키고, 지역개발과정에 의미있는 기여를 한다고 약속할 수 있는가?' 이다. 둘째는 사업 자체에 관련된 것으로, 관련된 질문은 '사업은 실제 그러한 니즈를 진지하게 감안할 것인가? 현실적으로 비용이 산출되고 재정적으로 실행 가능한가? 틈새시장이 있는가? 다른 사업과 시너지 효과를 거둘 수 있는가?' 등이다. 셋째는 사업 추진자 및/또는 사업관리 제안에 대한 몇 가지 질문으로 '사업은 건실하게 관리될 것인가? 사업 추진자는 필요한 경험을 갖고 있거나 배울 각오가 되어 있는지? 파트너십에 참여한다면, 사업에 척척 맞아 가치를 부가할 수 있을 것인가?' 등이 예상되는 질문들이다. 기업적 상황에서는 상당한 위험을 감수하여야 한다는 점을 항시 염두에 두고, 그러한 질문에 대한 긍정적인 답이 필요할 것이다. 보통 최선의 농촌개발 프로그램은 구성 사업들이 100% 보다는 90%의 성공률을 향유한다. 사업기간 동안 실패한 사업이 없다는 것은 개발기관이 충분히 모험적이지 않다는 의미일 수 있다.

3. 사업비 지원

일반적으로 개발기관은 상대적으로 작은 몫의 사업 착수비 및/또는 운영비 만을 제공할 것인데, 실제 소요되는 액수는 사업의 규모와 유형, 사업이 위에서 언급한 기준에 부합하는 정도 등, 수 많은 요인을 고려하여 결정되므로 사업별로 다르다. 어떻든 사업의 속성에 따라, 신청자 자신, 상업적 은행, 지자체 및 자선단체 등, 다른 재원으로 부터의 공동 자금지원이 필요할 것이다. 공동 자금지원은 개발기관 자체 자원을 더 많은 곳에 확산할 수 있을 뿐만 아니라, 다른 기관들이 사업의 이점에 대해 설득되고 있음을 재보증하고 있다는 측면에서 중요하다. 때로는, 상당한 자발적 노동력 투입이 공동 재정지원을 대체하는 것으로 받아 들일 수 있는데, 이는 자발적 부문의 사업이 추진되는데 따른 결정적 양해사항이 될 수 있다.

기타 많은 자금 지원 관련 잇슈들이 사업의 존립에 영향을 미쳐, 그렇기 때문에 농촌개발 프로그램 집행에도 영향을 준다. 이러한 잇슈에는 자금이 늦게 지출되거나 지체되는 경우의 현금 조달 문제와 일반적으로 복잡한 자금 지원 관련 준수 절차 등이 해당된다(주요 정비사업을 위한 복권자금을 확보하기 위해, 예를 들면, 잉글랜드의 마을회관위원회는 이제 값 비싼 타당성 조사를 용역 시행하여야 하고, 각각 독자적인 기준과 절차를 적용하는 다른 자금원에 복잡하게 유사한 신청을 하여야 한다). 이러한 측면에서 '보조금 위임시책(Delegated Grant Schemes)'은 보편적으로 가치있다. 이는 자금 지원기관으로부터 일괄하여 대규모 보조금을 수령한 후, 야단 법석을 최소화 한 가운데 매우 작은 사업에 배분하는 어떤 중간 조직을 활용하는 방법으로, 지역개발신탁 또는 자발적 조직이 대표적 사례이다.

4. 사업지원

Leader 그룹이나 다른 개발기관들이 고려하고 있는 사업의 다수는 사업개발이나 지역사회개발에 대해 제한적인 경험 만을 갖고 있는 사람들이 제안한 것이다. 그래서 이 들은 사업이 본 궤도에 오르게 되면, 훈련, 추가적인 자금 확보를 위한 도움, 다양한 종류의 기업 자문이나 기술적 지원 등이 필요할 수 있다. 동부 잉글랜드에서의 Leader II 프로그램을 검토하였던 자문가들이 주목하였듯이, 지역사회 그룹과 기타 신청자들과 함께 사업을 발전시키도록 도와 주는데 있어, 사업담당자, 또는 추진자들이 결정적인 역할을 수행하여 왔다. 보편적으로 이 들의 역할은 자금지원 신청을 도와주고, 사업계획을 검토하는데 그치지 않고, 초기단계의 사업을 성숙시키는데 있어 상당한 장악력을 유지하고 있다(Segal Quince Wicksteed, 1999). 이러한 지원을 반드시 유급 사업담당자에게서만 받을 필요는 없다. 보통, 관련 분야의 배경을 갖고 있고, 아마도 최근에 은퇴한 유경험자가 자원봉사자로 활약하고 있는 경우, 자신들의 경험을 경험이 없는 기업인들에게 전수하게 되면 매우 가치있는 일이 될 수 있다. 실제로 예를 들면, Leader 그룹 관리위원회에 참여하고 있는 그러한 사람들 일부에게, 그 들이 실질적으로 향유하고 있는 것은 일련의 위원회 회의에서 전략을 논의하는 일 보다 오히려 이러한 밑바닥에서의 도움이다.

5. 사업 모니터링

마지막으로 개발기관은 사업의 진도를 점검할 필요가 있다. 여기서 모니터링은 '계획과 교정행동 규명의 바탕으로서 계획요소의 진척도를 도중에 점검하는 규율(Discipline)'이다(Douglas, 1994). (다음 장에서 김도하는 사업이나 프로그램의 성과에 대한 보다 근본적인 정밀검토를 의미하는 '평가(Evaluation)'와 혼동해서는 안된다.) 관련 정보를 수집하는 절차가 시행되어, 추가적인 진전이 이루어 지기 전에 도달하여야 할 핵심적 단계인 적절한 지표와 이정표(Milestone)에 연계할 필요가 있으며, 수집된 정보를 주기적으로 반영하기 위한 시간표를 설정하여야 한다.

모니터링에서는 다음에 대해 유의하여야 한다.

- 개별 사업: 사업은 만족스럽게 진행되고 있는가? 산출 목표는 충족되었는가? 당면한 문제가 있는가? 예를 들면, 가동율(Occupancy Rate) 50%를 기대하는 민박이 제공되는가?
- 전체로서의 개발 프로그램: 예를 들면, 올해 할당된 예산을 모두 순조롭게 쓰고 있는가? 6주 이내에 사업 신청에 대해 결정을 내리는 목표를 달성하고 있는가?

불행하게도 사업 산출 모니터링은 단지 사업 후원자들을 행복하게 해 주기 위해 수행되는 기계적이고 지루한 과정이 될 수 있다. 특히, 자금지원 조건이어서 마지 못해 서명 및 약속한 산출의 경우, 사업이 현실적으로 지향하는 것과 실제 거의 유사하지 않을 때, 이러한 현상이 나타날 수 있다. 그래서 잉글랜드 남서부 농촌지역을 대상으로 하는 지역사회 지원 프로그램은 혁신적으로 지역 자체적으로 추진되고 있음에도 불구하고, 정부의 단일 재생예산(SRB)에 의해 자금이 지원되고 있다. 그래서 매월 다양한 참여자들이 표준 SRB 메뉴에서 제시한 12개의 산출 척도을 써서 자신들의 성과를 정량화 하도록 한 지원 요건이 강제되어, 사업 자체가 심각하게 흐트러 졌다. 저자의 견해로는 이 중 11개는 당장의 과업과는 별로 관련된 것 같지 않다(Moseley(2000)과 사례연구 9 참조). 관련되지 않고, 유효성과 실제적인 가치가 애매한 척도 사례로는 '자발적인 지원그룹 숫자, 제공되는 훈련 주수(週數), 자원봉사 시책을 갖고 있는 업체수, 그리고 사회적 및 개인적 기술을 연마하고 있는 젊은이 숫자' 등이 있다. 이 척도 중에서 단 하나만 프로그램이 지향하고 있는 내용인 지역사회사업에 관계되며, 사업팀의 정례회의 시간의 많은 부분이 일반적으로 어마어마한 산출척도 매트릭스에 담아야 할 자료 정련(精鍊)에 투입된다. 한 사업관리자가 '우리 모두는 이 어리석은 숫자 놀이를 혐오한다. 이는 우리가 하려고 하는 것을 반영하지 않는다'라고 털어 놓는 것이 놀랄 일이 아니다.

간략하게 말하면, 모니터링은 유용하지만, '단지 시늉만을 하고 있다는 것을 알아라'가 교훈이다.

성공과 실패

거의 예외없이, 영국의 Leader I, II 프로그램 성과에 대한 다양한 평가결과는 사업담당자, 또는 추진자의 결정적인 역할을 강조하고 있다. 가끔, 이러한 사람들은 중앙에서 관리하기 때문에 Leader 사업 사무실에서 근무하고 있다. 때로는 Scottish Highlands처럼 특히 매우 면적이 넓고 인구가 분산되어 있는 지역이 포함되어 있는 곳에서는 거의 같은 역할을 하고 있는 지역의 비정규직 대리인들이 대상지역의 오지에서 충원될 수도 있다. 이 들의 임무에는 주민 모으기, 사업 제안의 신청 및 작성, 주민의 사업계획 작성 돕기, 재정적 및 관료적인 미로를 주민들이 통과할 수 있도록 지도, 위원회에 제안서 회부 및 후속되는 소통 수행, 후속조치 및 모니터링 등이 포함된다. 이 들에게 요구되는 자질에는 에너지, 헌신, 유연성, 네트워킹 솜씨, 행정적 능력 그리고, 물론 지역개발의 정확한 실체 파악 등이 해당된다. 잉글랜드의 전체 Leader 프로그램에 대한 중간평가에서 자문자들은 (Leader II 그룹이) 사업 담당자/추진자들에게 쓴 자원은 잘 쓴 돈이었다고 결론 내리고 있다. 이러한 개인들이 없이 의미있는 진전이 이루어 졌을 거라고는 생각할 수도 없다(PIEDA Consulting, 1997).

Leader 사업과 관련되어 운영되고 있는 지역개발 프로그램이 거둔 성공의 정도를 결정하는데 도움이 되는 기타 요인들은 다음과 같다.

- 지역을 관할하는 지자체와 주요 프로그램 자금원 모두와의 좋은 관계 유지
- 균형이 잘 이루어지고 효과적인 지역개발 파트너십 보유(이 점에 관해서는 9장 참조)
- 일부 기초작업(Groundwork), 즉, 인식 제고, 기업가정신 계발, 네트워크 형성 등을 마쳤을 지역에서, 지역개발을 촉진하기 위해 이전의 노력에 바탕하여 구축할 수 있다는 의미에서의 '도움닫기(Running Start)' 향유

반대로 잉글랜드의 Leader II 프로그램에 대해 동일한 중간 검토결과, 다음과 같이 결론짓고 있다.

> '전반적으로 사업 및 자금지원 승인과 달성한 산출 등의 측면에서, 대부분의 지역에서 진척이 느려지고 있다.' 이는 주로 다음과 같은 네가지 이유로 설명된다.

- 국가 프로그램 집행 지연(예를 들면, 지역행동그룹과 함께, 이 그룹을 감독하고, 이 들을 통해 사업비를 집행하기 위한 광역적 기구 설립에 있어)
- 지역사회 내의 역량강화 및 파트너십 형성에 소요되는 시간의 과소 추정
- 지역 수준을 넘어서면 당면하는 사업신청 과정의 복잡하고 관료적인 속성
- 일부 지역의 소지역 수준에서, 사업 개발 및 신청에 부적절한 자원 투입

다행스럽게 2년 후 위상을 재검토한 다양한 광역적 Leader 프로그램 평가결과는(예를 들면, Segal Quince Wicksteed(1999)와 Atlantic Consultants(1999) 참조) 그 때 까지 훨씬 많은 본원적인 진전이 이루어 졌음을 밝히고 있다. 그러나 다시 한번 지역개발은 상당한 시간이 걸리는 과업이라는 사실도 입증되고 있다.

사례연구 25 사업선정: 어떤 Leader II 프로그램의 경험 (The Selection of Projects: Some Leader II Experience)

Oswestry Hills Leader II 프로그램은 잉글랜드에서 가장 소규모인 프로그램의 하나로서, 약 5년 동안 적절한 사업 여러 개에 대해 약 백만 파운드의 자금을 투입하였다. 주요 자금원 파트너, 지자체 및 다양한 지역기업과 지역사회 조직 등을 대표한 18개 조직이 참여하는 Leader 행동그룹이 이 프로그램을 관리한다. 각각 한 명씩의 정규직 및 비정규직 사업 담당자가 채용되었다.

영국 Leader II Network(2000) 지침에 따라, 일반적으로 지역행동그룹은 다음과 같은 방법으로 사업 신청자들에게 사업비를 배분하였다.

1. 아이디어를 갖고 있는 신청자는 사업 담당자의 조력을 받아, 이 아이디어를 자격을 갖춘 사업제안으로 발전시키고, Leader 신청서 양식에 상세한 내용을 기입한다.
2. 그런 다음, 사업 담당자는 합의된 평가 기준에 따라 신청서의 관련 내용을 평가하여 평가점수를 매기고, 두 달에 한 번씩 열리는 지역행동그룹 회의에 제출하는데, 이 때, 신청서는 승인, 각하 또는 추가적 정보 보완을 위해 환송된다.
3. 승인을 받은 신청자는 이어서 정부 지방사무소 또는, 농업부의 승인을 받아야 한다는 통보를 받는다. 이러한 최종 승인기관에서는 '구조자금 신청양식(Structural Fund Application Form)'에 바탕한 '적격심사(Eligibility Check)'에 의해 승인 여부를 결정하며, 신청자는 이 양식을 작성한다.
4. 보조금 지급 연체에 의해 야기될 수 있는 현금 흐름 상의 문제를 인식하여, Shropshire 상공회의소 훈련 및 기업협회[26]가 제공하는 '자금 공급(Bankrolling)' 방안이 선택사항으로 제시된다. 이러한 편의를 제공받으려면, 현금흐름 분석이 첨부되어야 한다.

단지 수천 파운드가 소요되는 사업 조차도 협의하기 위해서는 1단계에서 4단계 까지 거치는데 수 개월이 걸리거나 걸릴 수 있다. 그리고 Leader 프로그램에서는 사업비의 지원 한도가 50%이므로, 신청자가 나머지 사업비를 자부담할 수 없다면, 나머지 사업비를 지원받기 위해 다른 자금지원기관에 Leader 프로그램에서 요구되는 경우와 아주 유사한 절차(Parallel Procedure)를 거쳐 또 협상하여야 한다. 이 경우, 기관별로 각기 다른 시간표에 따라 협의가 이루어지고, 그리고 각자 다른 신청양식을 써서 신청하여야 한다. 잉글랜드 Leader II 프로그램에 대한 중간평가에서 소규모 보조금 할당액을 산정하는데 요구되는 엄청난 요식행위(Bureaucracy)가 모든 참여자들에게 매우 큰 좌절감을 주고 있다고 보고하고 있는데(PIEDA Consulting, 1997), 이는 Oswestry Hils 사례에만 국한되는 결론이 아니다.

이 모든 것, 그리고 사업 추진자는 재정 지출 내용은 물론이고, 상세한 산출 내용을 담은 분기 보고서를 작성하여야 하는 요건 등, 후속하는 요식행위에도 불구하고, 많은 사업들이 성과를 거두었다. 이에는 자원봉사자들

26 역자주: Shropshire Chamber, Training and Enterprise Council. 현재는 Shropshire Chamber Training and Enterprise로 개편

을 위한 훈련과정, 이전에는 어린이 보호 프로그램이 없었던 곳에 이를 제공하는 가족센터, 젊은층을 위한 사이버 카페, 지자체가 참여하여 매우 적은 보조금(통상적으로 수천 파운드)을 지역사회 그룹들에 배분하므로서, 위에서 기술한 요식행위로부터 지역사회 그룹들을 보호하는 지역사회 행동 보조금 사업 등이 해당된다. 이 모두에 사업 담당자의 솜씨, 헌신 및 부지런함이 절대적으로 중요하다.

지역행동그룹들이 사업 신청서의 승인 또는 각하를 결정할 때, 사업 담당자들에게 도움을 주기 위해 사용하는 실제 기준으로는 Scottish LEADER II 그룹 'Rural Inverness and Nairn'(www.leader2.org.uk)의 경험이 유용할 수 있어, 여기에서 소개한다.

사업비를 지원받으려면 사업은 다음과 같은 9개의 필수기준(Mandatory Criteria)을 준수하여야 한다.

1. 예를 들면, 훈련, 농촌관광, 소기업 및 공예사업 부문, 농산물 활용 등 Leader II 사업 범주 중 하나에 일치하여야 한다.
2. 지역에 관한 한, 과정, 생산품 또는 시장이 혁신적이어야 한다.
3. 새로운 일자리, 인적 능력 증대, 또는 기타 사회경제적(단지 환경적 측면 만이 아닌) 산출과 같은 가시적인 지역사회 편익을 제공하도록 설계되어야 한다.
4. Leader II 프로그램에 의한 자금 지원이 사업이 성공하는데, 그리고 지역사회를 위해 순익을 생산하는데 필수적이라는 의미에서 추가적이어야 한다.
5. 추진할 수 있는 능력을 갖고 있는 다른 사람들을 격려할 수 있는 시범사업으로 활용할 수 있어야 한다.
6. 민감한 자원이용과 경제적 활력, 양 측면에서 지속가능하여야 한다.
7. 수요 또는 시장을 실증할 수 있어야 한다.
8. '대체 영향력(Displacement Influences: 기존 지역활동의 단순한 교체를 의미)' 부족을 실증할 수 있어야 한다.
9. 지원자금이 명백하게 좋은 가치를 실현하고 있음을 보여줄 수 있어야 한다.

이와 함께 선호되는 제안은 다음과 같다.

- 지역에서 고안한 지역사회 개발전략 또는 평가의 일부를 형성
- 합법적으로 조직된 지역사회그룹으로부터 도출
- 적절한 지역사회 지원 실증 가능
- 전체 사업비의 30% 이상을 지역사회 또는 개인적 투자에서 조달
- 위에서 언급한 Leader II 사업범주 중 하나 이상에 적용
- 지역실업자, 여성 재취업자, 젊은층 및 다각화 농민 등 하나 이상의 목표집단을 선호

이는 완고한 기준 목록이어서 모두가 동등한 비중으로 다루어 지고 있는지, 그리고 실제 성공적인 사업들이 얼마 만큼 이 기준들을 준수하고 있는지에 대해서는 알려져 있지 않다. 이러한 목록들은 Leader II 그룹들이 폭 넓게 사용하면서도, 지역별로 결코 같지 않아, 최소한 두 개의 관리상 도전과제를 부여하고 있다. 첫째, 어떻

게 순응을 결정 또는 측정하는가?(행동그룹은 혁신이나 지속가능한 사업, 또는, 적절한 돈의 가치 등을 실제 어떻게 인식하고 있는가?). 둘째, 지역행동그룹이 단순한 '의견 표시(Tick boxes)' 만이 아닌 자신들의 판단과 경험을 활용하기 위해 함께 모인 하나의 개인 집합체로서 제안사업을 아직껏 후원할 만한 가치가 있다고 느낀다면, 제안된 사업들의 결함을 얼마 만큼 파악하고 있는가?

간략하게 말하면, Oswestry Hills Leader 그룹이 설정한 정교한 공식적 사업선정 과정과 Rural Inverness and Nairn 그룹이 설정한 정교한 15개 선정기준이 실천과정에서 실제 얼마만큼 준수되고 있는가를 아는 일은 흥미로울 수 있다. 혹자는 유럽 전체적인 Leader 과정을 살펴 본 다음, 보편적으로 '모따기(Corner Cutting)'가 이루어진 것을 의심하고 있다. 항시 기저적인 개발 임무의 수위적 위상과 금전적 정직성의 당위성을 존중하는 가운데, 밑바닥에서 농촌개발 프로그램을 집행하는데는 규칙이 존중되어야 할 때와 규칙을 꺾어야 할 때를 결정하는 능력, 그리고 필요하면, 성공적으로 규칙을 꺾는 솜씨 등이 확실히 요구되고 있다.

사례연구 26 사업지원: 훈련을 통한 개발의 프랑스 사례 (The Support of Projects: A French Example of Development via Training)

두 번째 집행 사례연구는 하나의 농촌개발 도구로서 훈련을 이용하는데 있어 좋은 관행을 연구 및 확산시키기 위해 저자가 참여한 다국적 Leader Observatory 연구결과의 산물이다(Leader Observatory, 2000). 연구 중 확인되었던 독특한 사항은 특정한 프랑스 개발 전문가들이 갖고 있는 훈련에 대한 개념이었다. 이 개념은 개인의 훈련 니즈를 파악하여 대상자들을 일정한 훈련과정에 보내는 보다 전통적인 영국모델과는 매우 다르다.

영국모델과는 달리 '훈련을 통한 개발(formation-développement)'은 업체나 다른 기업 니즈의 문제점으로부터 시작하여, 지속적인 현장 지원 및 연수(작업을 통한 교육훈련: OJT) 프로그램을(Accompagnement 라고 부르는 과정) 실시하고 있다. 그러한 의미에서 훈련은 개발과정에서 핵심적인 도구로서, 신규 및/또는 분투하는 소기업과 지역사회사업 지원에 필수적인 요소가 되고 있다.

ADEFPAT가 이러한 접근법을 잘 예증해 주고 있다. ADEFPAT는 몇 개의 Leader II 그룹을 포함하여 지역개발을 독려하는 약 30개의 다양한 기관 또는 구조들을 갖고 있는 프랑스 남부 4개 도(département)의 '훈련을 통한 개발 연합체(The Association pour le Développement par la Formation des Pays de l'Aveyron, du Tarn, du Lot et Tarn et Garonne)이다. ADEFPAT는 지역에서 훈련 지원기관의 필요성을 함께 인식하고 있는 지자체, 지역개발협회 및 지역 소재 정부기관의 컨소시움으로 출범하였다. 이는 사실상 훈련 중개자로서 지역개발사업에 대한 조직적인 지원을 하는데 전적으로 헌신하고 있다.

그러한 측면에서 이 조직은 훈련을 통한 개발의 이론과 실천에 열성적인 기관의 좋은 사례가 되고 있고, Leader 그룹과 유사한 지역개발 추진자들이 자신들의 목적을 달성하도록 도와 주기 위해 일하고 있다. 그러나 훈련을 통한 개발은 훈련활동 보다 훨씬 큰 의미를 가진다는 점을 이해하는 것이 중요하다. 오히려, 이는 개발 맥락에서의 수업과 학습에 대한 하나의 전체적 접근법이다.

인터뷰에서 ADEFPAT 이사는 '훈련을 통한 개발'의 독창성을 다음과 같이 설명하고 있다. 단순히 고전적인 훈련 성과를 생산하게 하는 훈련 니즈에서 시작하는 것이 아니라, 사업 추진자가 제기하는 문제(재정적 문제, 신뢰 문제, 시간 부족 또는 불량한 작업방법에 관련된 문제)에서 시작하여, 계속해서 인터뷰를 통해 다른 사람들의 경험을 학습하므로서, 그러한 문제점들을 '높은 경쟁력을 확보하기 위한 니즈'로 계속 변환시키고 있다고 설명하고 있다(1998년에 인터뷰한 Anne Froment).

전형적인 이벤트 순서는 다음과 같다.

1. Leader 그룹과 같은 개발기관은 자신들이 관심을 갖고 있는 특정한 일(Enterprise)이나 사업을 지원하기 위한 훈련 프로그램을 ADEFPAT에 제안한다. (개인 사업추진자들은 ADEFPAT에 훈련 원조를 직접 요청할 수 없다.) 그러면 ADEFPAT 훈련 담당자는 현황조사를 통해 이러한 대응이 공급이 아닌 필요에 의해 진정으로 추동되고 있는지를 확인한다.
2. ADEFPAT의 반응이 우호적이면, 개발기관은 '훈련을 통한 개발'의 신조를 존중하면서도, 사업추진자에게 가시적인 무엇인가를 줄 수 있는 소수의 헌신적인 주민들이 포함된 '사업지원그룹'을 ADEFPAT의 도움을 받아 조직한다. 이 지원그룹은 좁은 의미에서의 훈련 만이 아니라 폭 넓은 지원 제공을 보장한다.
3. ADEFPAT 훈련 담당자는 사업 추진자와 협력하여, 자신의 인적 네트워크에서 적절한 트레이너를 모집한다. 이 트레이너는 전문업체나 훈련기관의 직원, 또는 개인 컨설턴트일 수도 있다. 트레이너는 관련된 주제에 대해, 그리고 트레이너로서 숙련된 기술을 갖고 있어야 한다. ADEFPAT 훈련 담당자, 트레이너 및 사업 추진자는 함께 훈련 행동계획을 수립하는데, 이 때, 방법, 내용, 강의 및 학습 도구에 주의를 기울여야 하며, 훈련 담당자는 조치의 계약적 측면에 대한 초안을 작성한다. 사업 추진자에 관한 한, 이렇게 훈련에 바탕한 지원을 준비하는 행위 자체가 일반적으로 일종의 훈련이 된다.
4. 그리고 나서, ADEFPAT는 훈련지원 프로그램을 자금 지원하는 재정적 패키지를 마련하는데, 통상적으로 후원기관들과 지역 Leader 사업자금 등, 다양한 다른 재원으로 부터의 기여가 이에 포함된다.
5. 사업지원그룹은 제안된 훈련 패키지를 승인하고, 제공되고 있는 다른 유형의 지원과의 접합성을 확보하기 위해 만난다.
6. 그리고 나서 훈련은 현장에서 이루어 진다. 사업 추진자에게 트레이너가 찾아가고, 사업추진자가 트레이너를 찾는 일은 없다. 사업 추진자와 그의 팀이 일상적인 작업에서 이론을 적용할 수 있도록, 이론과 실천이 맞물려서 돌아간다. 전형적으로 훈련은 1~2년에 걸쳐 이루어 지고, 사업 추진자의 헌신과 요구 조건을 중심으로 설계된다. 때때로 사업 지원그룹이 진척도를 점검하여, 훈련 프로그램에서의 강조점 변화를 제안한다.
7. 최종적으로 훈련 지원그룹이 처음에 규정한 목적에 바탕하여 평가를 수행한다. 평가에는 일반적으로 3개의 요인이 고려된다.

- 교육적 요인: 비즈니스나 사업 참여자 측에서 성취한 역량과 행위 변화에 관련된 요인
- 경제적 요인: 업체의 매출, 고용 효과에 관련된 요인
- 개발적 요인: 지역에 대한 파생효과에 초점을 둔, 지역의 동적 효과에 관한 요인

평가는 항시 매우 경험적이며, 단순하게 전후 상황을 비교한다. 트레이너와 피훈련자는 이러한 실행에 완전히 참여한다.

요약하면, ADEFPAT의 임무는 훈련이 아니라 개발과정에서 제기되는 문제 및 니즈가 솜씨와 역량에 바탕한 대응에 접속되게 하는 '해결책을 설계(Engineer solutions)'하는 일이다. 여기서의 훈련과 학습 방법은 특정한 사업을 위한 맞춤형 행동 훈련이다(인터뷰에서 Anne Froment, 1998).

특정한 사례에 관련시키는 것이 유용할 수 있다. 이러한 사례로 ADEFPAT 잡지인 Contact의 1997년 7월호에서 하나를 발췌하였다. 번역은 저자가 임의로 하였다.

> Brandonnet 꼬뮨은 다목적 출점(다중적으로 농촌적인) 때문에 많은 문제를 겪고 있었다. 관리자 몇 명이 왔지만, 얼마 안가서 금방 가버렸다. 마지막 관리자가 떠났을 때, 자발적 그룹인 'le Bistroquet'가 카페를 일요일에 열었는데, 그 것이 다였다. 이 자발적 그룹과 꼬뮨의회는 무엇인가 변화가 일어나야 한다고 결의하여, ADEFPAT의 자문을 받아 '훈련을 통한 개발' 실천에 참여하기로 합의하였다. '우리는 외부 전문가의 도움을 받아 지역주민들의 참된 니즈를 정의하였다. 다음으로 시범사업을 추진하고, 출점을 운영하는 부부에게 도움을 주며, 이 들이 지역사회에 보다 더 잘 통합하기 위해 다양한 파트너들과 접촉할 수 있도록 도움을 주는 지원그룹을 조직하였다'라고 Brandonnet 부시장인 Dominique Ladet는 설명하고 있다.
>
> 이로 인해 '비지니스 계획'이 수립되어, 예를 들면, 건물 개량과 관리 지원에 관련하여 꼬뮨이, 그리고 출점 관리자 자신들이 해야 할 기여 몇 가지를 규정하고 있다. '이 사업은 꼬뮨이 실질적으로 소통하도록 박차를 가하였고, 그리고 우리는 지원그룹을 이용한 이러한 접근법을 다른 상업적 사업과 관련하여 반복하려고 한다'라고 Dominique Ladet는 부언하고 있다. 그러한 행동을 꼬뮨에서의 폭 넓은 개발과정과 분리하라는 것은 불가능하다.
>
> 오늘날 Brandonnet의 다목적 출점은 번창하여 모든 사람들을 만족시키고 있다. 분명한 목적이 설정되고, 소통선이 구축되며, 배울려는 의지가 확고할 때, 민간, 공공 및 자발적 부문이 성취할 수 있는 것이 어떤 것인지를 입증해 주고 있다.

추가 참조사항

사례연구 2, 17, 20, 24 및 28은 집행과 관련된 측면을 다루고 있다.

추가 권장문헌

Flanagen et al.(1995)과 LEADER Observatory(1995b 및 1998)를 참고하라.

14 Evaluation: Assessing Achievement
평가: 성과 점검

'풀을 베는 동료에게 물어 보라'

George Ewart Evans[27] *책의 제목*

정의 및 중요성

초점을 농촌에 두건, 아니면 도시에 두건, 지역개발은 복잡하고, 시간이 많이 걸리며, 가용자원이 부족한(Resource-hungry) 과정이다. 이와 함께 '의도한 바를 달성해 가고 있는가', 그리고, 달성해 가고 있지 않다면, '왜 달성하지 못하고 있는가'에 대해 주기적이고 가능한 엄밀하게 반성하는 일이 중요하다. 평가라는 단어가 일반적으로 적용되는 경우는 이렇게 성취 정도를 엄밀하게 반성하는 과정이다.

똑같이 필수적인 실행이지만, 목적, 범위 및 복잡성 등의 측면에서 훨씬 제한적인 모니터링과 혼동되지 않아야 한다. 여기서 모니터링이란 사건의 중요성에 대한 이해 및 해석과는 별개로 진행되어, 주로 사건을 기록하는 일이다(Flanagan et al., 1995). 이는 본질적으로 기계적인 실천으로서, 예를 들면 사업 시작, 자금 지출액, 외부로부터 받은 조사 또는 진행한 회의 등, 경시적인 행동을 기록하고, 실제로는 '우리가 예정된 방향으로 가고 있는가'를 질문한다.

평가는 다음 3개의 정의에서 분명해 지듯이, 모니터링 보다 더 많은 것을 요구하고 있다.

---

27 역자주: 웨일즈 출생의 교사, 작가 및 민속학자(1909~1988). 1940년대부터, 1970년대 까지 East Anglia 농촌지역에서 구전되고 있는 역사와 전통을 헌신적으로 수집 및 정리하여 11권의 책으로 발간. 1947년 그의 부인이 교사로 근무하고 있었던 Suffolk의 외딴 마을 Blaxhall로 이사하여, 첫 번째 이야기, 시, 그리고 BBC 방송 대본을 쓰기 시작했다. 이어서 Blaxhall 마을 사람들의 대한 소설을 썼는데, 이것이 'Ask the fellows who cut the hay'이다.

- 평가는 목적에 대비하여 수행도, 효율성 및 영향을 체계적으로 분석하는 작업이다. 궁극적인 목적은 판정 결과를 공표하는 것이 아니라, 오히려 기존 행동을 조절하고, 장래의 효과를 조정 및 개선하기 위해, 경험에서 교훈을 도출하는데 있다(Casley & Kumar, 1987).
- 평가는 일정한 기간에 수행된 작업에 가치를 부여하는 일로 정의될 수 있다. 보다 명확하게는 계획에서 설정한 목적들이 실제 달성되고 있는지, 어떤 활동은 왜 다른 활동에 비해 보다 성공적인지, 그리고 전략은 어떻게 개선될 수 있는지에 대해 점검하는 일이다(Flanagan et al., 1995).
- 행동, 운영, 사업 또는 프로그램의 평가는 일정한 맥락에서 이루어 진다. 여기서, 이러한 맥락은 설정된 목적에 따라 각각 다르게 적용된다.

3개의 정의 모두에 공통적인 단어가 목적임에 유의한다. 평가는 근본적으로 사업 또는 프로그램의 달성 정도를 정립하고 밝히는 일이다. Campagne(1994)이 언급하였듯이, 평가과정은 항시 일탈의 측정과 그러한 일탈의 이유 분석으로 구성된다.

평가는 실질적으로 다음과 같이 4개의 세부 목적이 있는데(Walsh(2000)에서 인용, 또한 Ray(2000) 참조), 각 세부 목적은 지역개발과정에 참여하고 있는 하나 이상의 이해당사자들이 특별한 관심을 갖고 있는 영역이다.

- 돈에 대한 책무성과 가치: 프로그램 추진자와 자금 제공자가 돈이 적절하게, 잘 사용되어 왔는지에 대해 판단할 수 있도록 도움
- 관리: 프로그램 관리자가 프로그램이 남아 있는 기간에 보다 효과적 및/또는 효율적으로 집행될 수 있는 방법을 파악할 수 있도록 도움
- 학습: 다양한 기고자와 비판자들은 물론이고, 정책결정자들이 다른 곳, 또는 후속하는 프로그램에서 유용하게 활용할 수 있는 성찰과 이해를 얻을 수 있도록 도움. 이러한 학습은 특히, 투입과 산출, 원인과 결과 사이의 관계에 관련.
- 권능 부여: 참여자들의 기술, 지식 및 기여를 제고. 이 마지막 목적은 개발 프로그램의 참여자들이 또한 평가에도 참여하는 것을 가정, 실제로는 요구.

그래서 네 번째 목적, 즉, 권능부여 목적은 평가를 무엇 보다도 개발 동력 확보를 위한 하나의 추가적 박차 과정으로 보고 있다. 그러한 관점에서 이는 지역개발에서 '과정 자체가 성과(The process being part of the product)'라는 주장의 사례를 보여 주고 있다. 실제로 평가

가 점검 뿐만아니라, 권능을 부여하여야 한다는 소망은 이제, 지역개발의 기조가 되고 있다. Midmore(1998)가 언급하였듯이, 평가가 사업 자체의 참여적이면서도 역량 강화적인 기질을 반영하는 곳에서 지역개발과정은 고양된다.

핵심 잇슈

또한, 지역개발의 맥락에서 보면, 평가는 다양한 목적을 갖고 있다. 이는 또한 다양한 수준에서 그리고 다양한 시기에 수행될 수 있다. 수준에 관한 한, 평가는 국가 전체적 또는 국제적 프로그램(예를 들면, Keaney et al.(1994)이 평가한 1991-94년 기간 동안의 아일랜드 선제 Leader I 프로그램), 특정 지역 프로그램(예를 들년, 이미 사례연구 2에서 검토한 남부 Pembrokeshire SPARC Leader 프로그램), 프로그램 내의 구성사업(예를 들면, 지역 생산조치), 그러한 사업의 일부로서 제공되는 특정한 행동(예를 들면, 그러한 조치에 열심히 참여하는 여성들을 위한 훈련) 등, 초점이 매우 다양할 수 있다. 모두 유용하고, 각각은 위에서 설정한 목적 중 하나 이상을 실현할 수 있을 것으로 기대되고 있다.

유용한 적용 시점은 다음과 같다.

- 프로그램, 또는 사업 착수 전: 실제적으로는 계획된 수단의 영향이나 결과를 예측하려고 노력
- 프로그램, 또는 사업 진행 중: 수행과 관리에 관한 개선 방법을 파악
- 프로그램이나 사업의 종료: 즉각적인 영향이나 성과를 산정
- 이후, 어느 정도 시간 경과: 장기적인 성과를 도출하고, 어느 정도 초연함(Standing Back)에서 오는 보다 성숙한 반성을 허용

실제로 이러한 종류의 지속적 평가는 비용이 많이 소요되고 혼란스러울 수 있지만, 평가가 정상적인 관리과정의 일부로서 프로그램, 또는 사업의 생애주기 동안 비교적 지속적으로 수행되는 경우가 있다.

지역개발 프로그램 평가가 쉬운 경우는 드물다. 예를 들어, 전형적인 Leader 사업지역인 인구 약 50,000명, 관할면적이 아마 1,000㎢인 지역에서 3~4년 동안 추진된 통합 농촌개발 프로그램을 평가하는 도전과제를 생각하여 보자. 첫 번째 문제는 그러한 지역에 대해서는 프로그램이 시작된 기준 년도나 현재(사업 착수 후 3~4년이 지난)에 대해 충분히 분해된(상세

한) 수준에서 적절한 통계(고용, 실업, 소득, 사회적 소외 등)가 거의 없는 경우가 대부분이라는 점이다. 두 번째 문제는 해당 프로그램이 그렇게 넓은 지역에서 운영되고 있는 점에서 유래된다, 어떤 개발 프로그램의 효과라 할지라도 국가경제의 등락과 같이 이 프로그램과 관계가 없는 이벤트 결과에 의해, 통째로 삼켜지는 경우가 많지는 않겠지만, 압도되는 경우가 대부분이라는 점이다. '오늘 보이고 있는 전체로부터 기준적 상황을 감하여 프로그램의 순효과를 도출하는 것'은 거의 불가능하다는 점이다. 두 개의 문제점은 결합되어 상황을 더욱 어렵게 만든다.

이렇게 조사의 대도(大道)가 막히게 되면, 연구자는 프로그램의 특정한 행동에 대신 초점을 두어, 밑바닥에서의 결과를 통해 순효과를 추적하도록 강요 받는다. 그러나 다시금 다른 요인들이 물을 확실하게 흐리게 한다는 점이 문제이다. 이의 가장 인상적인 사례가 '일자리 창출 신화'로서, '이 프로그램에서의 가용 재원으로 조성한 12개 공장 단위에서 일하는 150명이 있으므로, 우리는 150개의 일자리를 창출하였다'라고 말하고 싶은 유혹이 있다. 그러나 이러한 천명(Statement)이 거짓일 것임은 거의 확실하다. 이는 '비자력 문제(Deadweight Problem: 어떻든 150개의 일자리가 나오고 있는 정도를 의미)'와 '대체 문제(Displacement Problem: 150개의 일자리가 적절하지는 않을 지라도 지역의 다른 곳에 있는 다른 시설에 이미 존재하는 정도를 의미)'를 무시하고 있다.

보다 근본적으로는 지역개발과정이 복잡하고 다차원적인 과정이라는 점이다. 일반적으로 이 프로그램들은 다중적 행동을 포괄하고 있고, 다중적 목적을 가진 다중적 주체들에 의해 추구된다. 단지 '무엇이 무엇에 영향을 미치는가(What affected what?)'만으로 이러한 다차원적인 과정을 엮어내기가 어려워, 예를 들면, '기업문화'나 '보다 큰 지역정체성 의식'처럼, 보통 지역개발에서 추구되는 일부 비가시적 속성에 의해 악화된다는 점이 문제이다. 더구나 지역개발은 바로 그러한 속성 때문에 장기적 과정이어서, 상당한 시간이 경과한 다음에만 충분한 효과를 기대할 수 있을 것이다. 이러한 문제, 즉, 프로그램의 복잡성, 본래적으로 비가시적인 성과 및 지연되어 나타나는 결과 등에 의해 야기되는 문제는 두 개의 불행한 결과 중 하나로 보는 것이 보편적이다. 구체적으로 말하면, 단지 선택상자(Ticks in boxes)에 표시하는데만 관심이 있는 과도하게 관료적인 평가자가 프로그램의 가치있는 성과를 간과하거나, 아니면, 자기 만족적인 프로그램 관리자가 아마도 밑바닥에서 보다 물리적이고 가시적인 성과가 부족함을 인식하고 있음에도 불구하고 이러한 성과를 과장한 결과이다.

이러한 모든 어려움을 고려한다면, 진정으로 신중하고 유용한 지역개발 프로그램 평가는 불가능하다고 결론내릴 수도 있지만, 그 것이 선택할 수 있는 대안이 아니라는 사실은 분명하다. 아직도 이 또는 저 프로그램이나 사업이 잘 진행되고 있는지, 그리고 가치있다고 입증되는지를 점검하는 일은 필요하다. 거론한 어려움들이 확인해 주고 있는 것은 지역개발에 관한 한, 두 종류의 평가가 실제로는 거의 가치없다는 점이다. 첫 번째는 전체 지리적 지역에 대해서건, 또는 일자리 창출, 창업, 훈련받은 피훈련자의 다양함 등, 특정한 핵심 지표에 대해서건, 단순한 '전후 순간' 비교이다. 두 번째는 예를 들면, 농업 부문에서 규정한 부문별 프로그램이나 어떤 도읍 주변의 우회로 건설과 같이 단일의 개별 지역사업에 대해 아주 유용하면서도 보편적으로 적용되는 비용-효과분석 유형의 공식적인 분석방법이다. 지역개발에서는 이와는 다른 도구를 요구하고 있다.

도구 킷

그러한 접근법들의 가치가 제한적이라고 밝혀졌기 때문에, 최근에는 다차원적 및 다목적이고, 복수 사업으로 구성되어 있는 지역개발 프로그램에 대해서는 참여 평가자 대부분이 Campagne의 주장을(Campagne, 1994) 효과면에서 지지하려는 경향을 보이고 있다. 여기서 Campagne은 3개의 질문에 초점을 두는 것이 실질적인 임무라고 주장하고 있다. 즉, '이 프로그램의 목적은 무엇이었는가, 또는 무엇인가? 얼마만큼 실현되었거나 실현되는가? 그리고 왜 그렇게 되었거나, 그렇게 되지 않았는가?'이다. 세 번째 질문(왜 그러한가/왜 그렇지 않는가)에서의 요점은 행동과 결과 사이에서 추정된 '인과 연쇄(Chain of Causation)'에 분명하게 주의를 집중하게 만드는 일이다. 실질적으로 그러한 실행을 가치있게 만드는 것은 이러한 체인을 해명하는 일이다.

이 모든 것을 고려하면, 지역개발 프로그램이나 사업의 적절한 평가방법론은 다음과 같이 정리할 수 있다.

- 유용하게 측정될 수 있는 것은 무엇이나 측정한다는 점을 잊지 않는 가운데, 정량적이기보다는 정성적
- 일정한 학습과 함께 개발에 의한 파생효과를 성취하기 위해(이해당사자들이 진정으로 평가에 참여하면, 어떻든 스스로 계발될 수 있다는 점은 거의 인식될 수 있음) 이해당사자들이 참여하고 있고, 그리고, 위협적이지 않는 방법으로 세심하게 질문한다면, 열심히 참여하여 '왜 그런가/왜 그렇지 않는가'라는 결정적인 질문에 대해 가장 확실히 해명할 것 같은 사람은 긴밀하게 참여하는 이들 이해당사자들이기 때문에, 강하게 참여적

Campagne은 '사업 또는 프로그램의 목적으로 돌아 가서 목적들이 얼마 만큼 충족되었는가를 확인하고, 질적 방법론을 이용하여 그러한 성공이나 부족이 얼마 만큼 프로그램에서 사용하고 있는 방법 탓인지를 정립하려고 노력하는 일'이 평가자의 임무라고 주장하고 있다. 그래서 이러한 접근법은 Campagne의 주장과 잘 부합되고 있다. 똑 같이 이러한 접근법은 Midmore의 결론과도 잘 부합하고 있다. Midmore는 이러한 성공 지표들이(복잡한 지역개발 과정에서의 성공을 의미) 비계량적인 정보에 대해 직관적이지만, 똑같이 세심한 분석을 동반하기 때문에 그렇게 복합적으로 측정할 때만 추적 가능한 지표들을 얻을 수 있다고 결론짓고 있다(Midmore, 1998).

대부분의 경우, 지역개발 프로그램과 사업에 대한 적절한 평가방법론은 목적, 성취, 제대로 성취하지 못한 이유 등에 적절한 초점을 둘 수 있다는 점이 여기서의 결론이다. 이러한 결론에서는 기본 모델의 정수(精髓)를 설정하려는 시도를 하기 전에, 두 개의 추가적인 잇슈를 고려하도록 요구하고 있다. 첫째는 질적인 분석, 둘째는 지표 사용에 관련된다.

질적 분석

이러한 여건에서 질적인 분석을(비 수치적 정보에 관한) 적용하는 일이 늘어나고 있다. 이는 수치 자료를 단순히 얻을 수 없거나 수치 자료의 타당성이 애매하기 때문 만이 아니라, 참여자들의 직접적인 경험을 세심하게 가꾸이 정리하는 일이 분석의 중심이 된다면, 보편적으로 보다 심층적인 성찰이 이루어질 수 있기 때문이다. 실제로 이는 아주 단순하게 수 많은 단어를 다루는 것을 의미한다. 이는 특히, 문제가 되고 있는 프로그램과 사업이 일자리 창출과 소득 증대 만큼, 태도 및 문화의 질적인 변화를 분명하게 달성하려고 고안되었을 경우에 해당된다.

질적인 분석이 단순한 의견 선택을 선호하여 객관성을 희생하는 것으로 해석하지 않는다면, 오늘날 사회과학은 정성적인 것은 주관적인 반면, 정량적인 것은 객관적인 것을 의미한다는 점을 받아 들이기 꺼려 한다고 말할 필요가 있다. 소위 '정량적 객관성(Quantitative Objectivity)'은 분석의 범위 정의, 개념의 해석, 방법의 선택, 자료 수집 및 각하, 분석의 해석 등에 있어 연구자 자신의 주관성에 대해 심각한 문제를 야기하고 있다. 그래서 전체 개발 비즈니스의 정수인 인간이 구축한 다양한 '객관적 실체(Objective Realities)'를 밝히는데는 질적 분석이 마땅이 최선일 수도 있다.

정량적이든 아니면, 정성적이든 간에 어떤 방법을 쓰더라도 연구자는 실제 잘 구축된 분석틀에 의해 가능한 한, 관련 증거를 많이 모으려고 노력하고, 이를 가능한 한, 많은 주의, 투명성 및 통합성을 갖고 해석 및 표현하려고 노력하여야 한다는 도전에 직면해 있다.

지역개발을 위한 정성적인 원천 자료를 모으는 일은 일반적으로 다음과 같은 3개의 실행 과정으로 이루어진다.

첫째는 문서 분석이다. 관련된 문서 사례는 비즈니스 계획과 이의 수정계획, 내부 진도보고서, 사업비 신청서, 위원회에 보고된 배경자료, 일지, 시간표, 회의록, 뉴스레터, 신문 발췌 및 서신 등이 있다. 구조화된 분석틀 내에서 단순히 일주일 동안 읽고 기록하므로서, 일이 잘 되거나 그렇게 잘 되지 못한 이유와 프로그램에 대해 얼마나 많은 것을 얻을 수 있는가를 살펴 보면, 놀랄 만한 일임을 알 수 있다.

둘째는 반 구조적인 인터뷰이다. 이 방법은 피인터뷰자가 미리 선정된 주제를 중심으로 자유스럽게 다듬는 것을 허용한다. 해당된 피인터뷰자들은 프로그램이나 사업의 주된 이해 당사자들, 즉, 자금 지원자 및 사업추진자, 밑바닥에서의 수혜자, 그리고 관심은 갖고 있지만 직접적으로 참여하지는 않고 있는 소위 밀접한 참관자 중에서 주로 선발할 필요가 있다. 그러한 인터뷰 일부는 개인 혼자 보다는 집단적으로 그룹에 대해 수행할 수 있다.

셋째는 직접적인 참여 관찰이다. 보통 사람들이 실제 자신들이 주장하는대로 행동하고 있는지를 점검하는 일이다. 예를 들면, 프로그램 관리위원회는 진정으로 개방적이고 통합적인가, 아니면, 파벌이나 유급 담당자들이 지배하고 있는가? 프로그램의 현장 요원은 진정으로 소외 계층에 다가서고 있는가?, 아니면, 기존의 접촉선만 유지하고 있는지? 각 경우에 하나의 발견법은 보고 듣는 일이다.

이러한 기법 각각은 다음에 반영할 수 많은 단어들을 양산할 것 같다. 이는 문자 재료의 처리 공간을 확장하는 것이 아니다. 본질적으로 주제와 질문은 실행 목적에 의해 거의 사전에 결정되지만, 사람이 읽고, 또 읽으면서 또한 출현될 수도 있다. 그래서 그러한 주제와 질문을 중심으로 모든 재료들을 구조화 하는 일이 임무라고 말한다면 충분하나. 이러한 과정에서 두 명의 연구자가 문자 재료를 각각 독립적으로 살펴보고 나서, 비슷한 결론에 도달하였는지를 확인한다면, 포착하기 어려웠던 객관성 확보 목적은 보통 달성될 수 있다.

개발평가에서의 지표 활용

지역개발 프로그램 평가에서 대부분의 경우, 정성적인 방법론을 채용하는 일은 충분한 가치가 있으며, 실제로는 정성적인 방법의 채용이 불가피한 상황이다. 그렇지만, 보다 비물리적인 현상임에도 불구하고, 이를 일종의 정량적인 형태로 표현하려고 강력하게 노력하는 경우가 또한 있다. 보편적으로 이는 프로그램의 목적 달성 정도를 정의하는 문제에 봉착하였을 때, 가장 유용하다. 표 14.1이 이러한 점을 예시하고 있다.

| 표 14.1 | 비가시적인 목적을 일정한 가시적 지표로 변환하는 시도

지역개발 프로그램에서 신봉하는 일부 목적	관련 가능 지표 사례
어떤 역량강화 달성	지금까지 참여하지 않았던 지역사회활동에 직접적으로 참여하는 주민 숫자
혁신적 사업의 강화	이전에 지역에서 유사한 목적으로 추진된 적이 없는 지원사업의 비율
지속가능 개발의 추구	- 각 지원사업에 대해 지역의 자연, 인공, 인적 또는 사회적 자본 수혜에 악영향을 주는 증거 - 마찬가지로, 이에 관한 긍정적 효과의 증거
기업문화를 창출	뒤에 자금 지원을 받는지 여부에 관계없이 이전에 사업 경험이 없는 주민들이 만든 사업 제안 비율
진실로 통합적인 개발 강화	어떤 방법으로든 다른 자금지원 사업에 연계된 자금지원 사업 숫자
지역사회가 지역개발에 보다 적극적으로 참여하도록 역동화	(어떻게 정의되었더라도) 개발그룹 자체의 의사결정에 진정으로 참여하는 '보통 사람'의 숫자

요점은 유사 정량적인 지표로 목표와 목적을 다시 표현하고, 이러한 목표와 목적과 관련되는 데이터를 찾아내어 어떻게 하든 '답을 주는' 일이 아니다. 오히려 정보에 근거한 논의에 박차를 가하므로서, 이러한 목표들이 실제 달성되는지의 여부, 달성의 정도 및 이유를 밝힐 수 있을 것 같으므로, 그러한 실행을 수행하고, 부정확하더라도 결과를 이용하는 바로 그 과정 자체가 요점이다. 예를 들면, '핵심적 목표의 하나가 지역의 기업문화를 개발하는 것이었는데, 자금을 지원한 모든 사업의 약 3/4이 기존 기업인 것 같다. 이에 대해 어떻게 생각하나?'

요약하면, 대부분의 지역개발 프로그램에 대한 최선의 평가방법은 목적에 초점을 두고, 달성 정도를 평가하는 것이며, 그러한 목적 달성 또는 미달성에 기저하는 복잡한 인과 관계 과정을 밝히고 이해하려고 노력하는 일이다. 여기서 평가자는 지역개발의 속성이 다목적, 복합

PART 1

제1부 목재절삭의 역사와 의미

- **제1장 목재절삭의 역사**

  제1절 고대의 목공기술

  제2절 동력의 사용

  제3절 목공기계의 등장(18~19세기)

  제4절 목공기계의 발달(20세기)

  제5절 수치제어기술의 등장

  제6절 금후 발전방향

- **제2장 목재의 성질과 절삭특성**

  제1절 목재의 해부학적 구조와 절삭특성

  제2절 목재의 강도적 성질과 절삭특성

제1장 목재절삭의 역사

제1절 고대의 목공기술

인류 최초의 목공용 도구는 서기전 50만년 구석기시대에 톱과 손대패를 대신하여 사용된 거친 형태의 돌(flint stone)일 것으로 추정되며, 서기전 20만년의 네안데르탈인(Neanderthal) 유적에서는 톱의 형태를 지닌 석기(flint saw)가 발견되기도 하였다. 그 후 목공용 도구는 매우 느린 속도로 발달하였을 것으로 추정되며 서기전 6000년~3500년경에는 목재로 만든 틀에 잘 다듬은 돌들을 일렬로 끼워 톱니의 역할을 하도록 한 sickle saw가 목재가공에 쓰였던 것으로 추측된다.

청동기시대인 서기전 3000년~500년경 고대 이집트에서 드디어 인류 최초의 금속 톱이 출현하였으나 톱니를 이루는 청동의 강성(stiffness)이 낮아 톱니는 후방을 향하고 있으며 단지 사용자 쪽으로 당길 수만 있는 청동제 pull hand saw이었다. 그 외에 청동제 도끼나 끌, 자귀 등도 발견되고 있다.

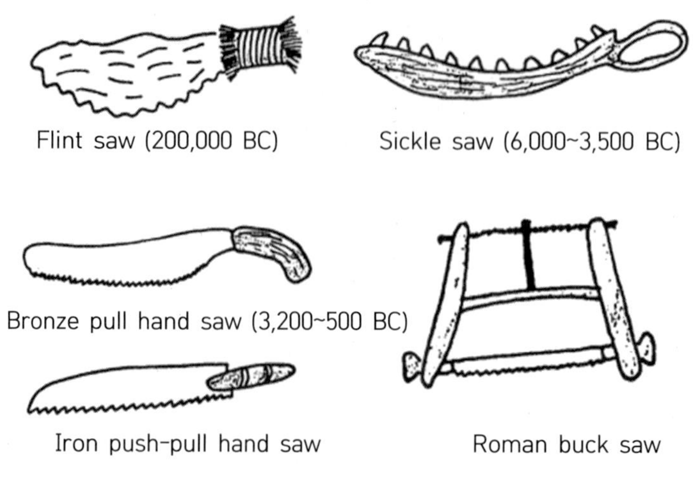

그림 1.1. 고대의 목공용 도구

그러나 철기시대 세계의 맹주였던 로마에서는 강한 철을 사용하여 밀고 당길 수도 있는 push-pull hand saw와 목재 틀에 톱날을 끼운 buck(또는 frame) saw가 출현하였다. 특히 frame saw는 한국 고유의 목공용 톱인 탕개톱과 거의 유사한 형태를 갖고 있다. 그리고 인류 최초로 여겨지고 있는 손대패도 이 당시 로마인에 의해 발명된 것으로 알려지고 있다. 한편 중국에서도 13세기 들어 손대패가 발명되었는데 로마의 것과는 반대로 사용자 쪽으로 당길 수반 있는 형태로 지금 우리가 사용하고 있는 대패와 같은 형식을 지니고 있어 문화와 함께 목재가공기술도 중국으로부터 유입되었던 것으로 추정할 수 있다.

선사시대 석기로 다듬어 만들어진 광주리의 형태로 시작된 한국의 가구도 청동기시대를 거쳐 철기시대에 이르면서 철제 도끼로부터 시작된 철제 목공도구의 사용능력이 상당 수준에 이른 것으로 추정되며, 부재간의 접합부분에 이미 못이나 ㄷ자형 꺾쇠 등의 금속제품이 사용되었음을 알 수 있다. 그러나 삼국시대에 이르러 고구려에서는 높은 문화수준에 비하여 벌목용 도구의 발달이 충분히 이루어지지 않아 다량의 목재 수급이 어려웠으므로 목 부재의 제작을 위한 목공용 도구도 발달되지 못하였으며, 백제나 신라의 경우에도 마찬가지의 상황이었던 것으로 추측된다.

제2절 동력의 사용

고대의 목공용 도구들은 모두 인력에 의한 것들이었으나 15세기 초 스칸디나비아 지역에서는 동물, 수력 또는 풍력을 이용하여 목재를 절삭한 기록이 확인되고 있다. 그 후 1600년에서 1620년 사이 영국령 식민통치시대 미국 버지니아 주에서는 물레방아를 이용한 gate saw(지금의 sash gang saw의 시조)를 갖춘 미국 최초의 제재소가 등장하여 동력을 이용한 목재가공업의 시발이 되었으나 가공속도는 0.2~0.4 ㎥/day로 매우 낮은 수준이었다. 또한 같은 시기 미국에서는 재봉틀의 발판과 같은 원리로 반복 운동하는 최초의 jig saw도 개발된 바 있으며, 1670년경에는 네덜란드에서 둥근톱이 사용되었다는 설이 있기도 하다.

그림 1.2. 물레방아의 동력을 이용한 제재소(미국 Ford박물관)

제3절 목공기계의 등장(18~19세기)

목공기계의 발달에 관한 역사는 미국을 중심으로 18, 19세기에 걸쳐 눈부시게 이루어졌으며, 특히 목재관련 산업의 흥망에 따라 그 발전 속도도 좌우되었다. 예를 들어 목선(木船)의 건조(建造)는 높은 목공기술을 요구하였다. 따라서 미국 최초의 제재소는 의심할 여지없이 목선건조를 위한 목재를 주로 공급하였을 것이다. 1790년과 1808년 사이 Samuel Bentham경과 Marc Isambard Brunel경은 영국의 조선공업에 혁명을 일으킨 수많은 목공기계를 발명하였으며, 특히 Bentham의 발명 중에는 회전삭의 원리도 포함되어 있다.

1800년부터 1808년간의 시기에 영국에서는 대패기, 단판절삭용 둥근톱 및 띠톱기계가 발명되어 특허를 얻은 바 있다. 그러나 1808년 William Neberry가 특허를 얻은 띠톱기계의 경우 당시 톱몸을 구성하고 있는 금속의 강도가 약하여 스웨덴산 강철의 사용이 가능해진 1870년까지는 실제로 이용되지는 못하였다. 즉, 칼날의 재료인 금속의 발달이 절삭기계의 실용화를 좌우했던 것이다.

대규모 둥근톱은 1814년에 개발되어 1860년에 비로소 일반화되었으며, 1830년까지 cutterhead를 이용한 수많은 대패기계에 대한 특허가 등록되었으나 최초의 cutterhead형 대패기계는 실제로는 1850년이 지나서야 비로소 등장하게 되었다. 그리고 1881년 특허 등록된 양면대패기계는 무한공급장치와 동력구동 상하 배출롤을 구비하고 있다.

최초의 rotary lathe형 단판절삭기계는 1840년 미국 매사추세츠의 John Dresser에 의해 특허가 등록된 바 있으며, 미국에서는 1875년 단판 slicer가 실용화되기 시작하였다. 그리고 최초의 double-end tenoner와 endless-bed, triple-drum sander가 1866년과 1900년에 각각 개발되었다.

1869년 첫 번째 미대륙 횡단철도가 완공된 후 많은 수의 철도차량이 필요하게 되자 19세기말 차량의 틀 제작을 위한 재단용 톱, 다축천공기 및 각끌기(mortiser)가 개발되었다. 이와 같이 급성장하는 철도차량산업에 힘입어 단속이 아닌 연속작업을 위한 목공용 기계의 필요성이 대두되었으며, 따라서 부품을 기계에서 기계로 옮기지 않고도 차량 틀의 조립을 할 수 있게 되었다.

한편, 1849년 캘리포니아의 황금러쉬(gold rush)는 마차바퀴제조업을 자극하여 바큇살을 선삭(turning)한다거나 바퀴 축을 자동으로 가공하는 기계가 1904년경 개발되기도 하였다. 물론 그 당시 상업용이나 주거용 건축을 위한 목재의 수요도 급격히 증가되어 1870년경에는 매우 직경이 큰 미송 등 대경원목을 가공하기 위하여 이중둥근톱기계가 개발되었는데 직경 182cm의 하부 톱과 직경 91cm의 상부 톱을 갖추고 있었다. 그러나 이 대규모 둥근톱은 톱두께가 커서 목재의 손실도 컸으며 좋은 방법은 되지 못하였다. 1885년경의 한 제재소에는 거차(鋸車) 직경 270cm의 띠톱을 증기기관으로 작동하였으며, 1896년에 비로소 전기모터로 작동되는 최초의 띠톱제재장치가 설치되었다. 이 장치의 톱폭은 36cm, 거차직경은 270cm이었으며 100마력의 전기모터를 사용하였다. 이와 같은 제재기의 발달은 송재차, set works, edgers, slashers, cut-off saws, steam-feed jump saws 및 handling system의 발달을 촉진하여 약 345 ㎥/day의 가공속도를 가능토록 하였다.

그림 1.3. 19세기의 띠톱과 대패기

제4절 목공기계의 발달(20세기)

19세기밀엽 알래스카의 금광발견은 정확한 규격의 목부재의 수요를 창출하였으므로 오늘날의 고속자동대패기계가 개발되기 시작하였다. 1907년 George W. Stetson과 Harry B. Ross의 아이디어를 조합한 대패기계가 시장에 등장하게 되었는데 이 기계는 Stetson이 개발한 신속한 pattern change와 jointing attachment에 Ross가 큰 직경의 송재롤러를 부착하여 고속의 가공능력을 갖도록 한 것으로 몇 년 후 Charles Blood의 자동송재장치, F. W. Horstkotte와 A. H. Onstad의 tilting elevator등이 추가되면서 완벽한 기능을 보유하게 되어 송재속도가 30 m/min를 능가하고 각 cutterhead에는 20개의 칼날을 부착할 수 있었다. 그 후 약 1900여개의 중요한 발명들이 줄을 이었다.

한편 1897년 당시 미국의 모든 철도차량은 목재로 제작되었으나 1901년에는 전체 철도차량의 약 15%가 강철로 대체되었고, 이 추세는 계속 이어져 오늘날에는 단지 몇몇 목공기계만이 철도차량제작에 사용되고 있을 뿐이다.

1906년경에는 직류모터가 각각의 기계를 구동하여 벨트가 불필요하게 되었고 1908년경에는 볼베어링이 목공기계에도 응용되기 시작하였으며, 그 1년 후에는 고속도강을 칼날의 재료로 채용하여 칼날의 수명이 획기적으로 연장되었다.

목제 철도차량의 부침과 마찬가지로 자동차산업도 목공기계산업에 많은 영향을 미쳤다. 1910년경의 자동차구조는 목재골격에 얇은 철판을 씌운 형태로 목부재들을 곡가공 한다거나 여러 가지 형태의 특수한 형식으로 결합하였다. 따라서 자동차의 수요가 증가함에 따라 특수한 목공기계들의 수요도 증가하였다. 그러나 1920년대 말에는 모든 차체가 강철로 대체되었으므로 막대한 양의 목공기계들이 사장되기도 하였다.

1919년경에는 비접촉식의 교류모터가 사용되기 시작하여 볼베어링이 부착된 cutterhead에 이 모터를 직접 연결함으로써 cutterhead 축 설계의 향상뿐만 아니라 전반적인 기계설계에도 많은 융통성을 부여하게 되었다. 또한 간결한 전기제어 메커니즘으로 교류모터의 적용이 증대되었다. 1930년경에는 V-벨트가 등장하여 지금까지 사용되어오던 평벨트를 서서히 대체하기 시작하여 꾸준히 향상되었다. 한편 1930년까지 목공기계의 발전방향은 기술의 변천과 꾸준히 상승되는 임금에 상당한 영향을 받아 인력을 줄이려는 시도가 계속되어왔다. 그러나 1930년 이후부터는 paper board나 container board 산업이 팽창하는 동시에 목재 소재(素材, solid wood)를 이용한 컨테이너산업의 중요성은 상대적으로 격감하였다. 따라서 그 당시 비교적 새로운 산업인 합판, 하드보드, 섬유판제조업이 번창하기 시작하여 1930년 이전에는 없었던 새로운 종류의 기계들이 등장하기 시작하였다. 일예로 1935년부터 약 20여 년간 드럼식 박피기와 회전링식 박피기가 출현하였으며, 다중광폭벨트연삭기(multiple wide belt sander)도 이 시기에 개발되었다. 그리고 역시 그 당시에 시작된 집성재공업은 목재의 새롭고도 중요한 용도를 개발해줌으로써 또 다른 새로운 영역의 목공기계의 수요를 창출하였다.

그러나 당시의 목공기술이 대경목을 위주로 개발되어왔으나 대경목자원이 서서히 고갈될 조짐을 보이자 1950년대 후반 스칸디나비아 지역에서는 소경목을 대상으로 한 취급, 분류 및 가공을 위한 시스템을 개발하기 시작하였으며, 그 후 북미와 러시아에서도 그 같은 연구가 시도되어 1963년~1966년경 북미의 제재산업에 칩과 제재목을 동시에 생산할 수 있는 소경목용 chipper-headrigs (chip-N-saw)가 등장하기 시작하였다.

표 1.1. 목공기계의 발달

시 기	목 공 기 계	발 명 자	국가
18세기	Joint planer	Cooper	영국
1777년	Table circular saw	Samuel Miller	영국
1790-1808년	Planer, Jointer, Matcher Moulder	Samuel Bentham경과 Isambard Brunel경	
1802년	Traverse planing	Joseph Bramah	
1808년	Band saw	William Newberry	
1828년	Planer (rotary cutting head와 송재용 롤러채용)	Daniel	
1840년	Dovetail and back saw	Henry Disston	미국
	Lathe형 단판절삭기	John Dresser	미국
1846년	Cutterhead형 대패기 실용화	Baxter D. Whitney	미국
	Bandsaw의 실용화	Creping	프랑스
1860년까지	Head saw, Edger, Trimmer, Slasher 등의 출현과 실용화		
1866년	Wedge bed adjustment, Double end tenoner	Baxter D. Whitney	미국
1870년까지	Double circular saw		
1875년	Veneer slicer 실용화		

시 기	목 공 기 계	발 명 자	국가
1880년대	Diagonal cutting head	S. A. Woods Machine	
1881년	자동송재 power rip saw	Ralph Greenlee	
1883년	Double planer	Baxter D. Whitney	
1896년	전기식 띠톱(100마력)		
1900년까지	Multiple band headrig		
1900년	Endless-bed, triple drum sander		
1901년	띠톱용 송재차의 실용화		
	자동송재 테이블	Charles Blood	
	송재테이블용 tilting elevator	F. W. Horstkotte	
1911년	Endless chain conveyor	Hermance Machine사	미국
	모터 직결 자동대패	Baxter D. Whitney	미국
1915년	Chain saw		
세계1차대전중	Tilting arbor saw	Baxter D. Whitney	미국
1920년	Portable power saw		
1945년	Portable saber saw		스위스
1935-1955년	Drum debarker,		
	Rotating ring debarker,		
1960년	Multiple wide belt sander		
1963-1966년	Hydraulic shear		
	Chip-N-Saw		

제5절 수치제어기술의 등장

수치제어(NC: Numerical Control)란 가공과정을 숫자, 문자 및 다른 부호들로 구성된 프로그램에 의하여 제어하는 방법으로 가공의 자동화뿐만 아니라 가공의 정밀도를 혁신적으로 향상시키는 계기가 된 기술이다.

1952년 미국 매사추세츠 공과대학에서 처음으로 시제품인 NC milling machine이 공개되었다. 그러나 당시에는 트랜지스터라든가 IC 등은 아직 개발되지 않아 회로소자로서 진공관을 사용하였기 때문에 이 NC장치는 그 규모가 매우 큰 실정이었다. 하지만 이 사업의 연구비를 제공한 미국공군은 물론, 공작기계메이커, 전기메이커 등은 수치제어기술이 지닌 자동화에 관한 중대한 의의를 바로 이해하여 많은 관심을 기울였으며, 따라서 현재 자동화나 省力化, 또는 무인화의 씩이 여기에서부터 돋아난 것이라 하겠다.

그 후 실용화를 위한 연구는 빠르게 진행되어 1958년 미국의 Kearney & Tracker사에서는 Milwaukeematic이라 불리는 machining center를 완성하였으며, Pratt & Whitney사에서는 Tape-O-Matic이라 불리는 매우 싼 NC drilling machine을 발매하였다. 그러나 이후 수치제어에 대한 기술을 빨리 받아들인 일본에서는 보다 효율적인 NC기계를 위한 기술들을 속속 개발하기 시작하여 지금은 세계 수치제어기계시장의 상당부분을 일본 FANUC사가 차지하고 있는 실정이다. 현재의 수치제어기술은 직접수치제어(DNC: Direct Numerical Control)와 컴퓨터수치제어(CNC: Computer Numerical Control)의 수준까지 발전되어 있으며, 직접수치제어란 여러 대의 가공기계가 한 대의 컴퓨터에 의해 직접 연결되어 실시간으로 제어되는 생산기술로 한 대의 컴퓨터가 100대 이상의 가공기계를 제어할 수 있다. 한편, 컴퓨터수치제어는 컴퓨터시스템의 소형화, 저비용화 및 고성능화 경향이 NC기계에 반영된 것으로 수치제어 주요기능의 일부 또는 전부를 전용의 프로그램 내장형 컴퓨터가 담당토록 한 것이다. 따라서 전통적인 NC기계에 비해 신뢰성, 탄력성 및 생산성의 측면에서 많은 장점이 있으므로 최근에 가장 많이 이용되고 있으며, 앞으로 미래의 공장자동화는 더욱 더 CNC와 DNC의 결합이 이루어지는 방향이 될 것임을 예측할 수 있다.

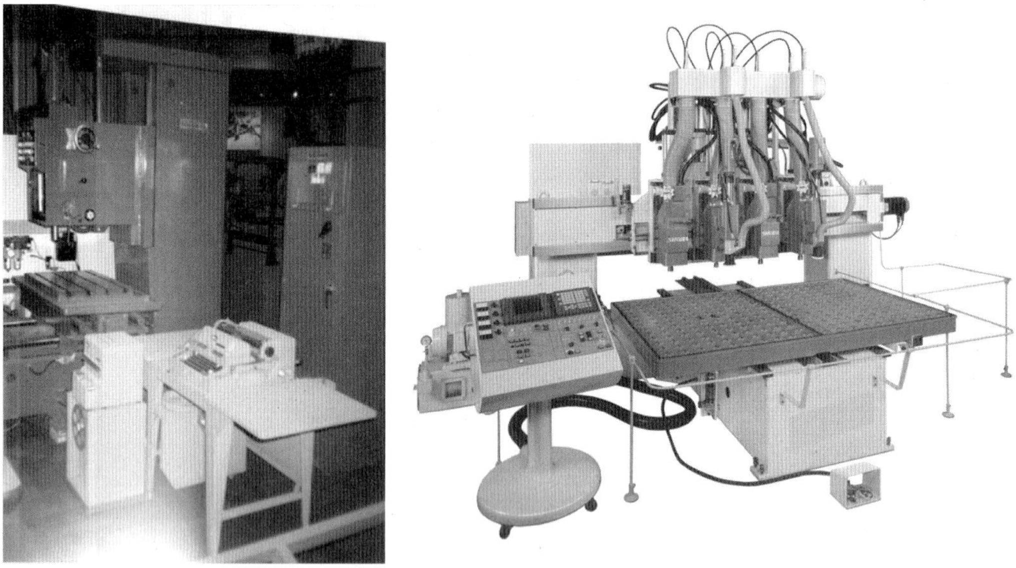

그림 1.4. 초기 NC router(좌)와 최신형 CNC router

제6절 금후 발전방향

목재산업에서 원자재와 임금은 지속적으로 상승하여 왔으며 앞으로도 계속 치솟을 것은 분명하다. 특히, 전체 생산비의 약 70%정도를 차지하는 목재의 가격앙등은 목재업계에 엄청난 부담이 되고 있다. 그러므로 값비싼 목재를 보다 효율적으로 이용할 수 있는 방법의 모색은 앞으로 목재산업의 생존을 위한 대책으로까지 여겨질 정도로 절박한 실정이다. 따라서 지금까지 목재를 값싼 재료로 잘못 인식하고 목재가공공정 자동화 투자를 기피해왔던 기업들이 최근 들어 자동화에 깊은 관심을 보이는 것은 당연한 일인 것이다. 그리하여 1970년대에 들어서 급속히 발달되고 있는 전기전자공업에 힘입어 컴퓨터를 통한 폐쇄회로 기계제어가 목재가공공정에 투입되기 시작한 이후 현재까지 공정자동화와 함께 목재가공수율을 높이기 위한 노력이 꾸준히 이루어지고 있다.

목재의 효율적인 이용은 제재, 재단, 건조 등 목재가공 일련의 공정에서 항상 고려되어야 하며 특히, 제재나 재단에서의 효율향상은 그 효과가 매우 크다고 하겠다. 일예로 직경이 작고 수간(樹幹)이 통직하지 못한 저질 소경의 원목을 가공할 때 기존의 대경목 제재기술을 적용한다면 제재수율의 하락은 당연한 결과일 것이다. 또한 옹이나 썩은 부위 등의 결함이 포함되지 말아야 하는 가구부재나 집성재 부재(laminar)를 생산할 경우 재단의 잘못으로 판재에 있던 옹이를 이분(또는 그 이상의 분할도 가능)하여 각 부재에 옹이가 포함된다면 두 부재는 모두 이용할 수가 없게 될 것이다. 따라서 제재 및 재단공정의 효율향상을 위해서는 우선 대상 원목, 제재목 또는 판재의 형태, 치수 및 목재 내외부 결함 등을 정확하게 파악하는 것이 필수적이다.

지금까지 검척(檢尺)방법으로는 육안에 의한 목측법과 중량법, 또는 측정자나 캘리퍼 등을 이용한 접촉식 검척방법이 사용되어왔다. 그러나 접촉식으로는 공정상에 흐르고 있는 가공물의 검색을 실시간(real time)에 행할 수 없으므로 최근 빛, 영상(image) 또는 목재의 전기적 특성 등을 이용한 비파괴 비접촉식 검색장치가 개발되고 있다. 일예로 1980년대 후반부터는 미국 미시간주립대학을 중심으로 목재가공수율과 목제품 부가가치 향상을 위한 전자동 목재가공시스템(ALPS: Automated Lumber Processing System)에 대한 연구가 진행된 바 있다.

본 연구는 컴퓨터단층촬영(CT: Computer Tomography)기술과 고체촬상소자(CCD: Charge Coupled Diode) 카메라(비디오카메라)를 이용, 목재 내외부의 화상을 얻은 후 컴퓨터를 통하여 영상처리(image Processing)함으로써 결점부위를 자동으로 찾아내어 최고의 효율을 얻을 수 있도록 레이저(laser)로 재단하는 시스템으로 현재 최첨단의 목공기술로 인식되고 있다. 그러나 처리해야 할 영상관련 정보의 양이 막대하여 많은 처리시간이 소요되고 레이저의 에너지소모가 극심하여 아직은 실용화의 단계에 이르지 못하고 있으나 가까운 장래에 재래 목공기계를 대체하게 될 것으로 전망된다.

제2장 목재의 성질과 절삭특성

제1절 목재의 해부학적 구조와 절삭특성

피삭재로부터 칩을 분리하려면 절삭방법에 상관없이 칩(chip)과 피삭재가 연결되어 있는 부위를 연속적으로 파괴시켜야 한다. 절삭조건이나 피삭재의 조건에 따라 서로 다른 여러 가지 형태의 칩을 생성하게 되므로 칩형성에 영향하는 목재의 이방성을 파악하는 것은 매우 중요하다. 또한 목재를 구성하고 있는 세포의 크기가 크면 절삭면이 거칠어질 가능성이 높다. 그러므로 목재절삭 과정에서 목재의 절삭거동을 보다 잘 이해하려면 목재의 해부학적인 특성을 이해해야만 한다.

목재를 목리에 직각방향으로 자르면 나타나는 횡단면은 입목을 벌채하여 적당한 길이의 원목으로 자르는 조재(造材, bucking)과정에서 반드시 나타난다. 한편, 원목을 박피(barking)하거나 제재(lumber manufacturing)할 때는 목재의 접선단면을 볼 수 있다. 합판제조를 위한 단판절삭에 의해 생산된 단판의 표면도 대표적인 접선단면이라고 할 수 있다. 방사단면은 수피로부터 원목의 수(pith) 방향으로 목리에 평행하게 원목을 절단할 때 나타나는 재면으로 슬라이스절삭으로 얻게 되는 단판(무늬목)의 표면이 바로 방사단면이다.

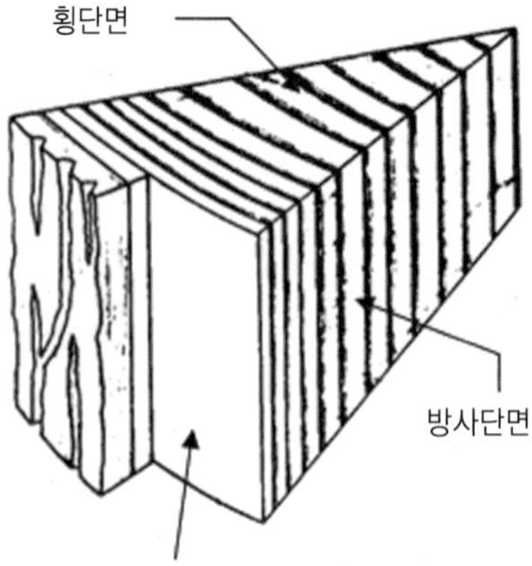

그림 2.1. 목재의 3단면

수종을 크게 분류하면 침엽수와 활엽수로 나누게 되는데 일반적으로 침엽수는 활엽수에 비하여 비교적 간단한 구조를 갖고 있다. 그러나 지구상에 존재하고 있는 각 수종들의 특성이 매우 다양하여 침엽수가 활엽수보다 구조가 간단하다고 하여 침엽수의 절삭에 있어서도 그 특성의 변이가 덜하다고 단정하기는 어렵다.

1. 생장륜

생장륜(growth ring)과 생장륜 사이, 그리고 동일한 생장륜 내에서도 변이가 있으며, 이러한 변이는 절삭시 절삭력과 절삭의 결과 생성되는 절삭면의 품질에 커다란 영향을 미친다. 온대산 수종들은 일반적으로 조재(earlywood)와 만재(latewood)사이의 차이가 현저하여 육안으로 식별이 가능할 정도이다. 특히, 생장속도가 빨랐던 조재는 만재보다 낮은 밀도를 갖는 것이 보통으로 강도적 성질도 비교적 낮다. 이러한 물리적 성질의 변이는 절삭에서 문제점을 일으키기도 한다.

2. 심재와 변재

입목의 생리적 기능을 담당하였던 변재(sapwood)는 수분과 양분의 전달기능을 하고 있었으므로 심재(heartwood)에 비해 높은 함수율을 갖고 있는 것이 보통이다. 함수율은 목재의 강도적 성질에 매우 커다란 영향을 미치므로 당연히 절삭특성에도 깊이 관련될 것이다. 한편, 특정한 열대재에 많이 함유되어 있는 실리카(silica) 역시 절삭공구의 마모에 상당한 영향을 미친다.

3. 가도관

침엽수 목재체적의 90%를 차지하는 가도관(tracheid)은 3차원적 구조를 지니고 있는 중요한 구성요소이다. 가도관의 크기도 수종에 따라 그 범위가 넓으나 평균적인 가도관의 폭은 대개 15~65㎛로, 만일 0.9mm 두께의 방사단면 단판을 절삭한다면, 이때 단판 두께방향으로 포함되는 가도관의 수는 16~52개 정도가 될 것이다.

4. 도관

활엽수의 특징적인 구성요소중 하나인 도관(vessel)을 절삭특성과 연관하여 생각할 때에는 도관의 크기를 우선 고려해야 한다. 도관의 직경은 수종에 따라 20~300㎛로 범위가 넓으며, 만일 도관의 접선방향 직경이 254㎛인 수종을 단판절삭하여 두께 0.25mm의 단판을 생산하였다면, 생산된 단판에는 도관에 의한 구멍이 나타날 것이다. 그러므로 도관의 직경은 단판의 접착력 등 품질에 커다란 영향을 미친다고 할 수 있다.

5. 수지구

수지구(resin canal)는 목재의 절삭특성에 거의 영향하는 바가 없지만 수지구로 부터 누출된 수지가 절삭중 생성된 칩 등 이물질을 공구에 부착시킨다면 부착된 칩의 자국이 절삭면에 남게 된다. 이것이 절삭면 결점중 하나인 칩자국(chipmark)이라 한다. 또한 건조후 목재표면으로 누출된 수지는 이후 연삭작업을 어렵게 할 가능성도 있다.

6. 목섬유

활엽수를 이루고 있는 목섬유(wood fiber)와 도관은 목재의 길이방향에 대하여 어느 정도 경사져 있는 것이 보통이다. 이러한 특성에 의해 목재표면은 매우 독특한 문양(紋樣, figure)을 갖게 되는 한편, 절삭에서도 특징적인 문제점을 야기한다. 다음은 문양(또는 문리(紋理))의 종류와 각 문양의 절삭에 관련된 문제점들이다.

① 리본문리(ribbon figure) 또는 줄문리(stripe figure)

: 길이방향으로 방사단면을 절삭하는 경우, 삭렬(削裂)문리(chipped grain) (3장 2절 참조)가 매우 자주 발생한다.

② 조안(鳥眼)문리(bird's-eye figure)

: 물결 같은 무늬를 따라 배열되어 있는 섬유로 이루어진 크기가 큰 칩을 절삭 중 공구가 들어올리는 경향이 있으므로 주의를 기울여야 한다.

③ 파상(波狀)문리(wavy figure) 또는 권상(卷狀)문리(curly figure)

: 이러한 문양을 가지고 있는 목재의 방사단면을 절삭할 때에는 삭렬문리의 발생을 조심해야 한다.

7. 이상재

압축이상재(compression wood)는 침엽수에 선택적으로 발생하는 이상재로서 정상재에 비해 셀룰로오스의 함량은 적고, 대신에 리그닌의 함량이 높다. 반면 인장이상재(tension wood)는 활엽수에 발생하는 이상재로 정상재에 비해 셀룰로오스의 함량은 높고 리그닌의 함량은 적으며, 젤라틴 조직의 발달이 현저하다. 따라서 톱절삭시 톱이 물린다거나(pinching) 평삭시 절삭표면에 모상(毛狀)문리(fuzzy grain) (3장 2절 참조)가 나타나는 등 절삭에 어려움이 많다.

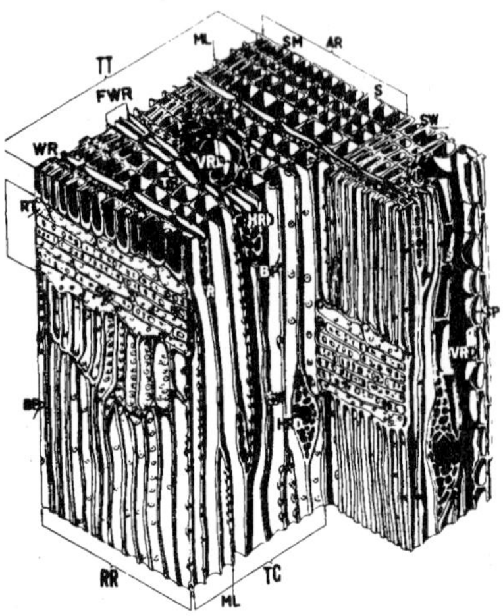

그림 2.2. 침엽수의 해부학적 구조

(AR:연륜, S:조재, SM:만재, TR:가도관, VRD: 수직수지구, WR:방사조직, FWR:방추형방사조직, SP:단벽공, BP:유연벽공)

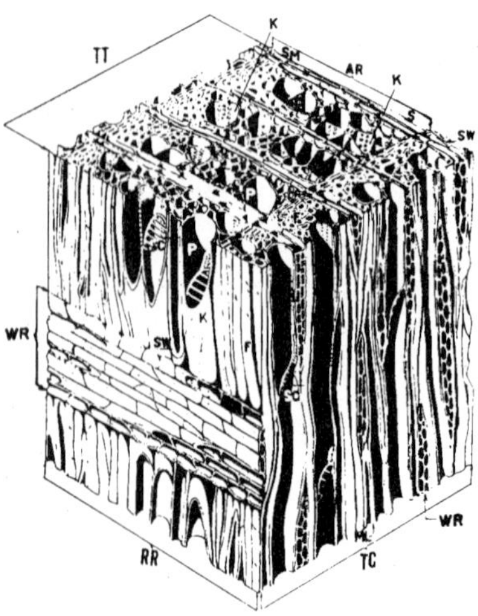

그림 2.3. 활엽수의 해부학적 구조

(AR:연륜, P:도관, WR:방사조직, F:목섬유)

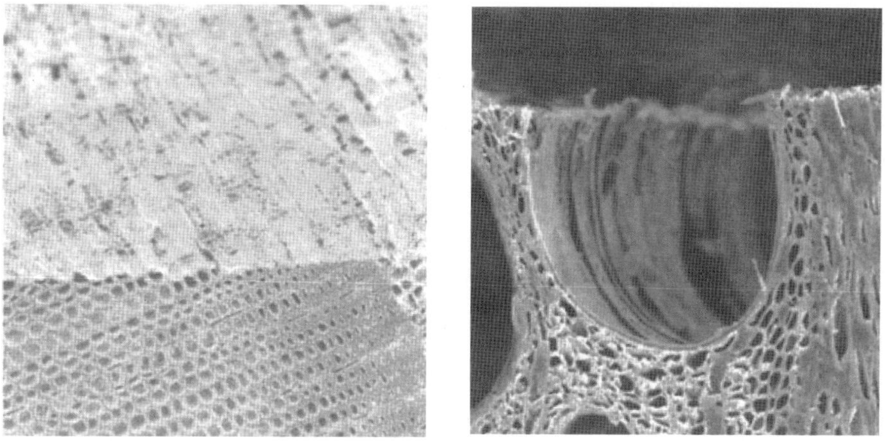

그림 2.4. 목재 절삭면의 현미경 사진

제2절 목재의 강도적 성질과 절삭특성

절삭이란 피삭재와 칩의 연결부위를 연속적으로 파괴하여 피삭재와 칩을 분리하는 과정이라 할 수 있다. 따라서 절삭특성에 관련된 목재의 강도적 성질을 논할 경우에는 비례한계 전까지의 강도보다는 목재의 파괴에 연관된 탄성강도와 함께 파괴강도를 고려해야 한다.

1. 함수율

일반적으로 목재의 1차가공에서는 생재상태나 섬유포화점(FSP: fiber saturation point)이상의 상태로 절삭하게 되며, 1차가공의 종류를 열거하면 다음과 같다. 열거된 절삭작업 이외의 공정은 대개 섬유포화점 이하의 목재에 대해 이루어진다.

① 입목의 벌채와 조재	② 원목의 박피
③ 제재	④ 기계적 해섬
⑤ 단판절삭	⑥ 칩제조
⑦ 플레이크 제조	⑧ 폐잔재의 hogging
⑨ 생재 제재목의 평삭	⑩ 선삭(旋削)

전건상태에서 섬유포화점까지는 함수율이 높아질수록 목재의 강도는 약해진다. 그러나 섬유포화점 이상에서는 함수율이 높아져도 강도의 저하는 거의 없고 일정하다. 그러므로 섬유포화점 이하의 일정한 함수율(M_p)보다 낮은 함수율범위에서는 목재강도와 함수율간의 관계를 다음의 실험식으로 표현할 수 있다.

$$S = 10^{a-bM} \quad [1.1]$$

S : 함수율 M에서 목재의 강도적 성질
a, b : 수종에 따른 상수
M : 목재의 함수율 (= 0 - M_p)

표 2.1. 함수율 12% 기건재의 생재에 대한 기계적 성질의 비

기계적 성질	활엽수 (S_{12}/S_g)	침엽수 (S_{12}/S_g)	함수율 1% 변화에 대한 기계적 성질의 변화 (%)
휨:			
Fiber stress at proportional limit	1.80	1.81	5
Modulus of rupture	1.59	1.61	4
Modulus of elasticity	1.31	1.28	2
Work to proportional limit	2.49	2.56	8
Work to maximum load	1.05	1.13	0.5
충격휨:			
Fiber stress at proportional limit	1.44	1.39	3
Work to proportional limit	1.68	1.59	4
Height of hammer drop causing complete failure	0.89	1.03	0.5
목리평행방향 압축:			
Fiber stress at proportional limit	1.74	1.86	5
Maximum crushing strength	1.95	1.97	6
목리수직방향 압축:			
Fiber stress at proportional limit	1.84	1.96	5.5
목리수직방향 인장:			
Maximum tensile strength	1.20	1.23	1.5
목리평행방향 전단:			
Maximum shear strength	1.43	1.37	3
경도:			
횡단면	1.55	1.67	4
측면	1.33	1.40	2.5

2. 목재의 온도

온도가 목재의 강도적 성질에 미치는 영향이 목재절삭특성에도 중요한 역할을 하는 이유는 다음과 같다.

① 절삭과정 중에서는 상당한 열이 발생하여 칩과 공구 날의 온도를 변화시킨다. 따라서 형성되고 있는 칩의 온도가 순간적으로 변함에 따라 칩의 강도적 성질도 변하게 된다.
② 특정한 절삭공정에서는 피삭재의 온도 조절을 통하여 보다 수월하게 그 공정을 수행할 수 있다.
③ 피삭재의 온도조절은 절삭가공 후 사용될 목재의 강도적 성질을 영구적으로 변화시킬 수 있다.

전건재의 강도적 성질에 대한 온도변화의 영향은 Brown등(1952)에 의해 온도범위 -160℃~160℃에서 다음과 같은 직선적 관계식으로 밝혀진 바 있다.

$$C_2 = C_1 - 25.71n\,(t_2 - t_1) \quad [1.2]$$

C_2 : 온도 t_2(℃)에서의 파괴강도(kg/cm^2)

C_1 : 온도 t_1(℃)에서의 파괴강도(kg/cm^2)

n = 37.6G

G : 목재의 비중

목재의 압축강도는 세포벽을 구성하고 있는 분자간에 작용하고 있는 인력의 영향을 받으며, 이 인력은 온도가 상승할수록 낮아진다.

목재가 수분을 함유하고 있을 때에는 온도의 영향이 더욱 현저히 나타난다. 예를 들어 시편의 온도를 21℃에서 71℃로 상승시키면 전건재의 MOR은 1/10수준으로 감소하나 함수율 12%에서는 1/3수준으로, 그리고 함수율 20%에서는 약 1/2수준으로 감소한다.

제재공정에서는 동결목재의 절삭에 관한 문제에 종종 접하게 된다. 모든 함수율 범위에서 동결목재는 비동결목재에 비해 파괴강도가 높게 나타나며, 표면에 동결된 결합수만이 존재하는 함수율 5%수준에서 최고치를 나타낸다. 비동결목재와 마찬가지로 동결목재에서도 그 이상의 수분이 세포벽 구조에 가해지면 마이크로피브릴(microfibril)내 긴 셀룰로오스 사슬에 포함되어 있는 분자들간의 분리를 촉진하여 결과적으로 강도적 성질이 저하되게 된다. 한편, 섬유포화점 이상에서는 세포내강이나 공극에 존재하는 자유수가 동결되어 압축강도가 높아짐으로써 함수율 85%수준에서 다시 최고점을 나타낸다.

만일 일정한 시간동안 높은 온도에 목재를 노출하면 목재의 강도적 성질을 영구히 변화시킬 수도 있다. 이때 목재의 MOE는 온도상승의 영향을 가장 적게 받는 것으로 알려져 있다. 그러나 온도상승이 목재의 강도적 성질에 미치는 영향에는 가열매체에 따른 변이도 있으며, 가열시간이 동일한 경우 증기, 열수, 열압, 열기의 순으로 그 영향의 크기가 작아진다.

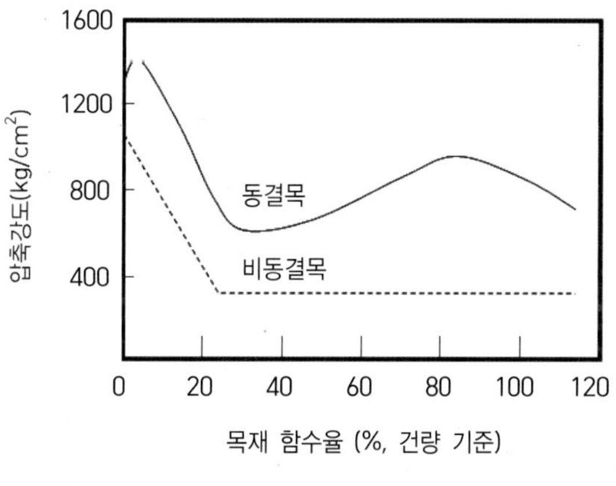

그림 2.5. 동결목과 비동결목의 목리 평행방향 파괴강도의 비교(Kollman(1940))

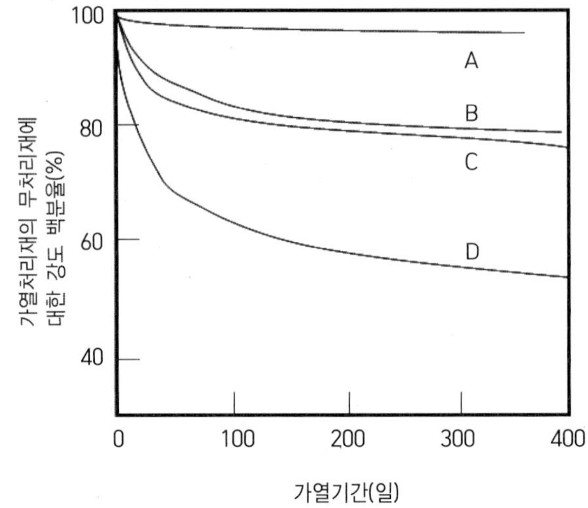

그림 2.6. 93℃ 열수에 노출된 후 목재의 기계적 성질의 변화(Wood Handbook(1999))
(침엽수: A. MOE, B. fiber stress at proportional limit, C. MOR 활엽수: D. work to maximum load)

3. 변형률

목재의 강도적 성질을 구명하기 위한 실험에서 적용되는 하중속도(loading rate)의 범위는 0.0254cm/min에서 2.54cm/min 정도이며, 이와 같은 범위에서도 목재의 강도는 하중속도의 영향을 받는다.

Liska(1955)에 따르면 변형률이 10배씩 증가할 때마다 목리에 평행한 방향의 압축강도나 파괴강도가 8%정도 상승된다. James(1962)도 변형률이 10,000배 증가하면 기건재의 MOE가 31% 정도 향상되며, 습윤재에서는 44% 향상됨을 밝힌 바 있다. 또한 최저부하까지의 일량은 약 20%정도 증가하고 있다.

James가 적용한 정상적인 하중속도는 0.0635cm/min이었으므로 변형률을 10000배 증가시켰다면 이때의 하중속도는 6.35m/min가 될 것이다. 한편, 일반적인 목재절삭속도는 약 3000m/min (50m/sec)에 이른다. 따라서 목재절삭시 고려해야 할 목재의 강도적 성질은 정상상태보다 적어도 31%(기건재)에서 44%(습윤재)정도 증대된다는 사실을 기억해야 한다.

제4절 절삭면의 품질

절삭면이 불량해지는 원인 및 절삭결점들을 분류하면 다음과 같다.

① 기하학적 특성에 의한 절삭면 품질의 변화

전술한 예제를 살펴보면 공구당 송재량, 공구자국의 파고 및 공구운동경로의 순간반경 등은 절삭원 직경, 회전수, 송재속도, 절삭깊이 및 부착된 공구의 수 등을 변경함으로써 원하는 수준으로 조절할 수 있다. 기하학적 측면에서만 생각한다면 공구 16개가 장착된 cutterhead에 생재상태의 Douglas-fir를 300m/min의 속도로 송재한다면, 건조된 Douglas-fir 마루재의 제조에는 부적합한 재료를 생산케 될 것이다.

② 칩 형태에 따른 절삭면 품질의 변화

2차원절삭과 관련하여 이미 칩형태와 절삭면 품질간에 밀접한 관계가 있음을 설명한 바 있다. 제1형 칩이 생성되면 삭렬문리라는 절삭면 결점이 발생하기 쉽고, 제3형 칩은 모상문리를 야기하는 경향이 있다. 따라서 절삭후 절삭면에 남게 되는 공구운동경로 전반부에서는 제2형 칩이 생성되는 것이 바람직하다.

③ 기타 요인들에 의한 절삭면 품질의 변화

칩자국(chip mark)이라는 절삭면 결점은 절삭중 공구 끝에서 떨어져 나오거나 또는 공구 끝에 붙어 있던 조각이나 미세한 섬유다발이 이미 절삭된 표면에 눌림으로써 발생한다. 이 결점은 피삭재의 특성과 관련이 있는 것으로 여겨지고 있으나 이 결점을 방지하기 위한 표준적인 방법은 없다. 간혹 공구 끝을 용제로 닦아주면 일시적이나마 이 결함을 방지할 수 있기도 하다. 한편 절삭중 발생되는 칩을 효과적으로 제거하기 위한 집진시스템의 흡입이 부적절하다면 문제가 더욱 심각해질 수 있다.

치후각이 작거나 부착된 공구가 모두 마모되었을 경우, 또는 공구의 일치화(jointing)를 너무 심하게 하였을 경우에도 만재가 바로 옆의 조재위로 밀려 올라가는 현상이 발생한다. 이러한 절삭면 결점을 요철문리라 한다. 물론 절삭후 절삭과정과는 전혀 상관없는 목재 자체의 팽윤현상에 의해 이와 같은 현상이 발생할 수도 있다.

근래에는 삭편판(particleboard)과 같은 목질재료(wood-based materials)를 생산하는 목질재료 산업의 성장으로 칩은 폐기물이 아닌 산업용 원재료로 탈바꿈하게 되었다. 따라서 표면이 매우 거칠거나 할렬이 심하게 발생된 칩은 바람직하지 못하며, 적정한 규격과 양호한 상태의 칩을 생산해낼 수 있는 절삭조건을 찾아내는 것도 매우 중요한 관심의 대상이 되고 있다.

제5절 소요동력과 절삭면 품질에 대한 영향인자

주요 영향인자는 다음과 같으며, 이 인자들에 의한 영향은 Koch(1954, 1955, 1956)의 실험에 의해 확인된 바 있다.

1. 피삭재 관련 인자(workpiece factors)
   ① 수종
   ② 함수율
   ③ 비중
   ④ 목리(정목과 판목)
2. cutterhead 관련 인자(cutterhead factors)
   ① 절삭속도
   ② 절삭원 직경
   ③ 장착된 공구수
   ④ 치후각
   ⑤ 치배각
   ⑥ 치단각
   ⑦ 일치화 폭
   ⑧ 공구 돌출정도
   ⑨ 덧날(裏刃, gib) 면의 모양
   ⑩ cutterhead 회전축과 송재방향 사이의 각도
3. 송재 관련 인자(feed factors)
   ① 송재속도
   ② 절삭깊이
   ③ 송재방향에 대한 cutterhead의 회전방향

1. 피삭재 관련인자

1) 수종

Koch(1954, 1955, 1956)는 단일 수종(Douglas-fir)만을 대상으로 회전삭에 대한 실험을 수행하였으므로 다른 수종에 대한 정보도 부족하고 직접적인 비교도 쉽지 않다. 또한 제한된 수의 시편으로 수행하였기 때문에 Douglas-fir에 대하여 확인된 비소요동력(比所要動力. specific horsepower)도 본 수종에 대한 통계적 대표치가 되지는 못한다.

2차원절삭에서 이미 지적하였듯이 위에 제시한 여러 요소들과 수종간에는 서로 매우 깊은 관계가 있다. 예를 들어 30도 치후각으로 Douglas-fir와 sugar pine에서 두꺼운 칩을 절삭할 때 습윤재는 건조재에 비해 상당히 큰 수평절삭력을 요구한다. 반면에 동일 조건을 yellow birch와

white ash에 적용할 경우 오히려 습윤재는 건조재에 비해 매우 작은 수평절삭력을 요구한다. 즉, Douglas-fir와 sugar pine에서는 함수율이 증가할수록 피삭재와 공구의 마찰이 심해지는 반면, yellow birch와 white ash에서는 그 반대의 현상이 발생하는 것이다.

2) 함수율

소요동력과 절삭면 품질에 영향하는 요인들은 전술한 바와 같이 매우 다양하므로 함수율이 소요동력과 절삭면 품질에 미치는 영향은 몇 가지 요인들과 연관하여 분석하는 것이 바람직하다고 할 수 있다.

(1) 공구당 송재량

표 4.1의 실험조건 Test"A"에 의한 결과를 분석하여 보면 공구당 송재량(= 1.3mm ~ 22.4mm)에 따른 공구당 소요동력의 변화는 그림 4.4와 같다.

표 4.1. Test A의 실험조건

인 자	조 건
변동 인자	
절삭원 직경(cm)	23, 19
장착 공구수(매)	2, 4, 8
피삭재 함수율(%)	건조재 8.2±-0.4; 생재 82.0±15.0
송재속도(m/min)	33, 62, 93, 123, 152
고성 인자	
시편관련 인자	
규격	두께 2.5cm, 폭 7.5cm, 길이 5.4m
수종	*Pseudotsuga taxifolia*
부위	심재
2.5cm당 연륜수	22±4개
절삭폭(mm)	20±0.4
연륜각도(도)	건조재 45±1도; 생재 30±10도
나선목리(spiral grain)	송재길이 30cm당 4.8mm
비중	0.446±0.01(생재부피, 전건무게 기준)
사주목리와 송재방향의 사이각	없음
cutterhead관련 인자	
cutterhead 형태	jointer type
이인 형태	오목형
공구 형태	두께 7.9mm
치후각(도)	30
치배각(도)	20
공구 돌출량(mm)	8.7±0.4
일치화 폭(mm)	0.28±0.05
cutterhead 회전수(rpm)	3600
송재관련 인자	
절삭깊이(mm)	1.6

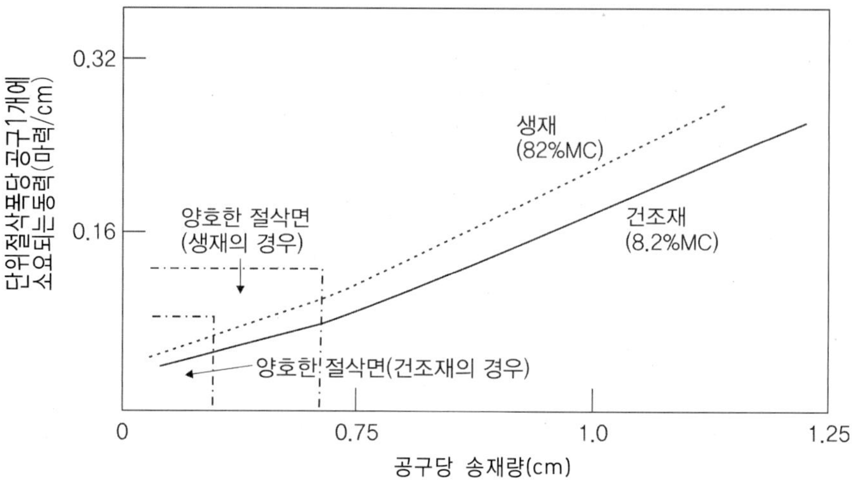

그림 4.4. 공구당 송재량과 함수율이 공구당 소요동력에 미치는 영향(Test A)

주어진 조건에서 습윤한 Douglas-fir는 건조된 Douglas-fir에 비해 상당히 많은 동력이 cutterhead의 구동에 요구된다. 공구당 송재량이 2.5mm일 때 습윤재는 건조재에 비해 39% 더 많은 동력을 요구하였다. 그러나 이와 같은 소요동력의 차이는 공구당 송재량이 증가할수록 감소되어, 공구당 송재량 18mm에서는 건조재에 비해 21% 더 많은 동력이 습윤재 절삭에 소요되었다. 본 실험에서 절삭깊이와 치후각은 각각 4.2mm와 30도로 고정되어 있다. 한편, 건조재를 절삭할 때 공구당 송재량이 2.5mm를 초과하면 절삭면의 품질이 불량해지는 경향이 있으나 습윤재에서는 공구당 송재량이 6.6mm에 달하여도 만족할만한 절삭면을 얻을 수 있었다는 점은 기억해 둘만하다.

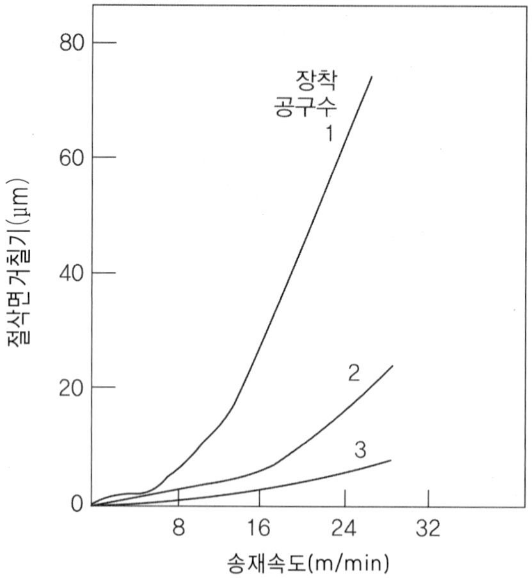

그림 4.5. 송재속도와 절삭면 거칠기의 관계 (Dehne & Rehn(1960))

Dehne과 Rehn(1963)이 송재속도와 장착된 공구 수에 따른 절삭면 거칠기(粗度)를 측정한 결과는 그림 4.5와 같았다.

(2) 절삭깊이

표 4.2의 실험조건 Test "B"에 따라 cutterhead에 의한 소요동력을 절삭깊이의 함수로 표현하면 그림 4.6과 같아진다. 본 그림에서는 일정한 송재속도에서 절삭깊이의 변화가 함수율과 연관하여 소요동력에 미치는 영향을 보여주고 있다. 이때 cutterhead에 장착된 8개 공구의 치후각은 30도이고, 송재속도가 약 90m/min이므로 공구당 송재량은 약 3.3mm가 된다.

표 4.2. Test B의 실험조건

인 자	조 건
변동 인자	
cutterhead 형태	No.1.: 공구두께 7.9mm, 절삭원 직경 23cm, 공구돌출량 7.5mm, 치후각 30도, 치배 각 20도, 일치화 폭 0.56mm, 평판 덧날
	No.2.: 공구두께 7.9mm, 절삭원 직경 23cm, 공구돌출량 7.7mm, 치후각 30도, 치배 각 20도, 일치화 폭 0.46mm, 오목 덧날
함수율	건조재 10.0±0.5; 생재 101±11
목리	판목: 연륜각 4±4도
절삭깊이	정목: 연륜각 90±2도 0.8, 1.6, 2.4, 3.2mm
고정 인자	
시편관련인자	
규격	두께 5cm, 폭 15cm, 길이 6m
수종	*Pseudotsuga taxifolia*
부위	심재
2.5cm 연륜수	23±4
절삭폭(mm)	19.40±0.76
나선목리	송재길이 0.3m당 2.5cm
비중	0.451±0.007(생재부피, 전건중량 기준)
사주목리와 송재방향의 사이각	없음
cutterhead관련 인자	
장착 공구수(매)	8
절삭원 직경(cm)	23
일치화 폭(mm)	평균 0.5
회전수(rpm)	3600
송재관련 인자	
송재속도(m/min)	90±3

이와 같은 조건에서도 습윤한 Douglas-fir는 건조된 Douglas-fir에 비해 많은 동력을 요구하고 있다. 절삭깊이 0.8mm에서 습윤한 정목의 재료는 건조재에 비해 2%정도 더 많은 동력을 소모하였다. 이러한 소요동력의 차이는 절삭깊이가 커질수록 더욱 심해져 절삭깊이 3.2mm에서는 건조재에 비해 40% 더 많은 동력이 습윤재의 절삭에 요구되었다. 판목의 재료에서는 소요동력의 차이가 더욱 심하게 나타나 건조재에 비해 절삭깊이 0.8mm에서는 17%, 그리고 절삭깊이 3.2mm에서는 59% 더 많은 동력이 습윤재 절삭에 소요되었다. 한편, 동일 송재속도에서는 모든 절삭깊이에서 양호한 절삭면을 얻을 수 있었다. 그러나 건조된 판목의 재료에서는 어떠한 절삭깊이에서도 만족할 만한 절삭면을 얻을 수 없었다.

Koberle(1935)는 절삭면의 품질을 발생되는 칩의 두께에 따라 다음의 3가지로 구분한 바 있다. 칩의 평균 두께가 0.014~0.04mm의 범위에 있으면 매우 평활한 절삭면을 얻을 수 있었으며, 0.04~0.16mm 범위에서도 비교적 양호한 절삭면을 기대할 수 있었으나 칩두께가 0.16mm를 초과하게 되면 절삭면의 품질이 불량해지는 것으로 판단하고 있다.

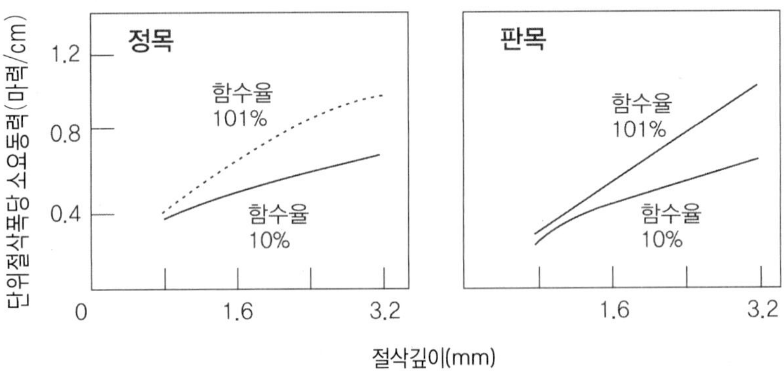

그림 4.6. 목리, 함수율 및 절삭깊이가 단위 절삭폭당 소요동력에 미치는 영향(Test B)

(3) 치후각

표 4.3의 Test"C"의 자료를 분석해보면 치후각이 소요동력에 미치는 영향을 알 수 있다(그림 4.7). Douglas-fir를 절삭할 때 치후각 5도에서 10도 범위에서는 습윤재와 건조재가 같은 수준의 동력을 요구하고 있다. 이때 사용된 cutterhead의 직경은 23cm이며, 2개의 일치화된 공구가 장착되어 있고, 송재속도는 22m/min이므로 공구당 송재량은 약 3.2mm가 된다.

그림 4.7을 분석해보면 치후각 20도에서 40도 범위에서 습윤한 Douglas-fir는 건조재에 비해 27~45% 더 많은 동력을 요구하고 있다. 그러나 이 현상은 치후각이 감소됨에 따라 점차 줄어들어 치후각 7도 부근에서는 습윤재와 건조재간의 소요동력차이가 거의 없게 된다. 치후각이 더욱 감소하여 −5도정도가 되면 오히려 건조재가 습윤재에 비해 47% 더 많은 동력을 요구한다.

실제 실험결과(치배각 20도의 경우)를 보면 습윤재의 절삭면은 모든 절삭깊이와 모든 치후각의 조건에서 만족할 만한 품질을 나타내고 있다. 단, 치후각이 0도와 −5도의 경우에만 모상문리가 발생하였다. 그리고 건조재를 큰 절삭깊이로 절삭할 때에는 치후각 −5도의 경우 요철문리가, 그리고 치후각 40도에서는 삭렬문리가 발생한다는 사실을 확인할 수 있었다.

표 4.3. Test C의 실험조건

인 자	조 건
변동인자	
절삭깊이(mm)	0.8, 1.6, 2.4, 3.2
치배각(도)	5, 12.5, 20, 30
치후각(도)	-5, 0, 10, 20, 30, 40
함수율(%)	건조재 9.5±1, 생재 113.7±34
고정 인자	
시편관련인자	
규격	두께 2.5cm, 폭 7.5cm, 길이 1.43m
수종	*Pseudotsuga taxifolia*
부위	심재
2.5cm당 연륜수	20±5
절삭폭(mm)	평균 20
연륜각(도)	30±5
나선목리	없음
비중	0.381±0.02(생재부피, 전건무게 기준)
cutterhead관련 인자	
cutterhead 형태	jointer type
덧날 형태	오목형
공구두께	7.9mm
장착 공구수(매)	2
절삭원 직경(cm)	23cm
공구 돌출량(mm)	7.9
일치화 폭(mm)	0.4
회전수(rpm)	3600
송재관련 인자	
송재속도(m/min)	22⊥021

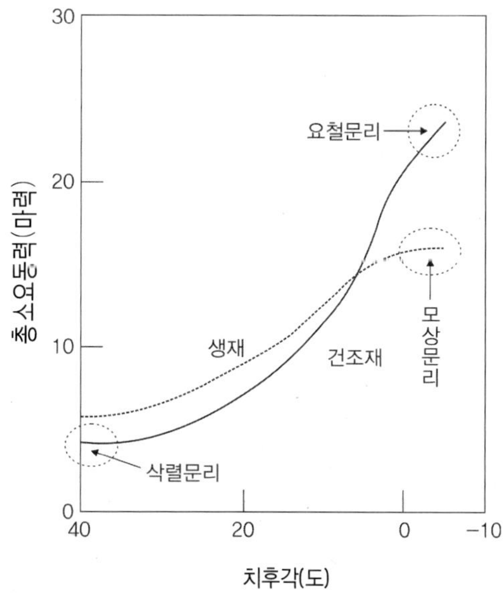

그림 4.7. 함수율과 치후각이 소요동력에 미치는 영향(Test C)
(치배각과 절삭깊이의 영향은 무시)

지금까지 함수율이 절삭면 품질과 소요동력에 미치는 영향에 대하여 알아보았다. 전술한 현상들이 발생한 이유를 정리하면 다음과 같다:

① Douglas-fir 습윤재는 건조재에 비해 상당히 많은 소요동력을 요구하였다(치후각=10도~40도). 습윤재 절삭시 발생하는 칩에는 상당한 양의 물이 포함되어있으며, 따라서 회전하고 있는 cutterhead와 같은 속도로 칩을 가속하는데 필요한 동력이 증가된다는 사실을 이 현상의 원인중 하나로 들 수 있다. 이때 부가적으로 더 필요하게 되는 동력의 크기는 변형전 습윤한 칩 질량의 증가에 비례하기 때문이다.

평삭중 속도는 상당히 심하게 변화한다. 일반적으로 상향절삭할 때 피삭재가 한 방향으로 150m/min로 움직이고 있다면 변형전 칩을 운반하여 제거해야하는 공구는 반대방향으로 2400m/min의 속도로 움직이게 된다. 아직 피삭재에 남아 150m/min로 운동하던 변형전 칩이 피삭재로부터 떨어져 2400m/min의 속도로 움직이게 되는 변화는 거의 25mm의 거리 내에서, 그리고 약 0.0005초의 시간동안 이루어지게 된다. 물론 보다 정확한 수치는 주어진 기하학적 상황에 따라 변화할 것이다. 그러므로 습윤재 회전삭의 소요동력곡선은 y축의 양의 방향으로 곡선형태의 변화 없이 평행이동하게 된다.

그림 4.7의 습윤재 소요동력곡선을 보면, 함유된 물의 무게를 줄일 경우(즉, 함수율 113.7%에서 함수율 9.5%로 감소시킨다) 동력은 1.4hp가 줄어든다. 그리고 치후각 40도에서 10도까지는 습윤재와 건조재간 소요동력차이가 거의 비슷하게 유지되고 있다.

② 평삭에 의해 형성되는 칩의 형태도 소요동력에 중요한 영향을 미친다. 치후각이 20도에서 40도 범위이고 칩두께가 0.25mm에서 0.38mm 사이일 때 대부분의 수종은 함수율이 10%미만인 경우 제1형 칩을 생성한다. 소요동력의 관점에서 볼 때 중간정도의 두께를 지닌 제1형 칩은 매우 효율적이라 할 수 있다. sugar pine이나 Douglas-fir와 같은 몇몇 수종들은 두꺼운 칩두께와 큰 치후각으로 습윤재를 절삭할 때 제1형이 아닌 제2형 칩을 형성하거나 매우 높은 평균 동력이 소모되는 제3형 칩을 생성하기도 한다.

이와 같은 형태로 반응하는 수종들을 분류하는 데는 2차원절삭에서 설명한 Franz의 분석이 매우 도움이 된다. 그러나 Franz의 분석을 적용하려면 우선 마찰계수가 필요하다는 사실을 기억해야 한다. 하지만 현재 여러 가지 함수율조건에서 구해진 마찰계수는 별로 없다는 것이 문제이다.

③ Douglas-fir 습윤재는 건조재에 비해 칩과 공구사이의 접촉면에서 보다 높은 마찰계수를 나타낼 가능성이 있다. 이런 경우 더 많은 동력이 습윤재의 절삭에 소모될 것이다. 고속촬영사진을 세밀히 검토해보면 건조된 칩은 피삭재로부터 분리되어 덧날 위쪽 공간인 gullet으로 들어갈 때 부러지거나 분쇄되는 경향이 있으나 습윤한 칩은 건조된 칩에 비해 상당히 부착력이 강해 피삭재로부터 분리되어 gullet으로 들어갈 때뿐만 아니라 gullet으로부터 제거될 때에도 심한 저항을 하게 된다. 실제 절삭과정에서도 습윤한 칩이 마치 물에 흠뻑 젖은 종잇조각처럼 플라스터(plaster)화되어 공구의 길이방향으로 전체에 걸쳐 묻어 있는 모

습을 자주 볼 수 있다.

④ 치후각이 크면 칩의 제거가 선할에 의해 이루어지는 경우가 잦으며, 이때에는 목리에 수직한 방향으로의 인장강도가 중요한 역할을 하게 된다. 반면, 치후각이 작으면 목리에 평행한 방향으로의 압축강도가 결정적인 요소가 된다.

건조재의 습윤재에 대한 목리 수직방향 인장강도의 비는 1.23 : 1 정도이고, 목리 평행방향 압축강도의 비는 약 1.97 : 1 이므로 습윤재와 비교한 건조재의 강도적 성질과 곡선들의 형태는 일치하고 있다.

표 4.4. Test D의 실험조건

인 자	조 건
변동인자	
비중	0.334~0.651(16단계)(전건중량과 전건부피 기준)
절삭깊이(mm)	0.8, 3.2, 4.8
송재속도(m/min)	46, 93
고정 인자	
시편관련인자	
규격	두께 2.5cm, 폭 7.5cm, 길이 5.4m
수종	*Pseudotsuga taxifolia*
부위	심재
2.5cm당 연륜수	28±13
절삭폭(mm)	20
연륜각(도)	43±18
나선목리	송재길이 30cm당 7.9mm
함수율(%)	8.5±1.1
사주목리와 송재방향의 사이각	없음
cutterhead관련 인자	
cutterhead 형태	jointer type
덧날 형태	오목형
공구관련 인자	
공구 두께(mm)	7.9
장착 공구수(매)	8
절삭원 직경(cm)	23
치후각(도)	30
치배각(도)	20
공구 돌출량(mm)	8.4
일치화 폭(mm)	0.200±0.07
회전수(rpm)	3600

3) 비중

비중이 절삭면 품질과 소요동력에 미치는 영향은 표 4.5의 Test "E"에 관련된 자료들에 의해 파악할 수 있다. Douglas-fir 시편 16개의 비중 범위는 0.334부터 0.651(전건중량, 전건부피 기준)까지였으며, 그 외의 조건은 거의 동일하였다. 그림 4.8은 비중에 대한 순수 소요동력의 도표이다

(절삭조건: 공구 수 8개, 절삭원 직경 23cm, 치후각 30도). 일반적으로 비중이 커질수록 동력의 소모도 증가하지만 그 관계가 명백하지는 않다.

본 실험에 사용된 시편들은 비중이 커질수록 결점이 많은 절삭면이 생성되었다. 대개의 결함은 사주목리(diagonal grain)가 나타난 부위에 발생한 삭렬문리로 인하여 생성되었으나 수지를 많이 함유한 시편에서는 칩자국이 상당히 많이 발생하였다. 한편, 약간의 요철문리가 발생한 시편을 제외하고는 어떤 시편에서도 모상문리는 발생하지 않았다.

본 실험에 관련된 고속촬영 사진의 분석에 의하면 비중이 높은 시편에서는 선할이 심하게 발생하여 어느 정도 조절이 불가능한 상태에서 칩이 형성되고 있다. 중간 정도의 송재속도(공구당 송재량 = 1.6mm와 3.4mm)를 적용하면 선할의 발생으로 인하여 비중이 높은 시편의 절삭에 소요되는 동력이 감소된다.

그러나 비중이 높은 칩은 무겁기 때문에 칩의 가속에 소요되는 동력도 직선적으로 증가하므로 선할에 의한 효과는 상쇄되고 만다. 예를 들어 절삭깊이 4.8mm와 93m/min의 송재속도를 적용할 때 비중 0.651인 칩은 비중 0.334인 칩에 비해 칩 가속에 피삭재 폭 2.5cm당 0.08마력씩 더 소요된다. 그러나 0.08마력의 차이는 두 시편의 총 소요동력차이인 1.16마력(피삭재 폭 2.5cm당)의 6.9%에 지나지 않는다.

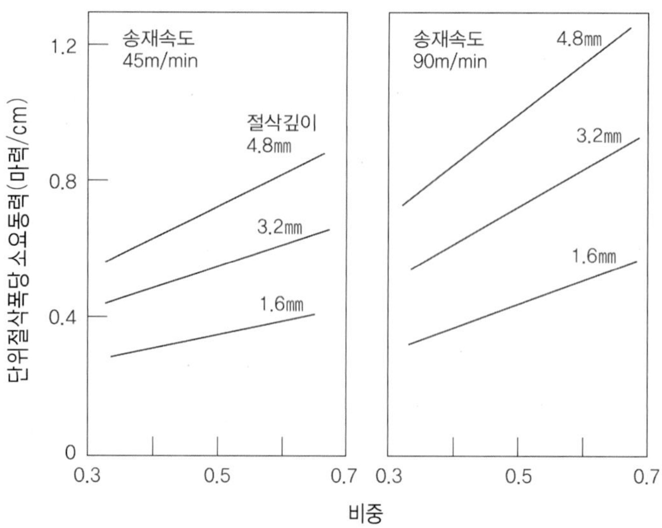

그림 4.8. 비중과 단위 절삭폭당 소요동력의 관계(Test D)

그러므로 고비중 시편의 절삭에 소요되는 에너지는 형성되는 칩의 형태 때문에 감소될 수도 있지만 가속력에 의해서는 증가되기 마련이다. 그러나 비중이 높아짐에 따라 동력소모도 커지는 주요 원인은 제 2 장에서 언급한 바와 같이 비중이 높아짐에 따라 증가하는 목재의 강도 때문이라고 할 수 있다(Newlin등(1919)).

목재의 비중과 강도간의 관계는 다음의 방정식으로 표현할 수 있다.

$$y = aS^n + b \qquad [2.52]$$

y : 목재의 강도적 성질
a : 상수
S : 목재의 비중
b : 상수(만일 목재의 비중이 0일 때 목재가 아무런 강도를 가지지 못한다면 0)
n : 상수

상향절삭시 절삭 초기 공구와 피삭재간의 접촉점에서 발생하는 칩 파괴에는 목리에 평행한 압축응력과 전단응력이 관련된다. 이러한 파괴는 치후각이 낮을 때 더욱 현저하게 발생한다. 공구가 피삭재로 진입한 후 상향하면서 피삭재 표면 쪽으로 움직이게 되면 목리에 대해 일정 각을 갖는 전단이 작용하게 된다. 만일 공구가 피삭재를 빠져나오기 전에 선할이 발생하였다면, 그것은 목리에 수직한 인장에 의한 갈라짐과 파괴에 의해 야기된 것으로, 곧이어 칩이 외팔보형태로 휘면서 파괴된다.

그러므로 목재의 중요한 강도적 성질들은 비중의 함수로 표현될 수 있다. 함수율 12%이하에서 적용 가능한 식들은 다음과 같다. 여기서 S(비중)의 지수 값(n)들은 수종별 차이를 의미한다.

목리에 평행한 파괴강도(kg/cm^2) = 854 S^1
정적 휨(static bending)에서 MOR(kg/cm^2) = 1799 S$^{1.25}$
목리에 평행한 전단강도(kg/cm^2) = 267 S$^{3/4}$
목리에 수직한 인장강도(kg/cm^2) = 158 S^2

4) 목리

그림 4.9는 Douglas-fir 절삭시 소요되는 동력의 변화를 정목과 판목의 경우로 나누어 비교하고 있나. 본 실험에 사용된 cutterhead은 오목한 형태의 덧날을 지닌 것으로 건조재의 경우 정목의 절삭에는 판목에 비해 약 19.5% 더 많은 동력이 소요된 반면, 습윤재에서는 약 10.5%만이 더 소요되었다. 이와 같은 차이는 cutterhead의 사양에 따라 달라질 수도 있지만 적어도 Douglas-fir에서는 정목이 판목에 비해 상당히 많은 동력을 요구한다는 것은 확실하다.

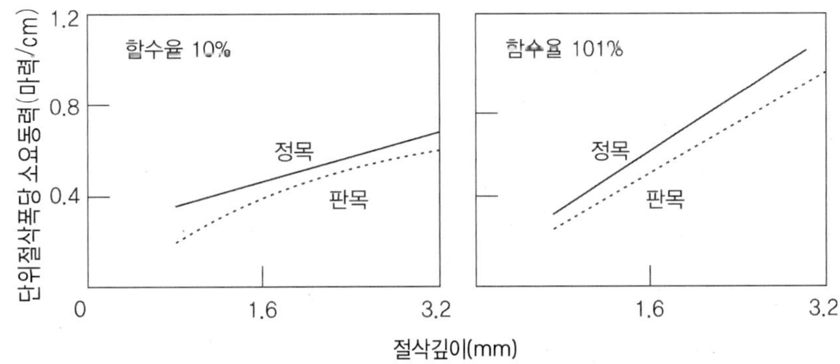

그림 4.9. 목리방향과 단위 절삭폭당 소요동력의 관계(Test B)

건조재의 판목시편에 절삭시 공구당 송재량으로 3.3mm를 적용하면 삭렬문리를 수반하는 제1형 칩이 발생하는 경향이 있어서 결과적으로 만족할 만한 절삭면을 얻기가 어렵다. 그러나 정목은 동력은 많이 소요되나 제2형 칩을 생성하는 경향이 있어 비교적 양호한 절삭면을 기대할 수 있다.

한편, Pahlitzsch(1962)의 연구결과에 의하면 목섬유와 절삭평면이 이루는 각도가 3~6도를 이룰 때 순목절삭인 경우 양호한 절삭면과 함께 균일한 칩두께를 얻을 수 있다고 한다.

2. Cutterhead 관련 인자

1) 절삭속도

절삭속도에 관련한 사항들은 이미 2차원절삭에서 충분히 다루었으므로 본 단원에서는 관성력(inertia force)의 크기에 관련된 예제들을 다루도록 하겠다. 이 문제는 특정 시간간격동안 가속된 칩들의 운동에너지의 변화량과 칩의 가속에 요구되는 일의 양을 같게 놓음으로써 접근할 수 있다. 분석의 편리를 위해 시간간격은 1분이라고 가정한다.

$$E_k = \frac{mv^2}{2} = \frac{dwF[1000S(1+\frac{M_0}{100})]v^2}{2g} \qquad [2.53]$$

E_k : 1분 동안 가속된 칩들의 운동에너지의 변화(kg-m)

v : 공구 끝의 원주속도 ± 송재속도 (상향절삭일 때 +, 하향절삭일 때 -)(m/min)

(= $\omega R = \frac{2\pi nR}{60}$; 60은 분을 초로 환산키 위함)

m : 1분 동안 형성된 칩들의 질량 (= $\frac{dwFD}{g}$)

d : 절삭깊이(m)

w : 절삭폭(m)

F : 송재속도(m/min)

g : 중력가속도(=9.8m/sec^2)

D : 칩들의 밀도(kg/㎥) (= $1000S(1+\frac{M_0}{100})$)

S : 대상이 되는 함수율에서 목재의 비중(전건중량, 생재부피 기준)

M_0 : 함수율(%)

1000 : 물 1㎥의 무게(kg)

1분 동안 이루어지는 일의 양은 운동에너지의 변화량과 같다고 할 수 있으며, 일의 양을 마력수로 변환하면 다음 식과 같아진다.

$$Hp = \frac{W}{4521} = \frac{E_k}{4521} \qquad [2.54]$$

W : 1분 동안 이루어진 일의 양(kg-m) (=E_k)

Koberle(1935)의 절삭속도 분류에 따르면 5~20m/sec는 저속, 21~60m/sec는 중속, 그리고

61~100m/sec는 고속으로 나누고 있으며, 일반적으로 20~40m/sec를 적정한 절삭속도로 보고 있다. 그러나 Kivimaa(1952)가 제시한 연구결과를 살펴보면 절삭속도의 변화는 절삭에 소요되는 동력에 큰 영향을 미치지 못하며 특히, 새로이 연마된 공구를 사용한 경우에도 거의 영향하는 바가 없다는 사실도 기억해야 할 것이다.

[문제17] 다음의 조건으로 습윤한 규격 2×12의 Douglas-fir를 상향절삭 한다고 한다. 이때 cutterhead 소요동력 중 칩들의 가속에 소요되는 동력을 계산하라.

〈절삭조건〉 절삭깊이 = 0.003m
절삭폭 = 0.3m
송재속도 = 300m/min
v = 55m/sec (회전수 3450rpm, 절삭원 직경 28cm)
목재 비중 = 0.5 (전건중량, 생재부피 기준)
함수율 = 100% (이와 같은 비중과 함수율조건에서는 목재밀도는 물의 밀도와 같아진다. 즉, 이 목재를 제재해낸 원목은 "sinker"가 될 가능성이 있다고 할 수 있을 것이다.)

$$Hp = \frac{mv^2}{2 \times 4521} = \frac{0.003 \times 0.3 \times 300\,[1000 \times 0.5 \times (1 + \frac{100}{100})]55^2}{2 \times 9.8 \times 4521} = 9.23hp$$

2) 절삭원 직경

그림 4.10을 검토해보면 절삭원직경이 소요동력에 미치는 영향을 파악할 수 있다. 직경 23cm의 cutterhead가 직경 19cm의 cutterhead보다 7.35% 더 많은 동력을 소요하고 있다.

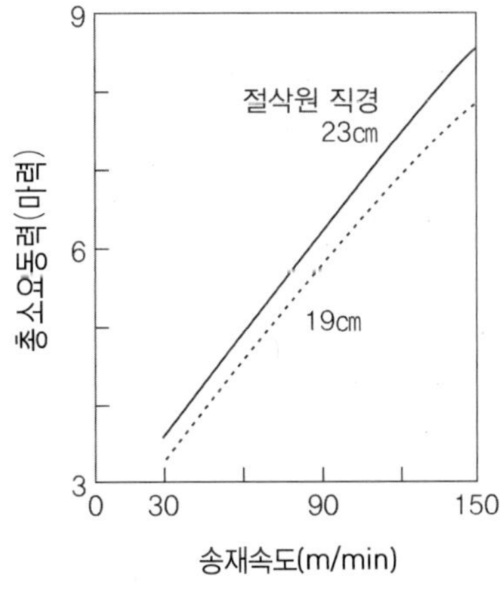

그림 4.10. 절삭원 직경과 소요동력의 관계(Test A)

이러한 현상은 다음과 같이 설명될 수 있다. 하나의 공구가 절삭을 행하는 동안 회전하고 있는 cutterhead에 의해 행하여진 일의 양은 다음 식으로 표현된다.

$$W = \tau\theta = PR\theta \qquad [55]$$

W : 일의 양(kg-m)
τ : cutterhead에 작용하는 토오크(torque)(kg-m)
P : 공구 끝에서 절삭원의 접선방향으로 작용하는 힘(kg)
R : 절삭원 반경(m)
Θ : 공구가 피삭재에 진입하는 점과 탈출하는 점사이의 각(radians)

Test"A"의 조건에서 $\theta_{9.02}$ = 9도 33분 = 0.1668 radians; $\theta_{7.63}$ = 10도 23분 = 0.18122 radians이다. 만일 접선방향으로 작용하고 있는 힘의 평균(P)이 직경이 서로 다른 두 cutterhead에 대하여 동일하다면(물론 작용력이 동일할 가능성은 매우 낮다) 단일 칩을 생성하기 위해 단일 공구가 행한 일은 다음과 같이 표현된다.

$$W_{23} = 0.0190P \qquad [2.56]$$

$$W_{19} = 0.0174P \qquad [2.57]$$

이와 같은 가정 하에서 두 cutterhead에 동일한 수의 공구가 장착되어 있다면, 직경이 큰 cutterhead는 9% 더 많은 동력을 요구하게 된다.

이 9%의 차이는 약간은 줄어들 수도 있다. 왜냐하면 직경이 큰 cutterhead에 의해 만들어진 칩의 두께(0.27mm)는 작은 직경에 의한 것(0.29mm) 보다 작기 때문이다. 그러나 큰 직경의 cutterhead의 절삭속도(2470m/min)는 작은 직경의 것(2090m/min) 보다 크기 때문에 가속력도 크게 되어 보다 많은 동력이 요구될 것으로 예상되기도 한다.

실험자료를 살펴보면 이 두 가지 예상을 입증할 수 있다. 건조재의 절삭에서는 큰 직경의 cutterhead가 작은 직경의 cutterhead에 비해 단지 3.37% 더 많은 동력을 소모하지만 습윤재에서는 10.8%의 동력이 더 소모된다. 물론 모든 조건이 동일하다면 직경이 큰 cutterhead가 보다 양호한 절삭면을 만들어 낸다. 큰 cutterhead는 작은 cutterhead에 비해 공구자국의 파고가 작고 공구 운동경로의 반경은 크다. 그러므로 직경이 큰 cutterhead가 높은 절삭속도로 인해 좋은 절삭면을 만들어낼 수 있다는 의견에는 이론의 여지가 있다.

3) cutterhead에 장착된 공구의 수

공구당 송재량은 소요동력과 절삭면 품질을 판단하는 데 좋은 지표가 된다. 그림 4.4는 Test "A"의 자료를 이용, 소요동력을 공구당 송재량의 함수로 표현하고 있다. 공구당 송재량이 일정하게 유지되도록 송재속도를 조절한다면 소요동력과 cutterhead에 장착된 공구의 수 사이에는 정비례의 관계가 있음을 알 수 있다. 즉, 공구의 수를 두 배로 하면 소요동력도 2배로 증가됨을 의미한다.

그림 4.11은 공구당 송재량에 관계없이 송재속도가 증가되는 보다 일반적인 상황을 표현하고 있다. 높은 송재속도(절삭깊이 3.2mm)에서는 2개의 공구가 장착된 cutterhead가 12개의 공구가 장착된 cutterhead에 비하여 오히려 더 많은 동력을 소모하고 있다. 표 2.18 Test"E"의 자료를 약

간 달리 표현하면 그림 4.12와 같은 결과를 얻을 수 있다.

표 4.5. Test E의 실험조건

인 자	조 건
변동인자	
절삭깊이(mm)	0.4, 0.8, 1.6, 2.4. 3.2
송재속도(m/min)	30, 90, 120, 150, 180
장착 공구수(매)	2, 4, 6, 12
고정 인자	
시편관련인자	
규격	두께 2.5cm, 폭 7.5cm, 길이 6m
수종	*Pseudotsuga taxifolia*
부위	심재
2.5cm당 연륜수	29±8
절삭폭(mm)	20
연륜각(도)	44±4
나선목리	30cm당 평균 38mm
함수율(%)	7.33±0.5
비중	0.393±0.04(생재부피, 전건무게 기준)
사주목리와 송재방향의 사이각	없음
포동관련 인자	
포동 형태	jointer type
덧날 형태	오목형
공구 두께(mm)	7.9
절삭원 직경(cm)	24
치후각(도)	27.5
치배각(도)	22.5
공구 돌출량(mm)	6.4
일치화 폭(mm)	0.25
회전수(rpm)	3600

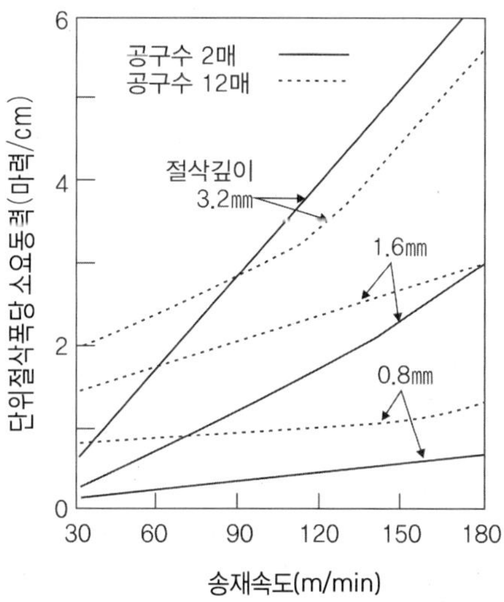

그림 4.11. 장착 공구수와 단위 절삭폭당 소요동력의 관계 1(Test E)

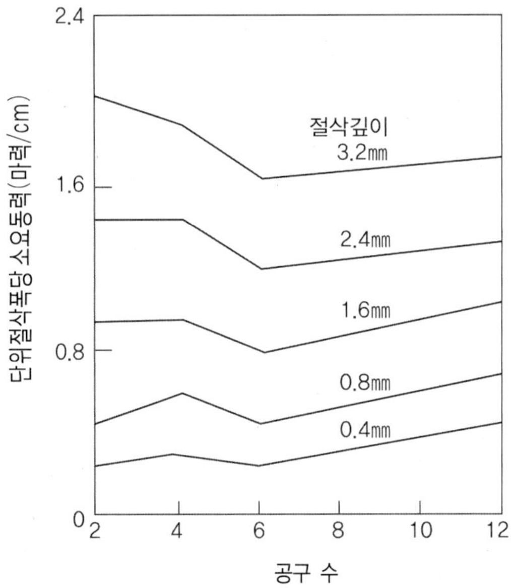

그림 4.12. 장착 공구수와 단위 절삭폭당 소요동력의 관계 2(Test E)

낮은 송재속도와 작은 절삭깊이로 절삭할 때에는 공구의 수가 늘어날수록 소요동력도 증가된다. 그러나 어떤 경우에도 동일조건에서 공구의 수를 2배로 하여도 소요동력도 2배가 소모되지는 않고 있다. 1.6mm이상의 절삭깊이와 6.4mm의 공구당 송재량을 적용, 건조재를 평삭하였을 때에는 공구 수에 따른 변화는 거의 없었다. 실제로는 곡선의 경사가 역전이 되어 적은 수의 공구가 장착된 cutterhead가 보다 많은 동력을 소모하고 있다. 그림 4.12에 나타난 이와 같은 현상은 선할이 매우 깊게 발생함과 동시에 덧날의 모양 때문에 gullet의 면적도 제한되어 높은 동력이 소요되기 때문이다. gullet의 모양으로 인해 그 면적이 제한됨에 따라 선할의 자연스러운 발생을 억제함으로써 초기 제1형 칩의 효과를 기대할 수 없게 되는 것이다.

한편, 습윤재의 절삭에서는 어떠한 송재속도에서도 공구의 수와 소요동력 사이에 보다 현저한 비례관계가 존재한다.

4) 치후각

함수율과 치후각사이의 상호작용에 대해서는 이미 그림 4.7과 4.8에서 설명한 바 있다. 그림 4.13은 Test"C"의 자료를 이용하여 Douglas-fir 평삭시 치후각이 소요동력에 미치는 영향을 보여주고 있다.

Douglas-fir의 평삭에서는 치후각이 감소함에 따라 소요동력도 빠르게 감소되다가 치후각이 15도~5도 범위 이하로 감소하면 소요동력의 감소율도 작아지고 있다. 이 현상은 건조재와 습윤재 모두에서 발견된다. 그러나 습윤재의 절삭에서는 건조재에 비해 소요동력의 증가현상이 현저하게 일어나지는 않고 있다.

④ 톱의 두께
⑤ 절삭지점과 피삭재 모서리(free edge)간 거리
⑥ 목리 방향(절삭 방향)
⑦ 절삭속도
⑧ 송재속도
⑨ 횡방향 진동

1) 피삭재 두께

식[3.37]과 [3.43]은 평균 칩 두께에 대한 직선 함수에 기준한 것으로 절삭시 소요되는 순수 절삭동력은 절삭깊이가 증가할수록 커지며 b/d의 비율이 커질수록 역시 증가한다. 절삭깊이에 의한 영향은 톱이 피삭재와 관련하여 가질 수 있는 기하학적 관계가 매우 많기 때문에 분석하기가 상당히 복잡하다. 그러나 다음의 두 상황은 일반적으로 적용 가능한 것으로 이중 하나의 상황을 선택해도 무방할 것이다.

① 톱이 피삭재의 위쪽에 위치하며(예: radial arm saw), 톱의 돌출량은 최소로 고정되어 있다(피삭재 밑면으로). 이 상황은 Lotte와 Keller(1949) 및 McMillin과 Lubkin(1959)에 의해 연구된 바 있다. 그들은 실험 결과를 순수 절삭동력과 절삭깊이를 각각 y축과 x축으로 하여 도시하였으며, 특히 송재속도가 낮은 경우 약 25mm 내외의 작은 절삭깊이에서는 오목해지는 경향이 두드러진다. 그러나 절삭깊이가 이 범위를 넘어서게 되면 절삭동력과 절삭깊이 사이에는 직선적 관계가 존재하게 된다. 이와 같은 경향은 횡절뿐만 아니라 종절이나 그 중간의 절삭방향에서도 존재한다(그림 6.18(우측) 참조).

② 톱이 피삭재의 하부에 위치하며, 톱의 축과 테이블사이의 거리가 고정되어 있으므로 톱의 돌출량은 피삭재의 두께에 따라 달라진다. 이 상황에서는 만약 톱이 피삭재에 비해 그 크기가 상대적으로 상당히 크다면 b는 피삭재의 두께 d와 같아진다. 그러므로 이 경우에는 절삭깊이와 순수 절삭동력간에 직접적인 비례관계가 성립하게 된다. Andrews(1955)의 실험결과가 이 사실을 증명하고 있다. 만일 피삭재의 두께가 톱 반경과 관련하여 점차 커지게 되면 b/d의 비율도 커지게 되며, 따라서 절삭동력과 절삭깊이 사이의 관계를 나타내는 변화곡선은 피삭재의 두께가 증가할수록 점차 오목하게 된다. 이 경향은 그림 6.21에서 관찰할 수 있다.

그러므로 전술한 바와 같이 약간의 변이는 있지만 톱니와 치실에서 과부하가 발생되지 않는 한 순수 절삭동력은 절삭깊이의 직선 함수로 일반화할 수 있다.

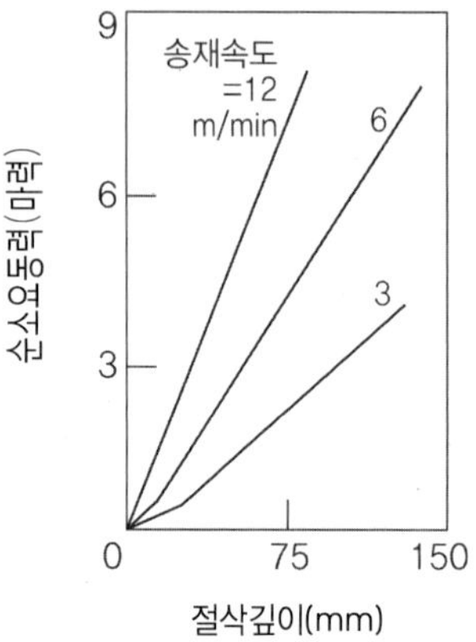

그림 6.21. 절삭깊이와 소요동력의 관계(hard maple, radial-arm saw, 횡절시 송재속도 3, 6, 12 m/min)(McMillin과 Lubkin(1959))

2) 톱의 돌출량

톱이 피삭재 상부로 돌출한 정도(그림 6.16 참조)는 절삭동력 소요량과 송재동력 소요량뿐만 아니라 피삭재가 톱에 의해 들어 올려 지거나 그 반대로 눌리는 경향에 대하여도 영향을 미친다.

그림 6.16과 식[3.30]은 톱 돌출량이 작으면 동일한 두께의 피삭재를 톱에 방사방향으로 송재되는 경우에 비해 톱니 접촉 호의 길이가 길어진다는 사실을 보여 주고 있다. 그러므로 식[3.30]에서 보는 바와 같이 동일한 톱니당 송재량에서는 톱 돌출량이 작을 때 얻어지는 평균 칩 두께 t_a가 톱 돌출량이 큰 경우에 얻어지는 것 보다 작다. 식[3.42]는 직선함수법칙을 적용했을 때 swage 치진형에 대한 소요동력을 정의하고 있다. 톱 돌출량이 증가되면 방정식에서 단지 하나의 변수 b만이 변화함을 관찰할 수 있다. 이러한 사실은 톱 돌출량이 감소하면 절삭동력 소요량은 증가할 수밖에 없음을 지적하고 있는 것이다.

그러나 종절의 경우에는 톱 돌출량을 감소시킨다고 해서 절삭 동력 소요량이 반드시 증가하지는 않는다. 왜냐하면 평균적으로 톱 돌출량이 클 때보다는 작을 때 톱니가 목리에 더욱 평행하게 될 수 있기 때문이다. 이처럼 목리 방향의 변화가 절삭저항을 감소시키기 때문에 식[3.41]의 상수 A와 B, 또는 식[3.44]의 상수 K와 m은 각 톱니의 모양이나 목리방향을 포함한 피삭재의 특성 등에 따라 변경되어야 한다.

전술한 바와 같이 톱 돌출량의 감소에 의해 다음의 두 가지 효과를 얻을 수 있다.

① 평균 칩 두께 감소에 따른 톱니 이동경로의 연장으로 인해 절삭 동력 소요량이 증가하는 경향이 있다.

② 목리방향의 변화로 절삭저항이 감소함으로써 상수 A, B, K, m등이 변경되어야 하며, 따라서 절삭동력 소요량이 감소되는 경향이 있다.

이상의 두 효과는 서로를 상쇄하게 되므로 결국 톱 돌출량이 절삭동력에 미치는 영향은 매우 작아지게 된다. 몇 가지 실험에 의하면 일정한 송재속도와 절삭깊이에서는 톱 돌출량이 허용 가능한 최소 돌출량 이상으로 약간 증가하게 되면 순수 절삭 소요동력도 약간 증가하고 있다.

피삭재 표면으로의 톱 돌출량은 피삭재를 송재 하는데 소요되는 동력에 영향을 미친다. 2차원 절삭에서 제시한 자료와 그에 대한 연구에 따르면 절삭평면에 수직으로 작용하는 절삭력은 수평으로 작용하는 절삭력에 비해 작거나 또는 음의 값을 갖는다. 그러므로 그림 6.20을 살펴보면 피삭재가 톱에 방사방향으로 투입된다면 즉, 톱 돌출량이 최대라면 송재력은 절삭력의 영향을 가장 적게 받게 되리라는 것은 확실하다. 바꾸어 말하면 톱 돌출량이 최소일 때 피삭재의 송재에 대한 저항(상향톱절삭의 경우)이나 도움(하향톱절삭의 경우)은 최대가 된다. Lotte와 Keller(1949)가 실행한 많은 실험결과들이 이와 같은 사실을 뒷받침하고 있다.

톱 돌출량은 피삭재를 테이블 쪽으로 누르거나 반대로 피삭재를 들어 올리는 경향에 대해서도 영향 한다. 톱의 축이 테이블 하부에 위치한 일반 둥근톱에서는 톱 돌출량이 클수록 송재력을 감소시키며, 따라서 수동 송재식 테이블 둥근톱인 경우 작업자의 피로도를 절감할 수 있다. 그러나 톱 돌출량이 커지면 톱의 전체 직경중 거단면과 접촉하는 부분의 비율이 커지므로 이미 절삭된 피삭재의 거단폭에 톱이 물려 'kickback' 현상이 발생할 위험이 커진다는 사실을 반듯이 기억해야 한다. 절삭중 톱의 뒤쪽에서 피삭재에 발생하는 거단폭에 알맞은 두께의 판을 끼우거나 splitter를 이용하면 그와 같은 위험을 줄일 수 있다. 그러므로 작업안전을 기하기 위해서 특히, splitter가 없는 수동 송재식 테이블 톱을 사용할 경우에는 톱 돌출량을 최소(약 6mm)로 하는 것이 바람직하다. 효과적인 splitter가 있다면 톱 돌출량이 커도 비교적 안전하게 작업할 수 있으며, 송재에 대한 저항도 최소화할 수 있다. 경험에 의하면 적정 톱 돌출량은 피삭재 두께의 4/3배 수준으로 알려져 있다.

톱이 피삭재 상부에 위치하는 radial arm saw에서는 톱 돌출량이 상대적으로 고정되어 있다. 이와 같은 톱은 일반적으로 횡절은 하향톱절삭방식으로, 그리고 종절은 상향톱절삭방식으로 실행하게 된다. 그리고 치후각의 선택에 의해 송재속도와 피삭재 고정을 위한 힘을 조절할 수 있다.

그림 6.22. Radial arm saw

3) 톱 직경

톱 두께, 송재속도 및 절삭깊이의 변화가 없는 상황에서 톱 직경을 달리한다면 피치, 절삭속도, 톱니가 피삭재내에서 움직인 경로의 길이 및 톱 돌출량 등도 톱 직경의 변화에 따라 달라질 것이다. 그 대표적인 예로 다음 상황들을 들 수 있다:

(1) 톱의 직경을 증가시키는 동시에 톱니 수도 늘려 피치를 일정하게 유지하는 한편, 낮은 회전수를 적용하여 동일한 원주속도(rim speed)를 유지한다면 톱니당 송재량은 변하지 않으며 다음과 같은 현상이 예상된다.

① 전술한 바와 같이 톱 돌출량이 커져 절삭력도 아주 조금 증가한다.
② 약간 증가된 수평 절삭력은 톱 돌출량 증가에 따른 송재력의 감소와 상쇄되므로 송재력에는 거의 변화가 없다.

(2) 원주속도와 톱니 수는 일정한 상태에서 톱 직경만을 증가시키면 피치와 톱니당 송재량이 증가되며, 다음의 현상이 예상된다.

① 피치가 커져 절삭동력은 감소하나 톱 돌출량의 증대로 인한 절삭동력 증가로 인해 그 효과가 부분적으로 상쇄된다.
② 송재에 대한 저항은 절삭력 감소와 톱 돌출량 증대에 의해 감소하게 된다.

(3) 동일한 회전속도에서 톱 직경을 증가시키는 동시에 톱니수도 증가시켜 피치를 일정하게 유지한다면 원주속도는 높아지며 다음의 현상이 예상된다.

① 절삭속도가 커지고 칩의 두께는 작아지며 톱 돌출량은 증대되므로 절삭동력은 증가된다.
② 절삭동력의 증가로 인한 송재력의 증가효과 및 톱 둘출량의 증대로 인한 송재력의 감소효과가 동시에 존재하므로 두 효과의 상대적 크기에 따라 송재력은 증가할 수도 있고, 감소할 수도 있다.

전술한 상황들은 거단폭이 일정하게 유지되는 것으로 가정하고 있으며, 톱니나 치실에 대한 과부하는 고려치 않고 있다.

Kaiukova와 Konjukhov(1934, 1935)의 연구결과에 따르면 톱 직경이 증가할수록 송재에 요구되는 동력은 감소하는 반면, 절삭동력은 증가하고 있다.

4) 톱의 두께

Kaiukova와 Koniukhov(1934) 및 그 외 여러 학자들의 연구결과에 의하면 순수 절삭 소요동력은 거단폭에 직선적으로 비례한다. 이미 지적한 바와 같이 거단폭은 톱 두께에 항상 비례하는 것은 아니다. 그러나 북미에서는 혹독한 사용조건에서도 내구성이 우수한 swage 치진형 톱니(또는 톱니 삽입형)의 경우 k/g의 비율은 대개 2를 유지한다. 이처럼 특수한 상황에서는 순수 절삭동력은 톱 두께에 거의 직선적으로 비례하게 된다. 앞서 언급한 바와 같이 톱두께가 톱니당 최대 송재량에 영향 한다는 사실은 톱두께와 순수 절삭동력간의 관계와 깊이 관련되어 있다.

Voight(1949)는 다음의 식을 이용하여 톱의 두께를 결정하도록 추천한 바 있으며, 송재속도가 증가할수록 두꺼운 톱을 사용하도록 해야 한다.

$$g = GD^{0.5} \qquad [3.73]$$

g : 톱 두께 (mm)
D : 톱 직경 (mm)
G = 0.075~0.142 (보통 0.1)

한편, 그림 6.23은 독일 생산성협회에서 제시한 식[3.74]와 같은 톱 두께 결정식을 바탕으로 톱 직경에 따라 톱 두께를 결정한 결과이다.

$$g = A + \frac{D}{B} \qquad [3.74]$$

A, B : 상수

만일 둥근톱에 상당히 직경이 큰 collar를 사용할 경우에는 상수 A와 B는 각각 0.45와 460이 대입되며, 둥근톱의 직경이 20mm 이상이고 절삭대상이 비중이 높은 수종이며 절삭깊이가 큰 경우에는 상수 A와 B에 각각 0.65와 205가 대입된다.

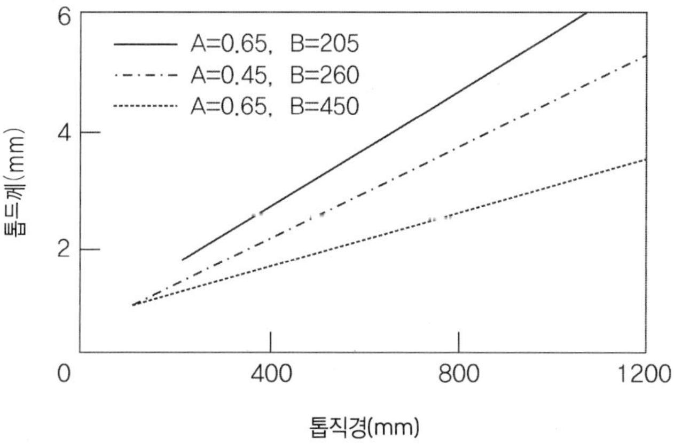

그림 6.23. 톱직경, 두께 및 절삭깊이의 관계

5) 절삭지점과 피삭재 모서리간의 거리

종절용 톱을 이용한 실험결과를 보면 순수 절삭 소요동력은 피삭재의 폭방향으로 각 절삭지점에 따라 달라진다. 다시 말하면 절삭시 소요되는 동력은 절삭지점과 피삭재 모서리간 거리의 함수라고 할 수 있다. 이 현상에는 다음의 두 가지 측면이 있다.

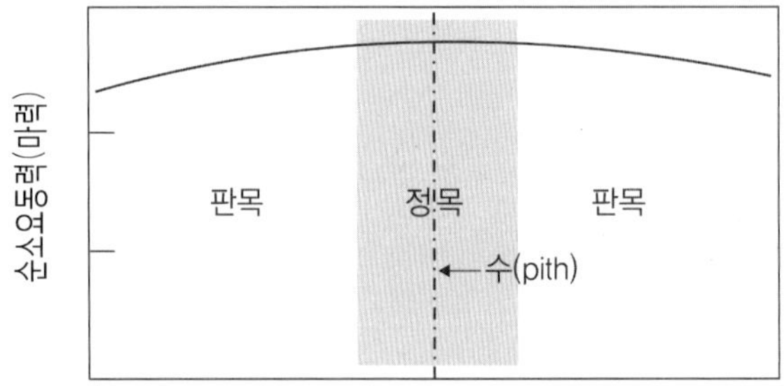

그림 6.24. 목리와 소요동력의 관계(Endersby(1953))

① 피삭재 폭방향으로 연륜방향의 변이가 있다.

: 비교적 작은 원목을 제재하여 얻어진 cant(예: 직경 25cm 원목에서 15cm×15cm 크기의 cant를 절삭)로부터 두께 2.5cm 판재를 종절한다면 최초로 종절하여 얻어지는 판재의 목리는 판목이 될 것이며, 수심을 통과하여 재단된 판재의 목리는 정목이 된다. 그림 3.24는 Endersby(1953)의 실험결과로 이와 같은 사실을 뒷받침하고 있다.

② 피삭재의 모서리에 가까운 지점에서 절삭하게 되면 절삭동력중 마찰로 인한 소요동력의 비율에 변화가 발생한다.

: 절삭지점이 피삭재의 모서리에 가까울수록 절삭에 의해 절단된 피삭재 부분(strip)의 폭이 감소되어 톱과의 마찰뿐만 아니라 절삭중 발생된 칩의 팽창에 대한 저항력도 줄어들게 된다.

6) 목리방향

2차원절삭 관련 실험결과를 보면 띠톱을 이용한 종절에서처럼 목리에 수직으로 절삭하는 것보다 단판절삭에서 목리에 접선방향으로 절삭하는 것이 칩의 분리에 소요되는 수평절삭력이 적게 소요되는 것을 알 수 있다. 그러므로 동일한 만능 둥근톱을 이용할 경우 종절보다는 횡절에서 보다 적은 동력이 소요될 것이다.

McMillin등(1959)은 직경 40cm의 spring 치진형 만능 둥근톱을 장착한 radial arm saw를 이용하여 함수율 11% 판목 hard maple에 대한 절삭실험(하향절삭)을 수행한 결과 목리방향에 의한 영향을 포함하고 있는 방정식을 개발하였다. 본 실험에서 절삭속도 c, 피치 p, 거단폭 k 및 톱두께 g 등은 일정하였으므로 spring 치진형 둥근톱의 소요동력에 대한 지수함수법칙 방정식은 다음과 같이 수정되었다.

$$P = C_1 b + C_2 f d \quad [3.75]$$

$$= d(C_3 + C_4 f) \quad [3.76]$$

C1, C2, C3, C4 : 상수

위 식에 톱과 목리가 이루는 각(θ)의 영향을 도입하면 다음의 식으로 변환된다. 이때 θ는 횡절인 경우 0도, 사절(斜切, miter cut)인 경우 45도 및 종절인 경우 90도가 각각 대입된다.

$$P = G(1 + Esin^2\theta) \quad [3.77]$$

$$= d(C_3 + C_4 f)(1 + Esin^2\theta) \quad [3.78]$$

E: 실험에 의해 얻어지는 상수

본 실험의 결과 얻어진 C_3 = 0.284, C_4 = 0.0548 및 E = 1.343의 각 상수 값을 위 식에 대입하게 되면 그림 6.25와 같은 결과를 볼 수 있다.

7) 절삭속도

그림 6.26은 절삭속도(c)가 절삭동력과 송재력에 미치는 영향을 보여주고 있다. 절삭속도가 증가할수록 절삭동력의 소요량은 증가하나 송재력은 오히려 감소하고 있음을 기억해둘 필요가 있다. 한편, 그림 6.27에서 확인할 수 있듯이 절삭속도가 증가할수록 공전동력도 직선적으로 증가한다.

8) 송재속도

그림 6.28은 송재속도가 증가할수록 절삭동력과 송재력 모두 직선적으로 증가함을 보여주고 있다. 절삭동력의 변화를 톱니당 송재량의 함수로 표현하면 그림 6.29와 같이 된다.

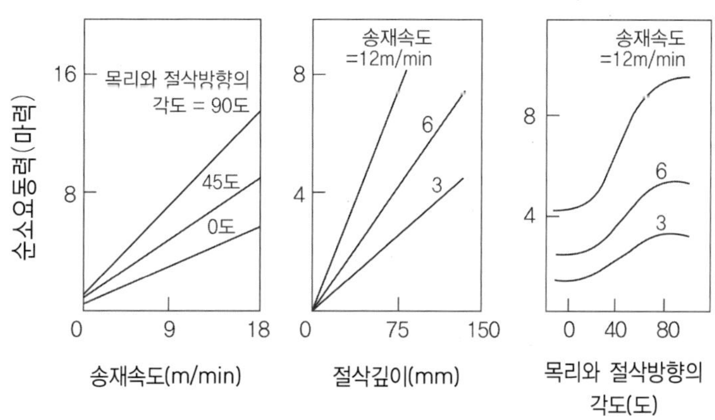

그림 6.25. McMillin과 Lubkin 방정식의 검증

(하향절삭, hard maple: 송재속도 3, 6, 12 m/min: 절삭깊이 41mm)

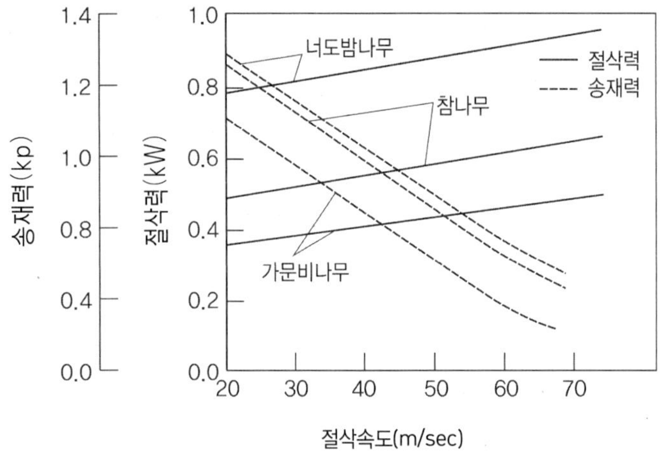

그림 6.26. 절삭속도와 절삭동력 및 송재력의 관계(Meyer(1926))

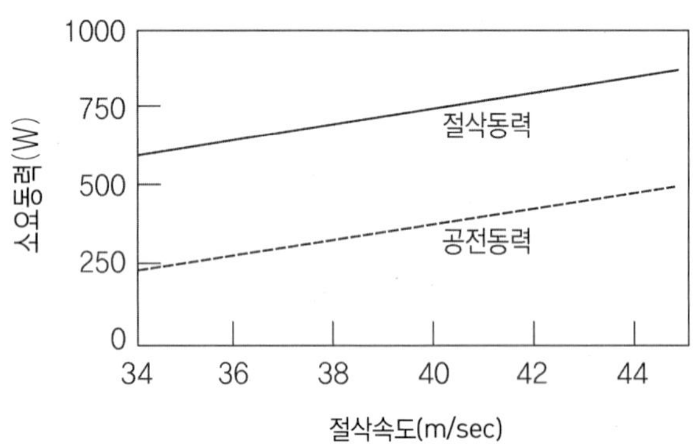

그림 6.27. 절삭속도와 절삭동력의 관계(Konjukhov(1935), Dower와 Oakey(1957))

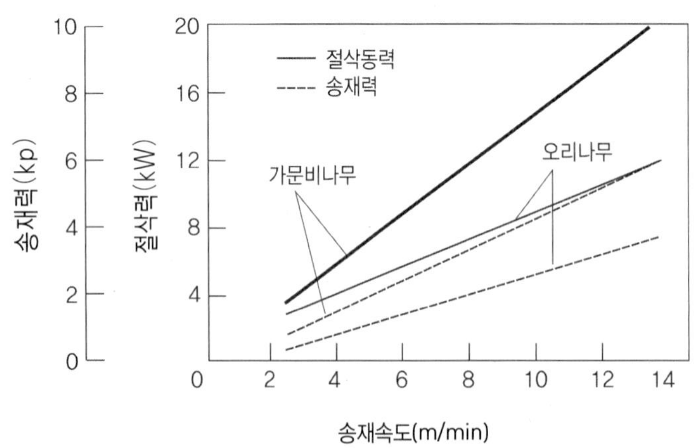

그림 6.28. 송재속도와 절삭동력 및 송재력의 관계(Meyer(1926))

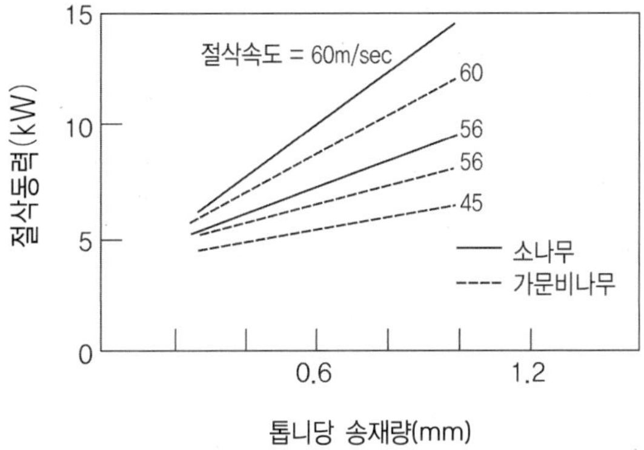

그림 6.29. 톱니당 송재량과 절삭속도가 절삭동력에 미치는 영향
(Kaiukova와 Konjukhov(1935))

Bershadskill(1956)이 절삭력과 절삭동력을 송재속도의 함수로 표현한 실험식은 다음과 같다.

$$P_s = \frac{K_1 kdf^{1-m}}{(psin\omega_a)^m(\frac{k}{a})^m(\frac{D\pi n}{1000})^{1-m}} \qquad [3.79]$$

$$N_s = \frac{K_1 kdf^{1-m}}{6120\,(psin\omega_a)^m(\frac{k}{a})^m} \qquad [3.80]$$

P_s : 절삭력 (kp)
N_s : 절삭동력 (kw)
K_1 : 단위 칩 두께(1mm)절삭시 비절삭에너지 (mkp/cm^3)
k : 거단폭 (mm)
d : 절삭깊이 (mm)
f : 송재속도 (m/min)
p : 피치 (mm)
m : 상수(약 0.36)
ω_a : 절삭속도 벡터와 송재속도 벡터 사이의 각도
b : 톱니가 피삭재내에서 움직인 원호의 길이 (mm)
상향절삭시 b = R(ω_2 - ω_1)
하향절삭시 b = R(ω_1 - ω_2)
D : 톱의 직경 (mm)
a : 톱 두께 (mm)
n : 회전수 (rpm)

9) 횡방향 진동

절삭중 톱니에 횡방향 진동을 가하면 절삭력을 감소시킬 수 있다. Laurent (1965)는 경우에 따라 절삭력을 50%까지 감소시킬 수 있다고 주장하기도 하였다. 캐나다에서 수행된 실험결과를

분석해보면 hard maple의 경우 진폭 0.25~0.38mm의 진동을 50~200Hz 범위에서 가하였을 때 최상의 결과를 얻은 바 있다.

7. 둥근톱 성능에 영향하는 톱니관련 인자

본 단원에서는 다음과 같은 톱니관련인자들이 둥근톱의 성능에 어떻게 영향하는 지를 논하고자 한다.

① 톱니각 : 치후각, 치배각, 치단각, 상부사각, 전방사각
② 일치화
③ 측면 여유공간 확보방법 : spring 치진, swage 치진, 톱몸 측면연마(hollow grinding)
④ 치실의 설계
⑤ 톱니의 수와 피치의 크기

1) 톱니각

치후각의 결정에는 많은 사항들을 고려해야 한다. 상향 톱절삭에서는 절삭동력을 최소화하는 동시에 송재력을 안정시켜 양호한 거단면을 얻을 수 있어야 한다.

2차원절삭에서 치후각이 20~30도 범위인 경우 절삭평면상에 수직으로 작용하는 힘이 거의 0에 접근하며, 이 범위보다 작은 치후각이 적용된다면 그 힘은 양의 값을, 그리고 그 범위보다 큰 치후각이 적용되면 음의 값을 나타낸다는 사실을 이미 파악한 바 있다. 다시 말하면 치후각 30도 이상에서는 공구 스스로 피삭재쪽으로 파고들려는 경향이 증가하게 된다. 그러므로 상향 톱절삭에서는 20도 미만의 치후각을 적용할 경우 소요동력이나 송재력이 증가되어 불리하다. 한편, 40도 이상의 치후각을 적용하면 송재조건이 불안정하게 되어 만족할 만한 절삭면을 얻기 힘들게 되며, 과도한 치후각으로 인하여 상대적으로 치단각이 감소되므로 톱니 끝이 약해지고 마모도 빠르게 진행되어 오히려 소요동력이 증가하게 될 것이다. 그림 6.30은 Saito 등(1957)의 연구결과이다. 결론적으로 20~30도 범위에서 치후각을 결정한다면 소요동력과 송재력을 최소화하는 한편, 송재조건이 안정되어 양호한 절삭면을 기대할 수 있으며 적절한 톱니강도를 유지할 수 있을 것이다. 현재 상향 톱절삭에 적용되고 있는 표준 톱니각은 치후각 30도, 치단각 44도, 치배각 16도 이다.

그러나 하향 톱절삭에 사용되는 톱니에 관한 사항은 전술한 상향 톱절삭의 경우와는 다른 문제점을 고려해주어야 한다. 하향 톱절삭은 종절에는 거의 사용되지 않지만 횡절에는 매우 빈번히 사용되는 방법이다. 하향 톱절삭에서는 톱 자체가 피삭재를 스스로 송재하려고 하는 경향이 있으므로 톱니의 치후각을 조절하여 그와 같은 경향을 억제해 주어야 한다. 자체 송재(self-feeding) 경향은 치후각을 -10도~15도 범위로 감소시키면 최소화할 수 있다. 그러나 치후각을 이처럼 감소시키게 되면 톱니 끝의 강도는 증가하더라도 소요동력도 함께 증가하게 마련이다. 하향과 상향 톱절삭의 비교는 그림 6.31을 참조하면 된다. 이때 상부사각과 전방사각을 주면 양호한 절삭면을 얻을 수 있다.

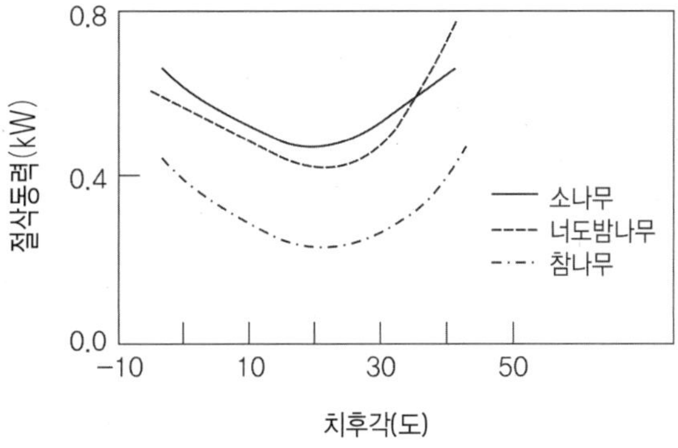

그림 6.30. 치후각과 절삭동력의 관계(Saito 등(1957))

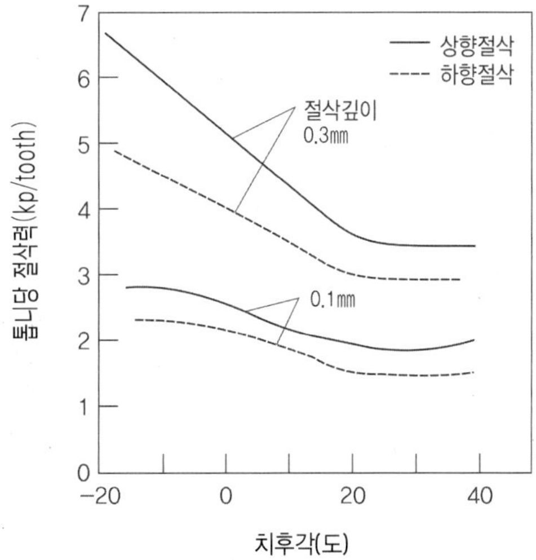

그림 6.31. 치후각과 절삭력의 관계(소나무의 상향 및 하향절삭)
(Skoglund와 Hvamb(1953))

한편, 치단각과 치배각에 의한 영향은 2차원절삭과 회전삭에서 이미 논한 사항들을 참조하면 될 것이며, 그림 6.32에서는 치배각이 절삭력과 소요동력에 미치는 영향을 보여주고 있다.

상부사각(δ)은 치배면(clearance plane)에 대한 상대적인 각도를 측정하여 나타낸다. spring 치진형 톱에서는 톱니 안쪽 모서리가 절삭을 방해하는 현상을 방지하기 위해 적절한 크기의 상부사각이 필요하다. 만일 상부사각이 없다면 톱니의 전체 폭이 피삭재와 접촉하게 되고, 동시에 톱니 안쪽 모서리에는 측면 여유공간이 전혀 주어지지 않아 마찰이 심하게 발생하기 때문에 결과적으로 절삭저항이 증가된다. 이러한 마찰 현상을 최소화할 수 있는 적정 상부사각에 대한 계산식은 이미 논한 바 있다. 그러나 만일 상부사각이 지나치게 큰 경우에는 톱니 바깥쪽 모서리가 약하게 되어 마모가 빨리 진행되면서 오히려 절삭저항이 커지는 현상이 발생하게 될 것이다. 한편, 모든 톱니에는 동일한 크기의 상부사각이 주어져야 함은 물론이다.

일반적으로 종절용 톱에 있어서도 상부사각이 증가할수록 절삭동력과 송재력은 직선적으로 감소한다. 일예로 spring 치진형 톱니에 상부사각 30도를 적용하면 상부사각이 전혀 없는 경우에 비하여 소요동력을 30%정도 감소시킬 수 있다.

상부사각을 지닌 spring 치진형 톱니에 의해 이루어지는 긁음작용(scoring action)은 횡절시 그 효과가 크다. 특히, 직선형 raker 톱니 1개에 상부사각이 교호로 주어진 2~4개의 scoring 톱니를 조합한 경우 큰 효과를 기대할 수 있다. 그러나 톱니 바깥쪽 모서리가 마모되면 긁음작용에 의한 효과는 더 이상 기대할 수 없게 된다. 더구나 상부사각이 부여된 톱니의 바깥쪽 모서리는 매우 약하기 마련이므로 마모도 쉽게 되기 마련이다. Saito 등(1955)의 연구에 의하면 상부사각은 20~25도를 초과하지 않는 것이 바람직하다. Meyer(1926)에 따르면 활엽수보다는 침엽수의 절삭에서 상부사각의 효과가 크며, 북미의 경우 대개 10~20도 정도의 상부사각을 적용하고 있다.

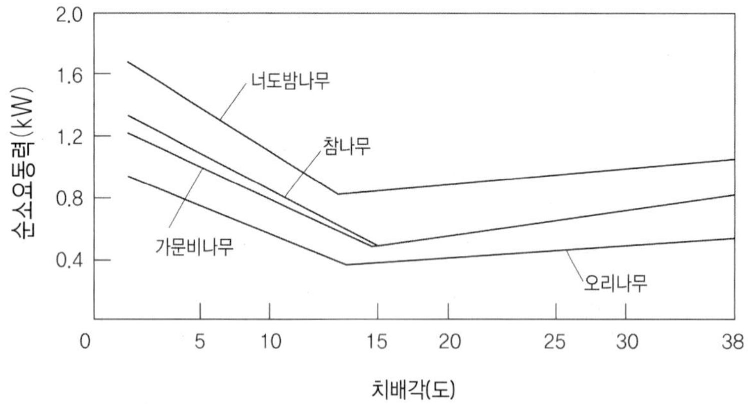

그림 6.32. 치배각과 소요동력의 관계(Meyer(1926))

전방사각(θ)은 치후면(rake plane)에 대한 상대적인 각도를 측정하여 나타낸다. 그러나 톱니에 전방사각만 부여되는 일은 거의 없으며 대개 상부사각과 함께 톱니에 부여되고 있다. 전방사각은 톱니의 양면중 상부사각이 부여된 쪽에 주어지며 특히, 톱몸 측면이 연마된 길이재단용 톱(trim saw; 전방사각 45도)과 같이 측면 여유공간이 거의 없는 형태의 톱에 매우 효과적이다. 일반적으로 횡절용 톱에는 10~20도 범위의 전방사각이 주어지는 것이 보통이다.

spring 치진형 톱니에 과도한 전방사각이 주어지면 절삭중 톱니에 바깥쪽으로 밀어내는 힘이 작용하게 되어 바람직하지 못한 응력이 발생하게 된다. 또한 전방사각이 주어진 톱니부분이 치실에 까지 연장되면 치실에 톱밥을 수용하는 작업에 방해가 되기도 한다. 횡절용 톱에는 전방사각과 상부사각의 크기를 거의 동일한 크기로 부여하는 것이 일반적이다.

한편, 종절용 톱(spring 치진형)에는 전방사각을 주지 않는 것이 보통이며, 그 대신에 톱몸의 양쪽 면(치후면)을 연마해 냄으로써 면사각(面斜角, face bevel(θ))을 주는 것이 일반적이다. 적정한 면사각은 다음 식에 의해 계산할 수 있다.

$$\theta = arcsin\left(\frac{k}{2R_g}\right) \quad [3.81]$$

θ : 면사각
R_g : 연마곡면의 반경

그림 6.34는 Andrews(1955)가 톱니삽입형 종절용 둥근톱(inserted-tooth circular ripsaw)에 대하여 면사각을 부여한 모식도이며, 면사각이 9도 이하인 경우에는 별다른 효과를 기대할 수 없었으나 15도의 면사각을 부여하게 되면 소요동력을 17%정도 절감할 수 있다고 보고한 바 있다. 이처럼 종절용 둥근톱에 면사각을 주게 되면 톱니당 송재량을 증가시켜도 각 톱니에 작용하는 횡방향 작용력이 균형을 이루게 되어 양호한 거단면을 얻을 수 있다.

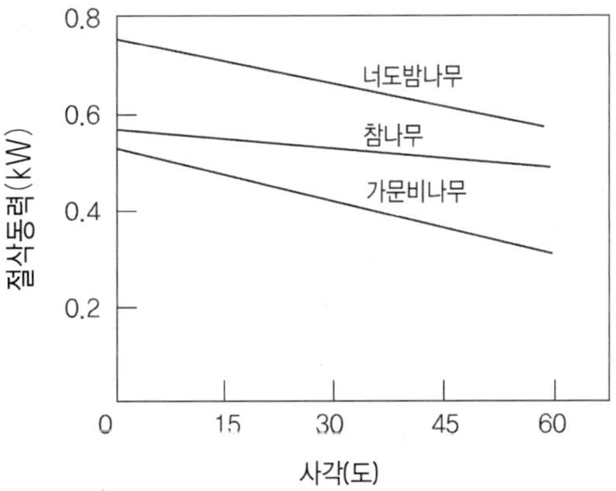

그림 6.33. 사각과 절삭동력의 관계(Meyer(1926))

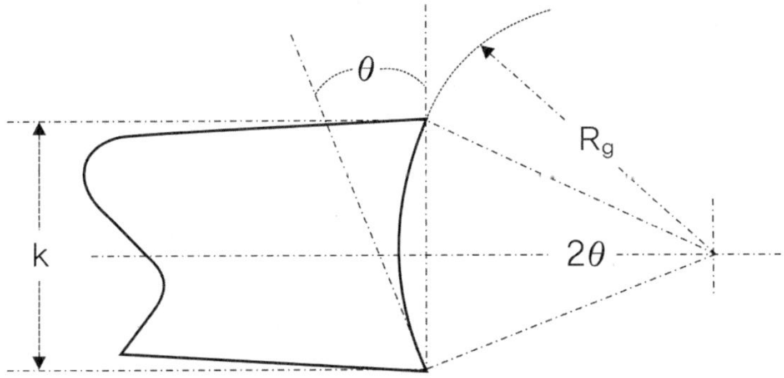

그림 6.34. 톱몸 측면연마에 의한 면사각

2) 일치화

일치화란 회전삭에서와 마찬가지로 둥근톱의 모든 톱니 끝이 동일한 절삭원 및 치배면상에 있도록 하는 작업을 말하며, 천천히 회전하고 있는 둥근톱에 연마석을 접근시킴으로써 이루어진다. 단, 톱니 끝의 폭방향 뿐만 아니라 톱니의 양쪽 면에 대해서도 동일한 방법으로 일치화작업을 해주어야 한다.

Harris(1960)의 의견에 따르면 둥근톱은 그 기하학적 특성상 절삭중 각 톱니에 작용하는 부하가 계속 변화할 수밖에 없으며, Reineke(1950)는 이와 같은 현상을 실험을 통해 증명한 바 있다. 이러한 현상의 원인은 각 톱니의 일치화폭이 서로 다르기 때문으로 만일 어느 톱니가 과도하게 일치화되었다면 즉, 일치화폭이 지나치게 큰 경우에는 톱니의 치배각이 0도가 되어 동력의 소모가 증가하게 된다. 그러나 비교적 가벼운 정도로 일치화되었다면 오히려 미세연마(microsharpening)의 효과를 기대할 수도 있다. 미세연마의 효과에 대해서는 단판절삭에서 설명하도록 하겠다. Azzola(1954)가 spring 치진형 둥근톱에 대하여 실험한 결과에 따르면 일치화작업을 한 톱을 사용할 경우 일치화 작업을 하지 않은 톱에 비하여 약 20% 정도 소요동력을 절감할 수 있는 것으로 밝혀진 바 있다(그림 6.35참조).

각 톱니에 작용하는 부하를 불균일하게 만드는 요소들 중에는 인위적으로는 도저히 조절이 불가능한 것들도 있으나 일치화 작업에 의하여 돌출된 톱니를 낮춤으로써 비교적 만족할 만한 효과를 얻을 수 있다. 다음은 일치화 작업에 의해 기대되는 효과들이다.

① 돌출된 톱니를 낮춤으로써 절삭중 진동을 야기하는 비균일 부하를 억제할 수 있다.
② 톱니당 송재량을 비교적 균일화함으로써 치실의 비균일 부하를 억제할 수 있다.
③ 각 톱니의 마모속도가 비교적 일정하게 되므로 불균일한 마모속도에 의한 악영향을 최소화할 수 있다.
④ 거단면의 품질을 향상시킬 수 있다.

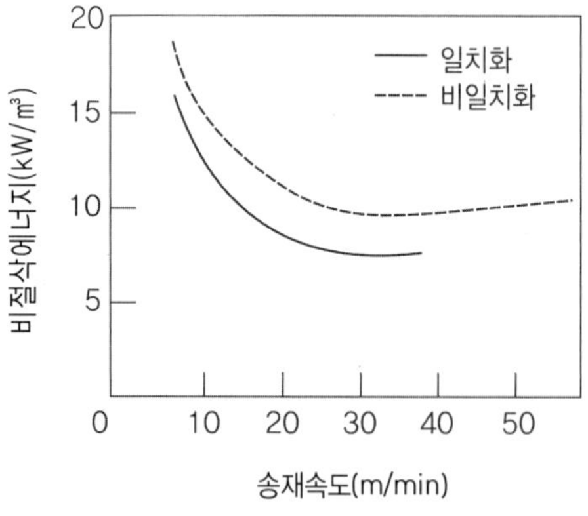

그림 6.35. 종절용 둥근톱의 일치화가 비절삭에너지에 미치는 영향(Azzola(1954))

3) 측면 여유공간 확보방법

만일 측면 여유공간이 주어지지 않는 다면 톱몸과 거단면 사이에 심한 마찰과 함께 열이 발생하게 되며, 소요동력도 증가하게 된다. 이때 발생되는 마찰열은 다음과 같은 악영향을 미치게 된다.

① 톱 긴장력(saw tension)의 일시적 또는 영구적 불균형을 초래한다.
② 톱니의 강도적 성질에 대한 손실이 발생된다.
③ 거단면이 타거나 변색된다.

측면 여유공간을 확보하는 방법으로는 그림 6.36의 3가지 방법이 가장 많이 사용되고 있다. spring 치진에 의한 여유공간 확보방법은 횡절용 톱과 만능 톱의 긁기용 톱니(scoring tooth)에 주로 적용되고 있으며, 종절용 톱에는 거의 적용되지 않고 있다.

그림 6.36. 측면 여유공간 확보방법

치진의 폭은 대개 톱두께의 2배보다 약간 작게 하는 것이 보통이다. 소요동력은 swage 치진형에 비해 낮으나(1:1.3) 거친 거단면을 발생하는 단점이 있다. 그림 6.37은 치진의 크기가 소요동력에 미치는 영향을 보여주고 있다.

swage 치진은 대개 종절용 톱에 적용되고 있으며, 치진의 폭은 사용조건에 따라 달라지나 일반적으로 톱두께의 2배정도로 하는 것이 보통이다.

톱몸 측면연마에 의한 측면 여유공간 확보 방법은 톱의 중심으로부터 원주 쪽으로 두께를 점차 증가시키는 형식으로, 상부와 전방사각이 교호로 부여된 길이 재단용 횡절톱이나 만능 둥근톱에 주로 적용된다. 절삭작용은 기하학적인 면에서 spring 치진형과 유사하나 측면 여유공간은 spring 치진형보다 작은 편이다.

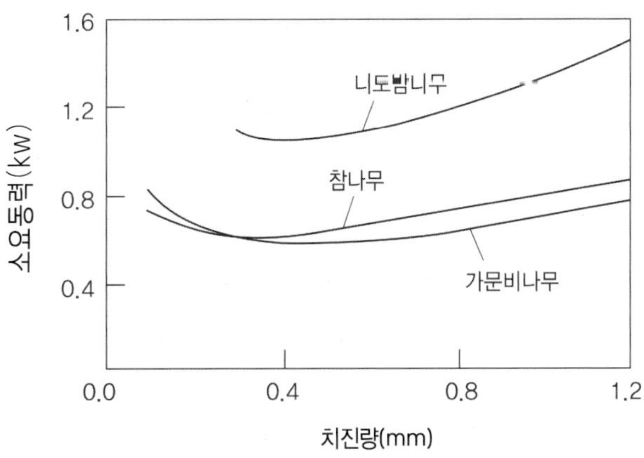

그림 6.37. 치진량과 소요동력의 관계 (Meyer(1926))

4) 치실의 설계

치실은 가능한 부드러운 곡선형으로 설계되어야만 어느 한 지점에 응력이 집중되는 현상을 방지할 수 있으며, 톱밥의 수용도 원활히 이루어진다. 또한, 치실을 이루고 있는 톱니의 뿌리부분에 전방사각이 없어야만 톱몸과 거단면 사이에 톱밥이 수용될 것이다. 종절용 톱의 톱니 높이는 다음과 같은 경험식에 의해 결정할 수 있다.

$$h_t = 0.5p + a \qquad [3.82]$$

h_t : 톱니의 높이 (mm)
p : 피치 (mm)
a : 1~3 mm

5) 톱니 수와 피치

평균 칩 두께(ta)는 swage 치진의 경우 $\frac{pfd}{bc}$, spring 치진의 경우 $\frac{k}{g}\frac{pfd}{bc}$이므로 둥근톱의 소요동력에 대한 계산식은 다음과 같이 재정리될 수 있다.

직선함수법: $P = 4.15 \times 10^{-6} kfd\left(\frac{A}{t_a} + B\right)$ [3.83]

지수함수법: $P = 4.15 \times 10^{-6} \frac{Kkfd}{t_a^{1-m}}$ [3.84]

(1−m) ≅ 0.36

만일 톱니 수(N)와 피치(p)를 제외한 모든 조건이 일정하다면 절삭 소요동력은 피치(p)만의 함수로 표현될 수 있을 것이다. 또한 피치는 2πR/N으로 정의되므로 절삭 소요동력을 톱니 수(N)만의 함수로도 표현할 수 있다.

직선함수법 : $P = \frac{C_1}{p} + C_2 = C_4 N + C_5$ [3.85]

지수함수법 : $P = \frac{C_3}{p^{1-m}} = C_6 N^{1-m}$ [3.86]

$C_{1,\ 2,\ 3,\ 4,\ 5,\ 6}$: 상수

따라서 피치가 증가할수록, 그리고 톱니수가 감소할수록 소요동력이 감소됨을 알 수 있다. 그러나 피치의 증가 또는 톱니수의 감소에는 한계가 있으며, 한계이상의 변화에서는 오히려 동력이 증가된다는 사실은 이미 설명한 바 있다.

Endersby(1953)는 실험을 통하여 이와 같은 현상을 증명한 바 있다. 그는 두께 15cm의 agba라는 목재를 대상으로 하였으며, 이때 톱니의 원주속도는 3000m/min이었다. 단, 5.5m/min의 낮은 송재속도를 적용함으로써 톱니나 치실에 과도한 부하가 걸리지 않도록 하였다. 본 실험의 결과

는 그림 6.38과 같으며, 톱니수가 감소할수록 소요동력도 감소됨을 알 수 있다. 그러나 톱니수가 4개로 감소되었을 때에는 톱니와 치실에 과도한 부하가 작용하여 오히려 소요동력이 증가하고 있다. 독일 생산성협회에 따르면 직경 400mm 이하의 종절용 둥근톱에는 40~50개의 톱니수가 적당한 것으로 알려져 있다.

전술한 실험에서 알 수 있듯이 소요동력 절감을 위한 피치의 증가 또는 칩 두께의 증가에는 현실적인 한계가 있다. 이러한 한계는 톱니와 치실에 작용하는 과부하나 거단면의 품질 등에 의해 결정된다. 피치가 큰 톱 또는 톱니수가 적어 비교적 톱니당 송재량이 큰톱을 사용할 경우 기대할 수 있는 효과로는 소음 감소, 작업 안전성 향상, 에너지 절감, 송재력 감소, 및 톱니 수명연장 등을 들 수 있다.

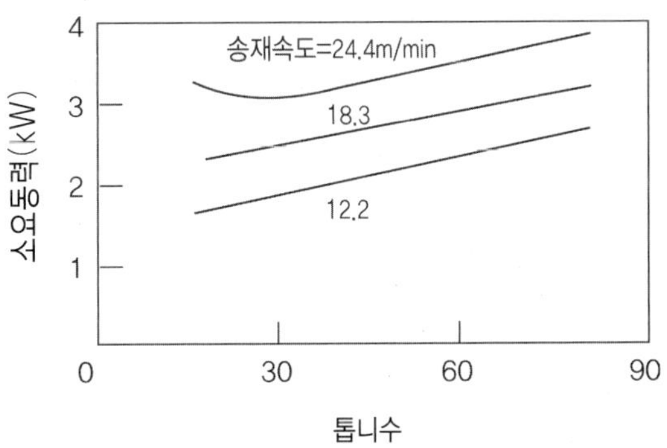

그림 6.38. 톱니수와 소요동력의 관계(3000m/min)(Endersby(1953))

8. 둥근톱 성능에 영향하는 피삭재 관련인자

피삭재의 비중이 높을수록 소요동력은 증가하게 된다(그림 6.39 참조). 그러나 함수율의 변화에 따른 소요동력의 변화는 수종에 따라 그 경향이 매우 다르게 나타날 수도 있다(그림 6.40 참조)

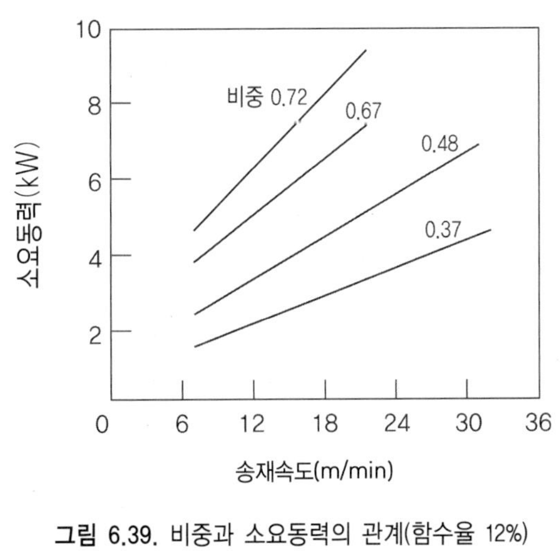

그림 6.39. 비중과 소요동력의 관계(함수율 12%)

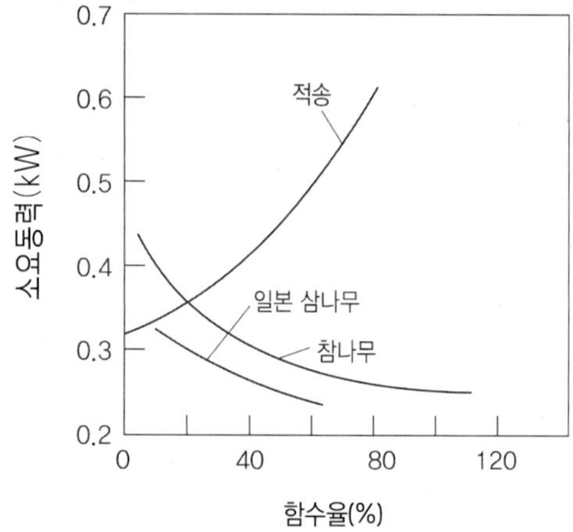

그림 6.40. 함수율과 소요동력의 관계(spring 치진폭 0.4mm)

그림 6.41. 둥근톱의 종류(A: 종절용 일반형, B: 횡절용 일반형, C: 종절/횡절 복합형, D: 소방용(demolition blade))

제7장 선삭

제1절 선삭방법

선삭(旋削, turning)이란 피삭재를 회전하거나 공구를 회전하여 원형의 단면을 지닌 부재로 가공하는 과정을 의미하며 다음의 4가지 대표적인 방법들이 있다.

1. 일점형 선삭방법

일점형(tool-point) 선삭방법은 2000~6000rpm으로 회전하는 피삭재에 폭이 좁은 끌 형태의 공구를 적절한 각도로 접촉시켜 선삭하는 방법이다. 수동식 목공선반(hand lathe)이 그 좋은 예로서 공구를 피삭재의 섬유방향과 평행으로 움직이면 피삭재를 직경이 일정한 실린더로 가공할 수 있으며, 공구를 섬유방향과 수직으로 전진시키면 피삭재의 직경이 줄어들게 된다. 그림 7.1은 공구를 이용하는 4가지 방법을 보여 주고 있으며, 각 방법에 따라 결과가 달라진다.

일점형 선삭방법은 2차원절삭의 일종으로 목공선반의 주축 회전수가 3600rpm이고 피삭재의 직경이 5.4cm라면 절삭속도는 약 300m/min에 달하게 된다.

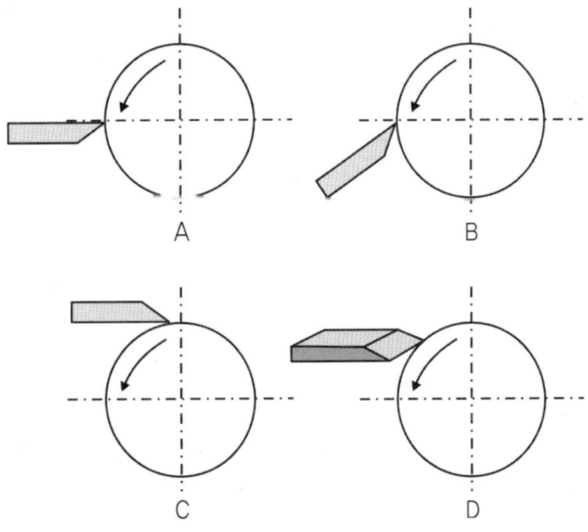

그림 7.1. 선삭방법
(A: 긁음작용, B: 절단작용(치후각 0도), C: 절단작용(치후각 80도), D: 전단작용)

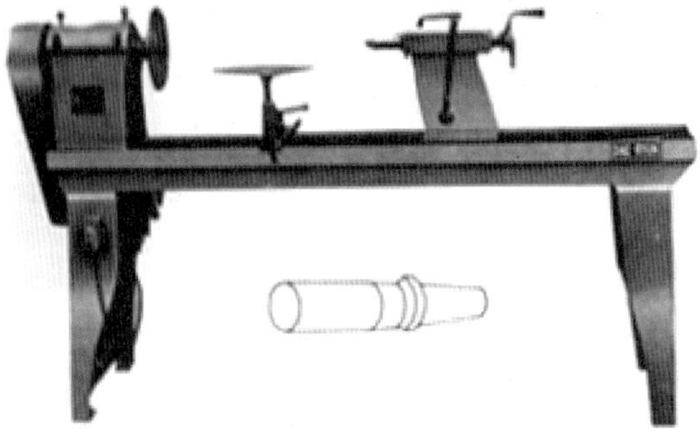

그림 7.2. 일점형 수동식 목공선반

2. 성형 선삭방법

성형(long-knife) 선삭방법은 일점형과는 달리 피삭재와 같은 길이의 공구를 원하는 형태로 제작하여 마치 단판절삭에서와 같은 방법으로 회전하는 피삭재(2000~6000rpm)에 공구를 접촉, 1회의 작업으로 피삭재 전체를 원하는 형태로 선삭하는 방법이다. 그러나 만일 피삭재의 단면이 사각형이라면 우선 일점형 선삭에 의해 피삭재의 단면을 원형으로 1차 가공한 후 성형 선삭에 의해 작업을 마무리해야 한다.

3. 회전삭형 선삭방법

전술한 방법들에서는 1개의 공구만을 사용하고 있지만 회전삭형(peripheral milling) 선삭방법에서는 여러 개의 공구가 장착된 cutterhead를 이용한다. 빠르게 회전하는 cutterhead(2700~3600rpm)를 비교적 천천히 회전하고 있는 피삭재(2~30rpm)에 접근시켜 절삭이 이루어지며, 이때 cutterhead의 회전축은 항상 피삭재의 회전축과 평행하여야 한다. 만일 10rpm의 속도로 회전하고 있는 직경 7.5cm 피삭재를 2700rpm으로 회전하고 있는 cutterhead에 의해 선삭한다면 피삭재 표면에는 원주 2.5cm당 28개의 공구자국이 발생하게 된다.

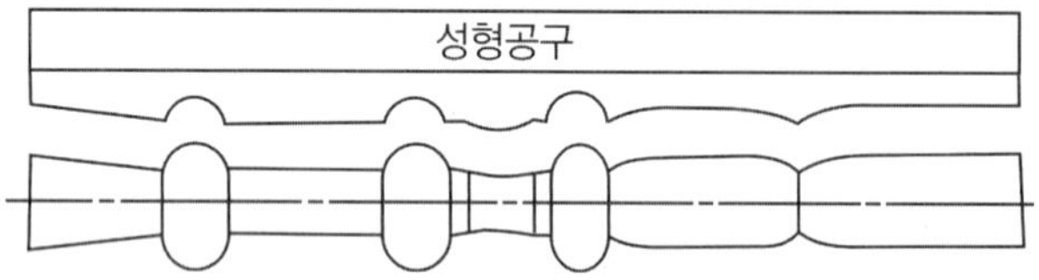

그림 7.3. 성형공구의 형태(치배각은 약 1도정도)

4. 피삭재 회전형 선삭방법

척(chuck)에 물려 저속으로 회전하고 있는 피삭재 주위를 cutterhead가 돌면서 선삭하는 방법으로 dowel과 같은 길이가 긴 환봉 등의 제작에 응용되고 있다. cutterhead의 회전속도는 대개 3600~4200rpm정도이며, 피삭재의 송재속도는 약 45m/min가 적용된다.

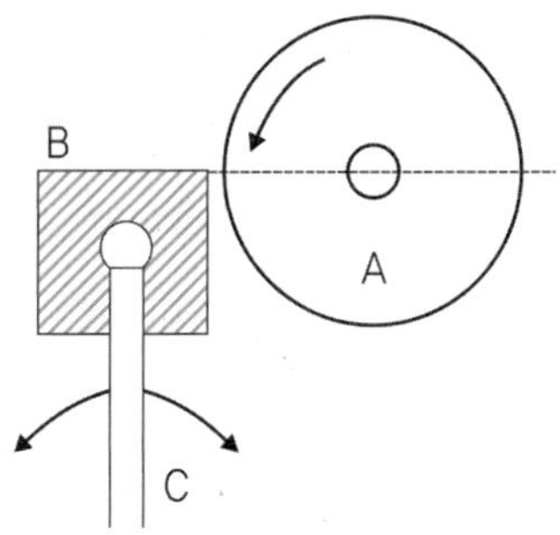

그림 7.4. 회전삭형 자동 형삭선반 (shaping lathe)

A: 회전 cutterhead (2700~3600rpm),
B: 저속 회전 피삭재 (2~30rpm),
C: 피삭재 이송장치의 운동 (완성품의 직경을 결정)

제2절 선삭성

Davis(1962)가 여러 가지 수종의 활엽수를 대상으로 선형 선삭을 하여 얻은 선삭성 관련 결과는 표 7.1과 같다. 피삭재의 길이는 12.5cm 이었으며, 단면이 1.9cm 사각형인 목재를 선삭하였을

표 7.1. 활엽수재의 선삭성 비교

수 종	양호한 재면 출현율(%)	피삭재 함수율(%)	수 종	양호한 재면 출현율(%)	피삭재 함수율(%)
Black walnut	91	6,12,20	Yellow-poplar	81	6,12,20
Beech	90	6,12,20	Birch	80	6,12,20
Chestnut oak	90	6,12,20	Bigleaf maple	80	6
Mahogany	89	6,12,20	Ash	79	6,12,20
Pecan	89	6,12,20	Magnolia	79	6,12,20
Red alder	88	6	Tupelo	79	6,12,20
Black cherry	88	6	Chinkapin	77	6
Madrone	88	6	Hackberry	77	6,12,20
Chestnut	87	6,12,20	Soft maple	76	6,12,20
California laurel	86	6	Black gum	75	6,12,20
Sweet gum	86	6,12,20	Cottonwood	70	6,12,20
White oak	85	6,12,20	Basswood	68	6,12,20
Sycamore	85	6,12,20	Aspen	65	6
Hickory	84	6,12,20	Soft elm	65	6,12,20
Red oak	84	6,12,20	Gumbo-limbo	60	6
Hard maple	82	6,12,20	Buckeye	58	6,12,20
Tanbark oak	81	2	Willow	58	6,12,20

때 다른 결점 없이 비교적 양호한 결과를 보여주고 있다. 본 실험에서 적용된 공구의 각도나 송재속도는 알 수 없으나 4단계의 회전속도(950~3300rpm)를 각각 적용해 본 결과 고속에서 보다 양호한 절삭면을 얻을 수 있는 것으로 밝혀졌다. 비중에 의한 영향은 확실히 밝힐 수 없었으나 함수율이 20%이상이 되면 절삭면이 심각하게 열화되는 것을 알 수 있다. 특히, ash, basswood, buckeye, cottonwood, soft maple, yellow-poplar 및 willow등은 함수율의 영향을 크게 받는 것으로 나타났으나 white elm, hackberry, magnolia, pecan이나 walnut등은 함수율에 의한 영향을 거의 확인할 수 없었다.

표 7.2. 활엽수재의 선삭성 비교

수 종	양호한 재면 출현율(%)	피삭재 함수율(%)	수 종	양호한 재면 출현율(%)	피삭재 함수율(%)
Black walnut	91	6,12,20	Yellow-poplar	81	6,12,20
Beech	90	6,12,20	Birch	80	6,12,20
Chestnut oak	90	6,12,20	Bigleaf maple	80	6
Mahogany	89	6,12,20	Ash	79	6,12,20
Pecan	89	6,12,20	Magnolia	79	6,12,20
Red alder	88	6	Tupelo	79	6,12,20
Black cherry	88	6	Chinkapin	77	6
Madrone	88	6	Hackberry	77	6,12,20
Chestnut	87	6,12,20	Soft maple	76	6,12,20
California laurel	86	6	Black gum	75	6,12,20
Sweet gum	86	6,12,20	Cottonwood	70	6,12,20
White oak	85	6,12,20	Basswood	68	6,12,20
Sycamore	85	6,12,20	Aspen	65	6
Hickory	84	6,12,20	Soft elm	65	6,12,20
Red oak	84	6,12,20	Gumbo-limbo	60	6
Hard maple	82	6,12,20	Buckeye	58	6,12,20
Tanbark oak	81	2	Willow	58	6,12,20

제8장 천공

제1절 비트의 종류

가장 많이 쓰이고 있는 천공(穿孔, boring)용 비트(bit)의 종류는 그림 8.1의 3가지이다. 물론 이외에도 특수한 형태의 비트가 다양하게 개발되어 있으나 본 장에서는 다음의 3가지 기본형에 대해서만 설명하고자 한다.

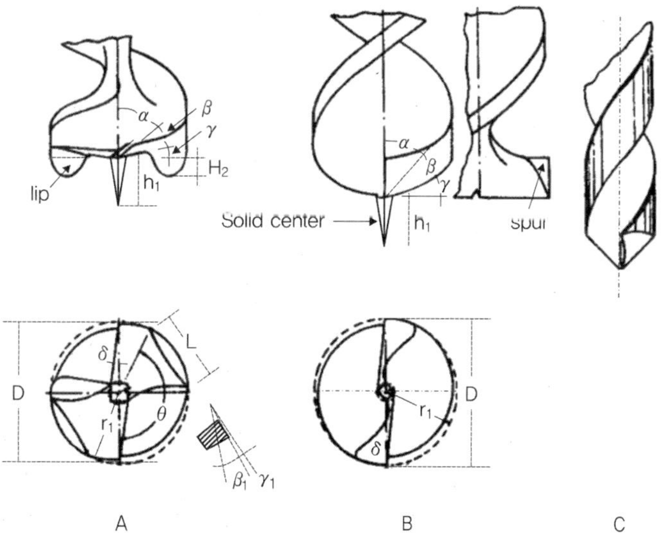

그림 8.1. 천공용 비트의 형태

A; Double-spur, double-lip, solid-center bit
B: Double-spur, double-twist bit(Scotch-nose bit)
C: Twist drill(double-twist) with no spurs))
α : 치후각(도) β : lip의 치단각(도) β_1 : spur의 치단각(도)
γ : lip의 치배각(도) γ_1 : spur의 치배각(도) δ : lip의 경사각(skew angle)(도)
ϵ : lead각(spur에서 lip까지)(도) D : 비트 직경(cm)
h1 : 중심(point)의 높이(lip으로부터)(cm) h_2 : spur의 높이(lip으로부터)(cm)
L : spur의 길이(뿌리부근)(cm) r_1 : 비트 반경(cm) r_2 : 중심점의 유효반경(cm)

그림 A의 double-spur, double-lip, solid-center-bit는 spur가 lip보다 먼저 절삭과정을 수행하게 된다. 비트 중앙에는 나선형 또는 일자형 중심점(center point)이 있다. 이러한 형태의 비트를 이용하면 신속한 천공작업이 가능하며, 거의 모든 작업에 적용할 수 있는 일반적인 비트이다. spur가 피삭재의 목리방향에 따라 긁음작용 또는 쪼개기작용에 의해 절삭하고 나면 lip은 마치 2차원 절삭과 같은 형식으로 절삭하게 된다.

그림 B의 double-spur, double-twist bit는 lip의 절삭후 spur의 절삭이 이루어진다. 비트 중앙에는 나선형이나 일자형의 중심점이 있는 것이 보통이나 중심점이 없는 경우도 있다. 영국에서는 Scotch-nose bit라고 부르기도 하며, 미국의 ship auger는 single-twist 비트로 하나의 lip만을 가지고 있다. 이러한 형태의 비트는 강하고 칩배출이 양호하여 깊은 천공작업에 유리하다. 그리고 그림 A의 double-spur, double-lip, solid-center-bit에 비해 천공이 어려운 수종에 대해서도 매우 양호한 천공면을 얻을 수 있다. 그림 A와 B의 비트는 재연마시 lip의 치후면과 spur의 안쪽 면을 연마하게 되며, lip의 치후각과 치배각은 각각 40도와 15도가 적정하다.

그림 C의 twist drill은 중심점과 spur가 없어 재연마가 용이하다. 이러한 형태의 비트는 대개 목구면의 천공이나 dowel을 위한 천공작업에 주로 사용되며, 천공면은 전술한 spur를 지닌 두 가지 형태의 비트에 비해 불량한 편이다.

제2절 소요동력

lip의 절삭속도는 비트의 회전수 및 회전축 중심과의 거리(r1)에 따라 달라진다. 그러므로 직경 2.5cm 비트가 3600rpm으로 회전하고 있다면 이때 최고 절삭속도는 283m/min가 된다.

$$v = \frac{2\pi r_1 n}{100} \qquad [3.87]$$

v : lip의 절삭속도(m/min)
n : 회전축의 회전수(rpm)

만일 송재속도가 일정하게 유지되는 것으로 가정한다면 변형전 칩의 두께는 다음 식으로 계산할 수 있다.

$$t = \frac{f}{nN} \qquad [3.88]$$

t : 칩 두께(cm)
f : 송재속도(cm/min)

예를 들어 3600rpm 으로 회전하는 double-lip 비트에 100cm/min의 속도로 송재한다면 변형전 칩의 두께는 약 0.0138cm가 된다. Goodchild(1955)의 연구결과에 의하면 비트의 각 부위에 가해지는 힘은 표 8.1과 같았으며, 이 자료의 분석을 통해 얻은 결론은 다음과 같다.

① 중심점에 의해 전체 토오크의 약17%, 그리고 전체 추력의 25%가 야기된다.
② spur에 의해 전체 토오크의 37%, 그리고 전체 추력의 10%가 야기된다.
③ lip에 의해 전체 토오크의 46%, 그리고 전체 추력의 65%가 야기된다.

표 8.1. 비트 형태에 따른 회전축 토오크와 추력(Goodchild(1955))

수종	point only		point & spur		point, spur, & lip	
	토오크 (kg-cm)	추력 (kg)	토오크 (kg-cm)	추력 (kg)	토오크 (kg-cm)	추력 (kg)
Ramin	4.12	11.44	12.73	15.60	22.75	47.31
Sycamore	3.27	9.53	10.29	13.53	19.24	36.75

(lip: 치후각 40도, 치배각 15도, 경사각 10도; spur: β_1 = 20도, γ_1 = 1도; 비트 규격: D=2.5cm, r_1=1.25cm, r_2=0.28cm, h_1=0.75cm, h_2=0.13cm; 회전수 2,110rpm; 송재속도 53.8cm/min; sycamore: 함수율 12.2%, 밀도 623kg/m^3; Ramin: 함수율 11%, 밀도 730kg/m^3)(판목과 정목의 평균값임)

1. 송재속도의 영향

회전수의 토오크와 송재속도, 그리고 회전축의 동력과 송재속도 사이에는 각각 직선적 관계가 있다.

$$T = A + Bf \quad [3.89]$$

$$P = \frac{2\pi n T}{240103 \times 100} = 2\pi n \times 4.16 \times 10^{-8} n(A + Bf) \quad [3.90]$$

T : 회전축의 토오크(kg-cm)
P : 회전축에 소요되는 동력(마력)
A, B : 절삭관련 상수

따라서 순수 절삭에너지는 다음과 같은 방법으로 계산할 수 있다.

$$E = \frac{0.746 Pd}{60 f} = 3.25 \times 10^{-9} \frac{(A + Bf) nd}{f} \quad [3.91]$$

E : 소요 에너지(kWh)
d : 천공 깊이(cm)

비절삭에너지는 절삭에 의해 제거된 목질의 단위체적당 소요된 에너지로 표현되므로,

$$V = \frac{d\pi D^2}{4} \quad [3.92]$$

$$E_s = 3.25 \times 10^{-9} \frac{(A+Bf)n}{fD^2} \quad [3.93]$$

V : 천공하고자 하는 구멍의 체적(cm^3)
Es : 비절삭에너지(kWh/cm^3)

그림 8.2를 보면 칩의 두께가 커질수록 비절삭에너지가 감소되는 현상을 볼 수 있다.

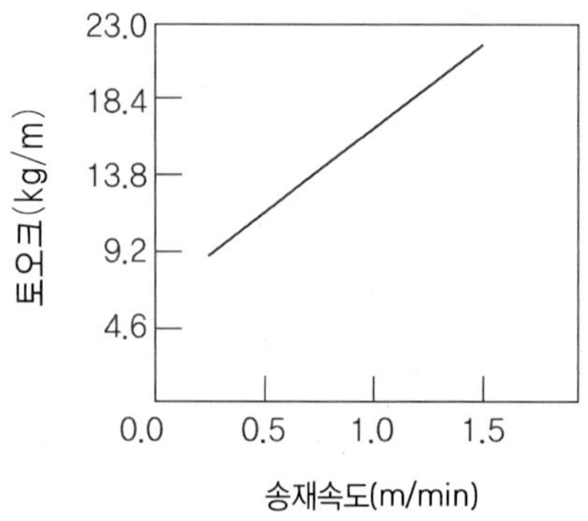

그림 8.2. 송재속도와 토오크의 관계(Sitka spruce)(Goodchild(1955))

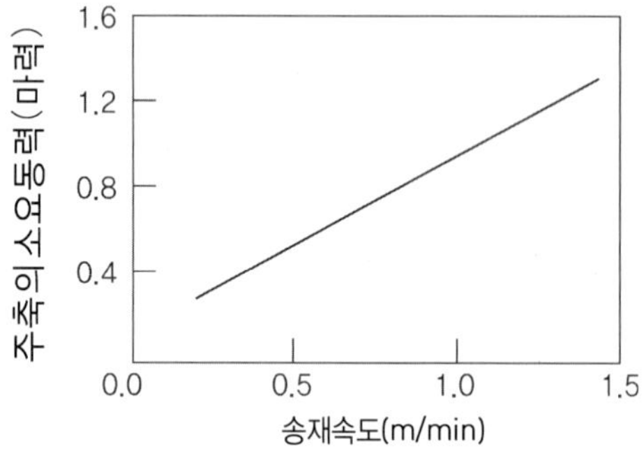

그림 8.3. 송재속도와 회전축 소요동력의 관계(beech)(Goodchild(1955))

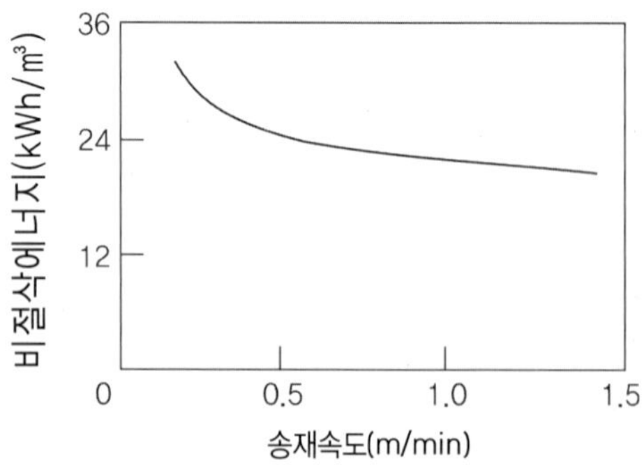

그림 8.4. 송재속도와 회전축 비절삭에너지의 관계(beech)(Goodchild(1955))

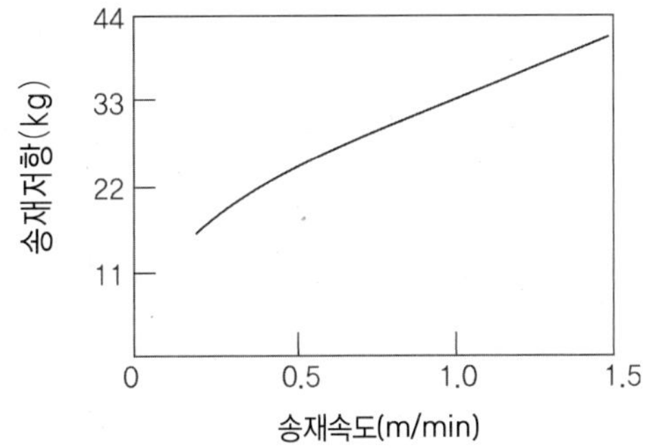

그림 8.5. 송재속도와 송재저항의 관계(beech)(Goodchild(1955))

2. 회전속도의 영향

회전축에 가해지는 토오크를 칩 두께에 대한 함수로 표현하면 다음과 같다.

$$T = A_1 + B_1 t = A_1 + \frac{B_1 f}{nN} \quad [3.94]$$

$$P = 2\pi n \times 4.16 \times 10^{-8} n \left(A_1 + \frac{B_1 f}{nN}\right) \quad [3.95]$$

A_1, B_1 : 상수

3. 비트 직경의 영향

여러 기지 수종을 대상으로 천공실험을 수행해보면 회전축의 소요동력은 lip에 의해 절삭되어지는 부분에서 중심점의 유효면적을 감한 면적에 비례함을 알 수 있다.

$$P = K(r_1^2 - r_2^2) \quad [3.96]$$

K: 비트의 형태와 피삭재 특성과 관련된 상수

단단한 피삭재에 깊은 천공작업을 할 때 직경이 작은 비트를 사용하면 절삭중 축방향으로 불안정한 현상이 발생하기 쉽다.

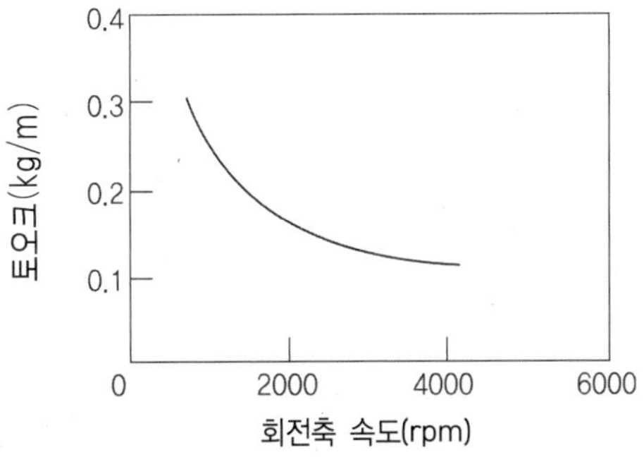

그림 8.6. 회전축 속도와 토오크의 관계
(Sitka spruce, 송재속도 100cm/min)(Goodchild(1955))

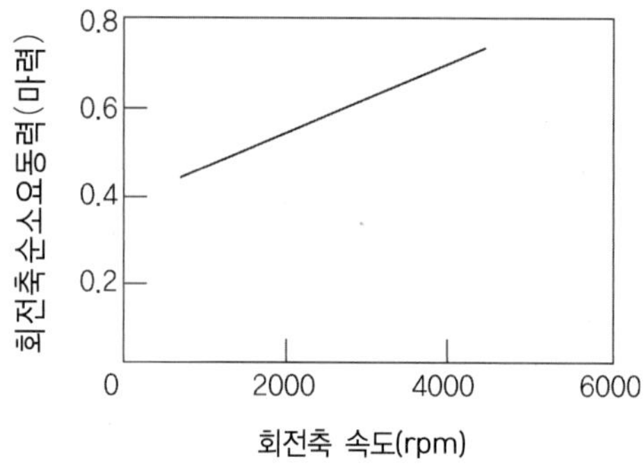

그림 8.7. 회전축 속도와 회전축 소요동력의 관계
(Sitka spruce, 송재속도 100cm/min)(Goodchild(1955))

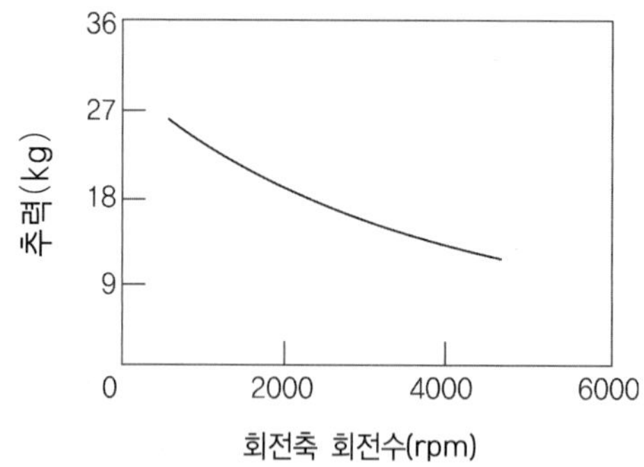

그림 8.8. 회전축 속도와 송재저항의 관계
(Sitka spruce, 송재속도 100cm/min)(Goodchild(1955))

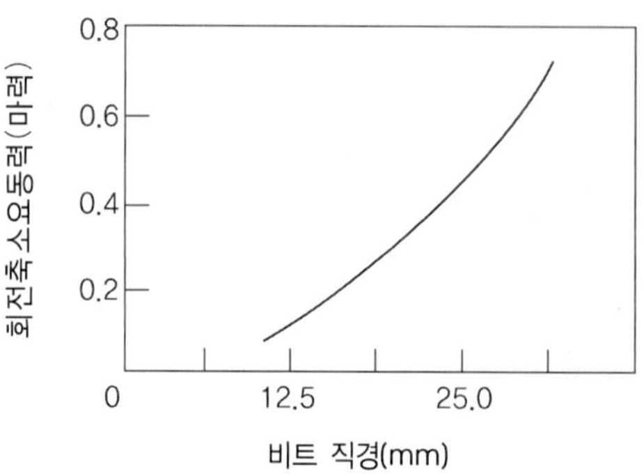

그림 8.9. 비트 직경과 회전축 소요동력의 관계(beech)
(송재속도 54cm/min, 회전축 회전수 2110rpm)(Goodchild(1955))

4. 피삭재 비중의 영향

Davis(1962)가 다양한 비중의 활엽수를 대상으로 직경 2.5cm 천공실험을 하여 얻은 결과에 따르면 피삭재(함수율 6%의 판목)의 비중이 높을수록 동력의 소모도 증가하는 것을 알 수 있다. 본 실험에 사용된 비트는 중심점이 있는 single-twist형으로 2개의 spur와 2개의 lip이 있으며, 회전수는 2400rpm이었다.

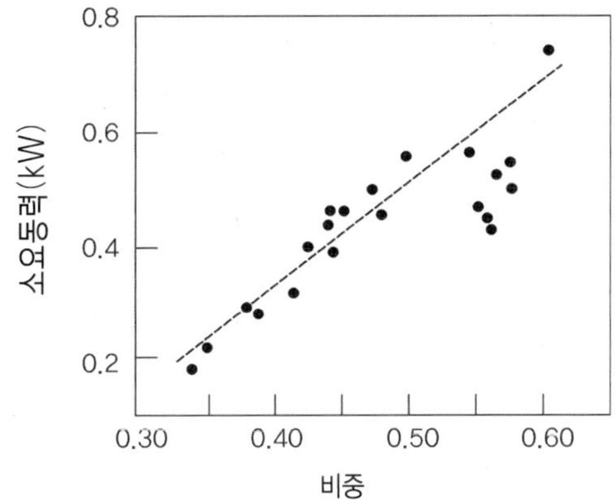

그림 8.10. 피삭재의 비중과 회전축 소요동력의 관계(Davis(1962))

표 8.2. 활엽수 천공면의 품질(Davis(1962))

수 종	품질 양호 비율(%)	수 종	품질 양호 비율(%)
California laurel	100	ash	94
black cherry	100	elm	94
hickory	100	sweetgum	92
Madrone	100	chestnut	91
Mahogany	100	Chinkapin	90
big leaf maple	100	yellow-poplar	87
chestnut oak	100	blackgum	82
pecan	100	soft maple	80
tanbark oak	100	aspen	78
black walnut	100	basswood	76
beech	99	buckeye	75
hackberry	99	willow	71
hard maple	99	magnolia	71
red oak	99	cottonwood	70
sycamore	98	red alder	64
birch	97	Tupelo	62
white oak	95	Gumbo-limbo	60

표 8.3. 활엽수 천공 오차(직경 2.5cm)(Davis(1962))

수 종	오차(mm)	수 종	오차(mm)
pecan	0.0025	black cherry	0.0175
red oak	0.0050	black walnut	0.0225
hickory	0.0075	chestnut	0.0225
birch	0.0100	sycamore	0.0225
elm	0.0125	beech	0.0250
ash	0.0125	blackgum	0.0250
Mahogany	0.0125	yellow-poplar	0.0275
sweetgum	0.0125	Tupelo	0.0375
willow	0.0150	basswood	0.0500
white oak	0.0150	buckeye	0.0550
chestnut	0.0150	soft maple	0.0550
hard maple	0.0150	Cottonwood	0.0600
hackberry	0.0150	Magnolia	0.0625

(오차는 각 방향에서 최고치를 선택)

제9장 연삭

연삭(研削, sanding)은 목적에 따라 두 가지로 구분된다. 첫 번째 목적으로는 연삭 전 단계에서 이미 이루어진 절삭공정에 의해 얻어진 비교적 거친 절삭면을 연삭을 통해 평활하게 해주는 것이다. 또 다른 목적으로는 도장을 위한 피삭면의 조정으로 가능한 연삭에 의한 자국을 최소화하는 동시에 절삭면을 전체적으로 균일하게 하여 도장재료가 고르게 침투할 수 있도록 하는 것이다.

제1절 연마포지의 구성

연마포지(coated abrasives)는 연마재(abrading agent), 기재(基材, backing material) 및 접착제로 구성되어 있으며, 연마재의 분포 및 배열방향, 만곡 형태(flexure pattern) 및 제품의 형태 등에 따라서도 연마특성이 달라진다.

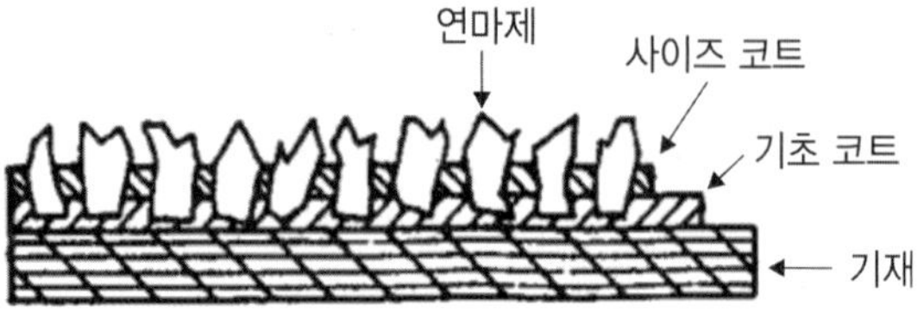

그림 9.1. 연마포지의 구성

1. 연마재

일반적으로 가장 많이 쓰이고 있는 연마재로는 금강사(emery), 철단(鐵丹, crocus), 규석(flint), 석류석(garnet), 산화알루미늄(aluminium oxide) 및 탄화규소(silicon carbide) 등 6가지의 광물질을 들 수 있다. 규석, 종류석 및 금강사는 천연 광물질인 반면 산화알루미늄과 탄화규소는 인공적으로 제조된 것이며, 철단은 천연적인 것과 인공적인 것의 두 가지가 있다. 금강사는 강옥(corundum(Al_2O_3))과 자철석(magnetite(Fe_3O_4))으로 이루어진 천연 광물질로 금속공업에서 광택용 연마재로 주로 사용되고 있으며, 목재가공에서는 사용되지 않고 있다. 규석은 수작업용 연마포지에 가장 많이 사용되고 있는 연마재로 가격이 저렴하지만 경도가 낮고 수명이 짧아 공업용으로는 사용되지 않고 있다.

	재 료	두께(mm)	분사압력(kg/cm^2)	노즐직경(mm)	절삭속도(m/min)
Plastics	Polyethylene	0.1 0.6	2500	0.100	300.0 75.0
	A.B.S.	1.5 1.8 2.5 3.0 5.0	3200 3000 3000 3000 3200	0.125 0.125 0.125 0.200 0.150	2.0 1.5 1.0 1.2 0.6
	P.V.C.	0.6	3000	0.125	3.0
Rubber	Black rubber	3.0 3.5 6.0 8.0 10.0 12.0 14.0	3200	0.125 0.125 0.150 0.150 0.150 0.180 0.180	60.0 50.0 10.0 10.0 10.0 10.0 10.0
	Reinforced rubber	10.0	3200	0.200	4.5
	Silicone rubber	25.0	3200	0.125	3.0

표 14.5. 증압기 행정전환에 따른 분사압력의 진폭과 주기(Komatsu(1981))

분사압력(kg/cm^2)	분사압력의 진폭(kg/cm^2)	주기(sec)
3000	87	4.4
4000	146	3.7
5000	245	3.2

2) 노즐직경

노즐의 직경은 절삭폭과 절삭 가능 깊이에 커다란 영향을 미친다. 노즐의 직경이 확대되면 절삭폭도 확대되게 된다. Bryan(1963)의 연구에 의하면 일정 압력에서 절삭 가능 깊이도 노즐 직경의 제곱에 거의 직선적으로 비례하는 것으로 밝혀졌다. 그리고 Komatsu(1981)의 연구결과에서도 노즐 직경의 증가에 따른 최대 절단가능깊이의 증가를 확인할 수 있었다. 즉, 압력을 일정 수준으로 유지하면서 노즐의 직경을 확대한다면 보다 많은 에너지가 피삭재로 전해지게 되므로 절삭깊이도 증가하게 되며, 최대 절삭가능깊이와 비유량 사이에는 직선적 비례관계가 있다.

노즐에서 분사되는 이론적 유체유량(Q)과 비유량(比流量)(Q_s)은 식[4.9]와 식[4.10]으로 각각 구할 수 있다.

$$Q = 0.658 \frac{d_o}{\eta^2} \sqrt{P} \qquad [4.9]$$

Q : 단위시간당 유량(l/min)
d_o : 노즐 직경(mm)
η : 노즐 계수(=1.1)
P : 분사 압력(kg/cm^2)

$$Q_s = 10.97\frac{d_o}{\eta^2}\frac{\sqrt{P}}{F} \quad [4.10]$$

Q_s: 비유량(ml/mm)
F : 송재속도(mm/sec)

한편, 제트 충격력 F_i와 분사압력 P사이에도 높은 직선적 비례관계가 성립하므로 결국 제트 충격력과 최대 절삭가능깊이 사이에도 거의 직선적 비례관계가 있게 된다. Komatsu(1981)의 연구결과를 예로 들어보면 동일한 분사압력 5000kg/cm^{2}에서 노즐의 직경이 0.194mm일 때 제트충격력은 9700kg/cm^{2}가 되나 노즐의 직경을 0.292mm로 증대시킨 결과 제트충격력은 10300kg/cm^{2}로 높아지게 된다. 또한, 노즐 설계에서 throat부분을 없애거나 가능한 작게 하는 것이 throat부분에 의해 발생되는 마찰을 방지 또는 억제함으로써 에너지 효율을 향상시키는 방법이 될 수 있다.

3) 제트 첨가물

(1) 수용성 고분자

Szymani(1972)는 골판지의 제트 절삭에서 여과된 수돗물에 수용성 고분자인 PEO(polyethylene oxide(Polyox wsr-301))를 중량비 0.3% 섞은 수용액을 사용, 절삭후 피삭재에 수분이 잔류하는 양(liquid retention)을 1/2로 감소시키는 동시에 절삭효율을 증가시켜 송재속도를 최고 200% 높일 수 있었다고 보고하였다. 여기서 절삭효율이란 피삭재를 완전 절단할 수 있는 최고 송재속도를 의미한다.

Komatsu(1981)도 절삭효율 개선을 위하여 PEO 수용액을 이용하여 최대 절삭가능 깊이를 순수한 물만을 사용한 경우에 비해 약 33% 정도 향상시킨 바 있다. 수용액 제조는 매우 간단하여 여과된 수돗물에 PEO를 원하는 중량비로 첨가한 후 100rpm의 회전속도로 약 1시간 정도 교반해 주면 된다. 그에 따르면 수용성 고분자를 첨가하면 분사시 제트의 집속성이 향상되어 난류에 의한 충격저항을 낮추고 초기 파괴압력을 증대시키는 효과를 얻게 된다. Gadd(1966)에 의하면 PEO와 같은 거대분자는 난류조건에서 drag현상을 감소시키는데 매우 효과적이며, Szymani(1972)의 연구결과에서도 동일 노즐직경에서 수용성고분자를 첨가한 고분자 제트의 경우 물만을 이용한 water-jet에 비해 분산 현상이 현저히 줄어들고 있다. 그러므로 보다 높은 효과를 위하여 고분자 첨가율을 증가시킬 필요도 있으나 현재까지는 중량비 0.3% 보다 높은 경우에 대한 연구결과는 보고된 바 없다.

(2) 연마재

Schwacha(1961)가 water-jet에 의한 금속절단의 효율을 높이기 위하여 연마재를 물과 함께 분사한 것이 최초의 시도로 낮은 압력에서도 절삭효율을 상당히 향상시킬 수 있어 최근 이에 대한 관심이 높아지고 있다. 참고로 표 14.6은 국내 K사에서 제시하는 연마재를 혼합한 경우의 적정 절삭조건으로 표 14.4와 비교하면 유리섬유의 경우 연마재를 혼합함으로써 약 20%정도 낮은 분사압력으로도 절삭속도를 약 3배정도 향상시킬 수 있음을 알 수 있다.

표 14.6. 연마재 혼합시 각종 재료의 water-jet 적정 절삭조건

재 료		두께(mm)	분사압력(kg/cm²)	노즐직경(mm)	절삭속도(m/min)
Metals	aluminum	1.0	2500	0.25/0.80	1.500
		3.0			1.200
		6.0			0.600
		25.0			0.070
		50.0			0.030
		75.0			0.020
		100.0			0.015
		150.0			0.010
	Carbon steel	1.0	2500	0.25/0.80	1.000
		3.0			0.600
		20.0			0.080
		40.0			0.030
	Stainless steel	0.3	2500	0.25/0.80	2.000
		0.5			1.500
		1.6			0.700
		4.0			0.400
		14.0			0.200
		19.0			0.050
		25.0			0.040
	Titanium	3.0	2500	0.25/0.80	0.600
		25.0			0.040
Plastics and Composites	Graphite	3.0	2500	0.25/0.80	1.700
		4.0			1.400
		10.0			1.000
		12.0			0.800
		14.0			0.600
		28.0			0.300
		50.0			0.200
	Fiberglass	7.0	2500	0.25/0.80	1.700
		8.0			1.400
		10.0			1.000
		16.0			0.800
		55.0			0.400
	Kevlar	3.0	2500	0.25/0.80	1.000
		6.0			0.500
		8.0			0.400
		14.0			0.200
		16.0			0.120
Glass	Glass	1.6	2500	0.25/0.80	7.000
		3.5			4.000
		5.0			3.000
		6.0			2.500
		10.0			1.000
		18.0			0.600

3. 송재 관련인자

1) 노즐과 피삭재의 간격

알루미늄을 대상으로 제트 절삭을 실시한 결과 노즐과 피삭재 사이의 간격을 증가시킬수록 절삭능력이 향상되는 현상이 밝혀진 바 있으나 Bryan(1963)의 실험 결과 목재를 대상으로 한 경우에는 노즐과 피삭재의 간격이 증가할수록 오히려 절삭 가능 깊이가 감소되는 경향을 알 수 있었다. 물론 이와 같은 현상은 금속절삭과 목재절삭에 있어 노즐의 설계를 달리 해야 한다는 측면에서 이해될 수도 있으나 본 연구의 결과만을 고려할 때 목재의 제트절삭에서 적정 간격은 비교적 작을 것으로 판단된다.

2) 송재속도

Komatsu(1981)의 연구 결과에 따르면 송재속도가 증가되면 단위시간당 제트로부터 피삭재에 전달되는 에너지의 양이 감소하게 되어 절삭 가능 깊이도 줄어들게 된다. 그러나 절삭에너지 효율의 관점에서 보면 단위시간당 생성되는 절삭면의 면적은 송재속도가 증가할수록 커지게 된다. Bryan(1963)의 실험 결과에서도 송재속도 증가에 따라 단위시간당 절삭면 생성량도 증가하여 결과적으로 절삭효율이 향상되는 현상이 밝혀진 바 있다. 하지만 이와 같은 절삭효율 향상 효과는 송재속도 2.5m/min이상에서는 급격히 줄어들었으며, 노즐의 직경이 10mm이상인 경우에도 절삭효율 향상 효과는 반감되는 것으로 나타났다. 따라서 높은 압력과 큰 노즐직경으로 절삭 가능 깊이를 증가시키려면 여러 개의 노즐을 동시에 사용하는 방법을 시도하는 것도 효과적일 것으로 판단된다.

3) 제트 입사각과 절삭방향

일반적으로 제트의 입사각은 피삭재 표면에 직각을 이룰 때 가장 효과적인 것으로 알려져 있으며, Bryan(1963)의 실험 결과도 역시 그와 같은 사실을 뒷받침하고 있다. 따라서 제트는 피삭재 표면에 직각으로 분사하는 것이 가장 효과적인 것으로 믿어지고 있다.

또한 제트의 절삭 가능 깊이는 섬유방향에 대한 제트 분사의 상대적 방향에 의해 달라질 수도 있다. 예를 들어 제트에 의한 섬유 분리의 방향이 해당 피삭재가 최고의 강도를 나타내는 방향과 일치한다면 절삭 가능 깊이는 최소가 될 것이다. Komatsu(1981)의 연구에 따르면 종절(R-L)과 횡절(R-T)은 목재섬유를 직각으로 절단하게 되므로 절삭저항이 크지만 제트 분사방향이 섬유방향과 일치하게 되면 절삭저항을 최소화할 수 있다.

제4절 절삭면 품질

1. 잔류 용액

고에너지 제트는 가공중 지속적으로 용액을 분사하므로 피삭재와 용액과의 접촉은 불가피하다. 그리고 절삭중 에너지를 상실한 용액은 목재에 부착되어 남게 된다. 한편, 목재의 성질은 함유하고 있는 수분의 양에 따라 그 특성이 크게 변할 수 있기 때문에 잔류 용액의 양과 그에 따른 현상의 파악은 매우 중요하다고 할 수 있다.

그러나 절삭후 피삭재에 잔류하는 용액의 양을 정확히 측정하는 것은 쉽지 않은 일로 Szymani(1972)와 Komatsu(1982)가 이용한 방법을 소개하면 다음과 같다. 우선 일정조건(예: 온도 20℃, 상대습도 50%)에서 충분히 조습된 직육면체 피삭재를 대상으로 제트와 직접 접촉하는 면을 제외한 나머지 5면은 모두 방수도료로 도포하여 기계나 기타 주위에서 튀어 오는 용액에 피삭재가 재차 젖지 않도록 조치한 후 절삭한다. 절삭후 다시 절삭전 처리했던 동일한 조건(예: 온도 20℃, 상대습도 50%)에서 무게의 변화가 없을 때까지 건조 또는 조습하여 다음의 식으로 잔류 용액의 양을 계산하면 된다.

$$W_r = \frac{W_1 - W_2}{l} \qquad [4.11]$$

W_r : 단위길이당 잔류 용액의 무게(g/cm)
W_1 : 절삭후 조습처리전 피삭재 무게(g)
W_2 : 절삭후 조습처리후 피삭재 무게(g)
l : 절삭길이(cm)

잔류 용액의 양에 영향하는 인자로는 송재속도, 분사압력, 제트의 집속성, 피삭재의 비중과 두께 및 절삭방향, 피삭재 표면의 친수성 정도, 그리고 장치 부근의 기류 상태 등을 들 수 있으며 이들 인자들의 상호 작용으로 분석이 매우 복잡하다. Szymani(1972)의 골판지에 대한 연구결과에 따르면 잔류 용액이 증가될수록 절삭효율이 저하되어 송재속도가 지연되고 보다 많은 용액이 피삭재에 남게 되는 악순환이 이어진다. 송재속도가 늦어지면 용액이 절삭선으로부터 표면으로 분산되는 거리가 증가되므로 송재속도와 잔류 용액의 양과는 반비례의 관계가 있으며, 분사 압력이 증가할수록 역시 잔류 용액의 양은 감소된다. 한편, 노즐직경이 증대되면 잔류 용액의 양은 증가되며, 용액에 고분자를 첨가하면 용액이 절삭면에 부착되는 면적을 원천적으로 감소시켜 잔류 용액의 양을 1/2까지 줄일 수 있다. 그리고 Komatsu(1982)의 연구를 분석해보면 종절보다는 횡절의 경우에서 잔류 용액의 양이 증가된 것으로 나타났다.

2. 절삭면 형상과 거칠기

노즐에서 분사되는 제트의 단면에 분포하는 출력밀도(power density)는 단면 중심에서 최고가 되고 반경방향으로 나아갈수록 낮아진다. 또한 제트의 초기 절삭에너지는 절삭중 피삭재를 파괴하면서 점차 감쇠되므로 일정한 절삭면 형상과 양호한 거칠기를 얻기는 매우 어려운 것이 사실이다. 또한 출력밀도의 하락은 에너지 감쇠 현상을 더욱 현저히 발생토록 하므로 가공 정밀도의 향상을 위해서도 절삭중 제트의 에너지 상태를 일정하게 유지하는 것이 중요하다.

Komatsu(1983)가 너도밤나무와 일본 자작나무 판목을 대상으로 제트 절삭에 의해 얻어진 절삭면의 형상과 거칠기를 연구한 결과를 보면 제트에 의해 생성된 절삭면의 형상은 좌우 대칭의

포물선형이었다. 그리고 노즐과의 거리와 분사압력이 커질수록 표면쪽 절단폭과 원형도가 커짐을 발견하였다. 여기서 분사 압력이 커질수록 절단면 폭이 증가되는 현상은 분사 압력 증가로 인하여 유량도 함께 증가되어 임계 출력밀도의 분포가 확대되기 때문인 것으로 판단된다.

그러나 PEO의 첨가로 제트의 집속성을 향상시켜 피삭재 밑면에 발생되는 절단면 폭을 상당 수준까지 감소시킬 수 있었다. 예를 들어 물만을 이용한 경우 피삭재 밑면의 절단면 폭은 노즐직경의 2.0~2.4배로 나타났으나 PEO를 중량비 0.2% 첨가함으로써 그 폭을 노즐직경의 1.2~1.5배 수준으로 감소시킬 수 있었다.

한편 절단면의 두께 방향 직선성은 분사 압력이 증대될수록 향상되었으며, 최대가공오차도 압력의 증대에 따라 감소시킬 수 있었다.

절단면의 거칠기는 그림 14.7에서처럼 절삭깊이가 커질수록 즉, 제트가 피삭재 내부로 진입하면 할수록 제트가 불안정한 출력밀도로 악화된다. 그리고 송재속도가 빨라질수록 거칠기가 커지는 현상도 같은 원인으로 설명할 수 있을 것으로 판단된다. 또한 목재의 섬유방향과 절삭방향 사이의 각도(ϕ)를 달리 적용해본 결과 종절(ϕ=0)에 비해 ϕ가 22도 이상에서 급격히 거칠기가 악화되었다. 또한 ϕ=45도~90도 범위에서 제트의 파괴성능이 급격히 저하되는 현상을 발견할 수 있었다. 한편 횡절(ϕ=90도)에서는 목구면 조직구조의 영향으로 주기가 짧고 진폭이 큰 파형의 거칠기 곡선이 확인되었으며, PEO 첨가에 의한 거칠기 향상의 효과도 확인되었다.

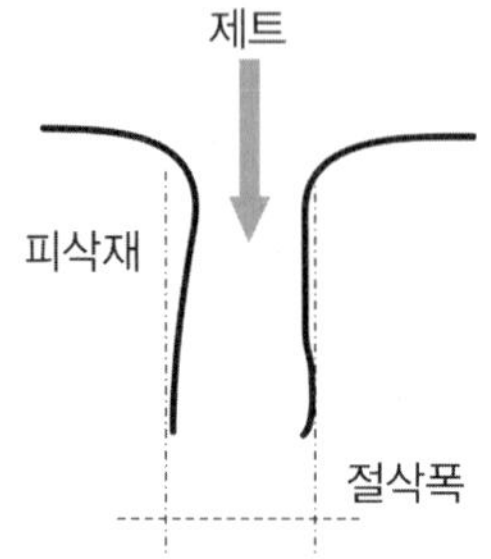

그림 14.7. 절단면의 단면 형상(Komatsu(1982))

제15장 레이저 절삭

제1절 레이저의 원리와 종류

1. 레이지의 원리

레이저(Laser)란 "Light Amplification by Stimulated Emission of Radiation"의 약어로 "유도방출에 의한 빛의 증폭"이라 해석할 수 있다. 일정 기체나 고체 또는 기타 물질에 높은 에너지(예: 1만 볼트 이상의 고압 전기방전)를 순간적으로 투입하면 물질을 구성하고 있는 원자핵 주위의 전자가 에너지를 흡수, 보다 높은 에너지 상태로 여기(勵起)되었다가 다시 원위치로 곧 바로 복귀하면서 빛을 방출하게 된다. 이와 같은 과정을 동시에 대량으로 이루어지도록 하여 방출된 빛에너지를 특수한 렌즈를 통해 집속(集束)시킬 수 있도록 고안된 것이 레이저이다. 레이저 광은 일반적인 전자파 광선의 일종으로 물체를 순간적으로 가열, 용융, 증발시키거나 높은 압력으로 물체를 공중에 띄울 수도 있으며, 이때 발생하는 빛의 파장은 어떤 물리적인 것보다도 안정화되어 있다.

레이저의 동작에는 세 가지 기본 요건이 있다. 우선 전자파 스펙트럼의 광학적인 구역에서 전자파를 방출시키는 활성화된 매질이 있어야 하며, 이것은 보통 원자 혹은 분자들의 집합체로 이루어져 있다. 다음으로는 이들 활성화된 매질 내에서 분포 반전현상이 있어야 하며, 이것은 광학적인 펌핑(pumping) 등 여기과정에 의해 수행된다. 마지막으로 레이저 기구 내에 어떤 형태의 광학적인 되먹임(feedback)기구가 있어야 하며, 이것은 레이저 공진기의 반사거울들에 의해 이루어진다.

1) 광자의 자연방출과 유도방출

원자내의 전자들은 에너지 순위의 허용된 범위 안에서 에너지 준위 사이의 전이가 가능하다. 그러므로 전자가 E1과 E2의 2개의 허용된 에너지 준위 사이에서 전위할 수 있고, 원자들을 포함하고 있는 전체 계가 열적으로 평형상태에 있다고 가정한다면 E2 → E1으로 전이하는 전자를 가진 원자 수와 E1 → E2로 전이하는 전자들을 가진 원자 수는 같다. 만일 보다 높은 에너지 준위인 E2에 있는 전자가 결정격자나 다른 입자와의 충돌에 의하여 에너지를 손실하게 되면 낮은 에너지 준위인 E1으로 전이하면서 열 또는 광자를 방출하게 된다. 물론 에너지 준위의 전이에 관련된 모든 과정은 광자와 관련된 것에 의한 것만은 아니나 이해를 돕기 위하여 광자와 관련된 과정에 관해서만 고려하도록 한다.

그림 15.1의 (a)와 같이 전자가 E1 → E2로 전이하기 위하여서는 그 에너지 차이에 해당하는 광자를 흡수해야 하며, 이런 경우를 유도흡수라 한다. 그림 15.1의 (b)와 같이 E2 → E1으로 전이하는 경우에는 그 에너지 차이에 해당하는 광자를 방출시켜야 하며, 이런 경우를 광자의 자연방출이라고 한다. 그러나 E2준위에 전자가 있을 때에 (b)와 같은 자연방출이 일어나지 못하고 있는 경우에는 외부로부터 가하여진 광자가 계를 자극하여 광자의 방출을 유도시켜 (c)와 같이 유도방출을 야기한다. 이 경우에 한 개의 광자가 계에 들어가 2개의 광자를 방출시키며, 이러한 유도방출 과정이 레이저 동작의 기본적인 기구이다. 이때 자연방출 과정에서는 원자들로부터의 광자 방출이 시간적으로 무질서하게 일어나는데 비하여 유도 방출되는 광자의 에너지와 위상은 유도시키는 광자와 같게 된다.

2) 에너지 준위 분포밀도의 반전과 펌핑

레이저 매질로부터 광자를 방출시켜 광선을 증폭하기 위해서는 에너지 준위 분포밀도의 반전이 필요하다. 실제 원자들은 전술한 E1과 E2의 두 가지 에너지 준위만 존재하는 것이 아니라 여러 가지 다른 에너지 준위가 존재하므로 이들 준위들 사이의 유도흡수와 유도방출에 대한 전이도 가능하다. 따라서 동시에 여러 주파수의 레이저 빔이 방출될 수 있다. 그러므로 대부분의 원자들은 전이가 일어나는 두개의 에너지 준위 중에서 높은 준위에 있어야 하는 것이 레이저 작용의 필수조건이다. 이러한 조건을 만족하기 위해서는 원자의 에너지 분포밀도의 반전(population inversion)이 있어야 한다. 즉, 낮은 에너지 준위에 있는 원자 수에 비하여 높은 에너지 준위에 있는 원자들의 수가 많도록 하는 것이 레이저에서 두 번째로 필요한 요구조건이 되며, 이러한 분포 반전을 주는 작용을 펌핑이라고 한다.

분포반전을 위하여 펌핑시키는 자세한 기구는 매우 복잡 다양하며, 광학적 펌핑, 전기적 방전, 화학적 반응, 압력-온도의 순환방법 등이 있다. 그리고 레이저의 효율성은 입력되는 펌핑에너지에 대한 레이저광선 출력의 비로서 결정된다. 일예로 CO_2레이저는 레이저 효율성이 커서 5~35%에 이르는 반면, Ar레이저의 효율은 0.001~0.1%에 지나지 않는다.

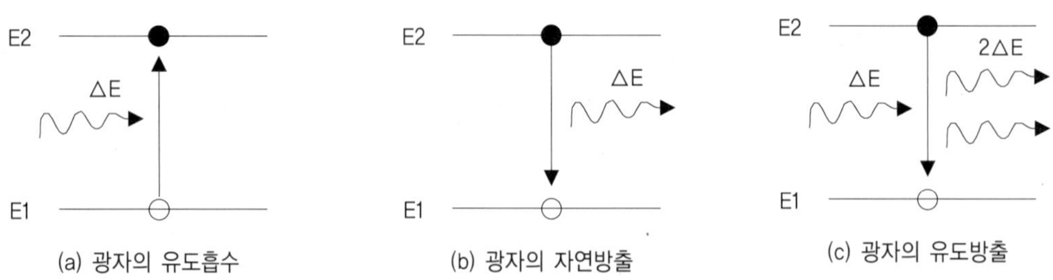

그림 15.1. 두 에너지 준위 사이의 광자 흡수와 방출

3) 되먹임 기구와 레이저 공진기

유도방출 방법에 의하여 레이저 빔을 얻기 위해서는 레이저 매질에 분포밀도 반전현상을 주는 것과 동시에 적당한 되먹임 기구가 있어야 한다. 일반적으로 광학적 되먹임 기구는 그림 15.2와 같이 광학적인 공진기 공동(cavity)을 형성하는 레이저의 양단에 위치시킨 한 쌍의 반사거울로 이루어져 있다. 이 경우 광선이 매질을 통하여 여러 번 반복하여 왕복주행함으로써 매질의 유효길이를 실제 길이의 수배 이상으로 증가시키게 하는 역할을 하게 되는 것이다. 따라서 분포반전이 이루어진 매질을 통하여 광선이 한번 통과할 경우에는 광선의 증폭이 매우 작으나, 양단의 반사거울에서 반사되어 여러 번 반복하여 통과된 경우에는 전체적인 광선의 증폭이 매우 크게 된다. 그리고 한쪽 거울을 통하여서는 증폭된 광선의 일부를 매질로부터 외부로 나오도록 하여 공진기 공동 내에서 광선의 발진(oscillation)이 일정한 에너지 분포를 주도록 한다. 이러한 경우에 거울을 통하여 나온 광선은 매질 내에서 증폭되는 전자파와 같은 모드(mode)로서, 이것이 레이저에서 방출되는 출력이 된다.

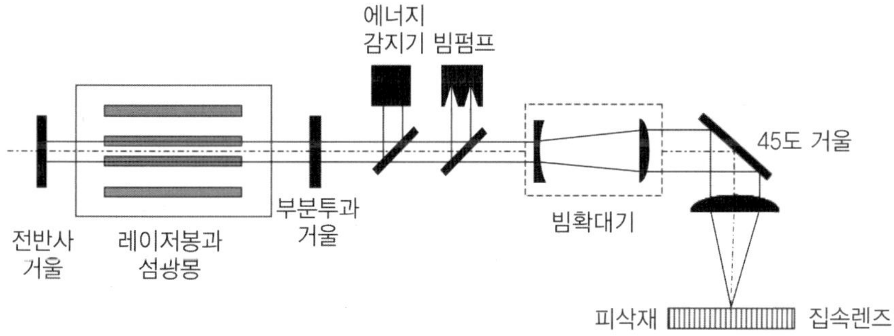

그림 15.2. 레이저 빔 조절기구의 구성

4) 레이저 빔의 횡단방향 모드

일반적인 레이저 공진기 공동에서는 레이저 공진기의 축방향 길이가 그 횡단면의 길이보다 훨씬 크므로 전기장의 구조를 종축방향모드와 횡단방향모드로 나누어 구별할 수 있으며, 이들은 서로 독립적이다. 횡단방향모드에서 기본적인 모드를 TEM_{mn}모드라 하며, 여기서 TEM은 Transverse Electro Magnetic의 약자로 특히, TEM_{00}모드는 그 전기장의 강도분포가 Gaussian분포로서 레이저축의 중심위치에서 최대이고, 외부 측으로 갈수록 에너지 분포가 감소된다(그림 15.3 참조).

레이저의 모드구조는 레이저 빔을 이용함에 있어 중요한 인자로서 TEM모드의 모드수가 클수록 레이저의 발산도 커지므로 레이저 출력을 렌즈로 집속시키는데 바람직하지 못하다. 따라서 레이저에서 높은 차수의 횡단면 모드는 공진기 공동 내에 작은 원형의 구경(aperture) 또는 조절할 수 있는 조리개(diaphragm)를 삽입함으로써 억제시킬 수 있다. 즉 레이저의 광학축 밖의 모드에 대하여 손실을 증가시킴으로써 레이저 빔을 TEM_{00}모드만으로 만들 수 있다.

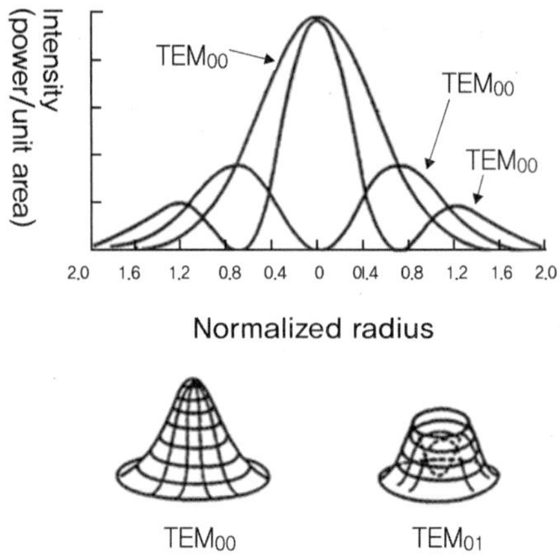

그림 15.3. 레이저 빔의 횡단면 모드와 에너지 분포도(사각형 TEM_{mn} 모드)

2. 레이저의 종류

20세기 최고의 발명중 하나로 까지 여겨지고 있는 레이저는 1960년 미국 Huges Aircraft사의 과학자 Mainman이 빛의 성질을 이용하여 루비 레이저(효율 1%)를 발명한 것을 효시로 최근까지 여러 형태의 레이저가 속속 개발되고 있다.

지금까지 개발된 레이저는 레이저 매질에 따라 액체, 고체, 반도체 및 기체레이저로 그 종류를 나눌 수 있다(표 15.1 참조). 이중 기체레이저는 레이저 매질의 형상이 자유로워 대체적화, 고압력화, 동작조건의 최적화 등을 기할 수 있으며, 고출력이 가능하고(1~10kW), 넓은 영역의 스펙트럼과 균일한 저밀도의 레이저 매질로 우수한 레이저 빔의 단색성과 지향성(指向性)을 기대할 수 있어 목재가공분야에 가장 적합한 것으로 여겨진다.

기체레이저는 빛의 파장에 따라 적외선영역(infrared: λ〉0.78μm), 가시광선영역(visible: 0.38μm〈λ〈0.78μm) 및 자외선영역(ultraviolet: λ〈0.38μm)으로 구분된다. 자외선영역에는 엑시머레이저(0.216~0.45μm)가 포함되며, 가시광선영역에는 He/Ne 레이저(0.633μm)와 Ar이온 레이저(0.514μm)가 대표적으로 규모가 작고 제작비도 저렴하지만 출력은 1~10W로 고출력은 근본적으로 불가능하며 특히, Ar 레이저의 효율은 0.001~0.1%에 지나지 않는다.

한편, 적외선영역의 CO_2 레이저(10.6~9.6μm)와 CO 레이저(4.7~8.2μm)는 연속동작의 고출력과 고효율이 가능하여 목재의 절삭에 적합하리라 생각된다. CO_2 레이저는 1964년 최초로 개발되어 지금까지 가장 많이 연구가 집중된 결과 이미 실용화되고 있으며, 가공용 레이저의 효율은 최고 35%(5~35%)에 달하고 있다. CO 레이저는 이론적 양자효율이 거의 100%(전기방전에 의한 여기효율 약 90%)이고 CO_2보다 파장이 짧아 빛의 흡수가 양호하고 높은 파워밀도를 나타내며 파워전송로로 광섬유를 이용할 수 있어 유연성, 범용성, 고속성 등의 개선이 가능하고 가격 면에서도 유리하여 최근 많은 관심이 집중되고 있다.

표 15.1. 레이저의 종류와 특징

분류	명칭	능동매질	펌핑 방법	출력	효율	파장	특징
고체 레이저	루비레이저	단결정 루비봉	광학적 펌핑 (나선형 Xe전구)	수백mW	0.1%	694.3nm	최초의 레이저
	Nd:YAG레이저	Nd:YAG 단결정	광학적 펌핑 (텅스텐, 수은등)	0.05-1.5kW		1064nm	공업적 이용
기체 레이저	He-Ne레이저	He-Ne 혼합가스	고전압 Glow방전	0.5mW이상		632.8nm	가시광선 영역 일반 용도
	Ar^+레이저	Ar^+ 이온기체	고전압 아크방전			청색488nm 녹색514.5nm	불활성기체이온
	Kr^+레이저	Kr^+ 이온기체	고전압 아크방전			적색647.1nm	불활성기체이온
	CO_2레이저	CO_2 가스	고전압 가스방전	0.1-25kW	15%이상	10006nm	공업적 이용
반도체 레이저	반도체레이저	반도체	순방향 바이어스 전압		저온에서 30%이상		광통신, LED, 광전자기구
기타	염료레이저	물 또는 알코올에 희석된 유기염료 (Rhodamine 6G)	광학적 펌핑 (섬광등, Ar레이저, Ne레이저)				분광학과 같이 파장변조가 요구되는 용도
	Eximer레이저	할로겐 원자와 결합된 불활성 원자의 eximer (ArF,KrF,XeF)	강렬한 전자빔 또는 빠른 방전 기구	0.1-0.5kW		160-350nm	광화학가공 정밀가공 의료용
	화학레이저	기체(수소, 불소)	화학반응에 의한 펌핑				우주공간에서도 레이저빔 발생

(Nd: Neodymium, YAG: Yttrium Aluminium Garnet($Y_3Al_5O_{12}$))

제2절 레이저를 이용한 목재절삭

지금까지 레이저 절삭은 대개 금속을 대상으로 이루어져 왔다. 그러나 목재는 금속에 비해 에너지 손실을 야기하는 광자(photon)반사율이 작고, 열전도도도 낮아(강철의 1/400) 레이저 절삭이 금속에 비해 효율적일 수 있다. 즉, 금속은 투입되는 레이저에너지의 약 80%이상을 반사와 열전도를 통하여 소실하나 목재는 거의 100%를 흡수한다. 그 외에도 레이저를 이용한 목재절삭의 장점을 정리하면 다음과 같으며, 이처럼 다양한 장점들은 레이지를 목재절삭에 적용할 수 있는 가능성을 한층 높여주고 있다.

① 톱밥이 발생하지 않는다.

② 절삭폭이 좁아 특히, 고가의 재료가공에서 비용감소가 가능하다.

③ 공구의 접근이 불가능한 곳이나 캡슐화된 투명한 내부의 재료가공도 가능하며, 복잡한 형상도 쉽게 절삭해낼 수 있다.

④ 레이저로 절삭된 면에는 톱절삭면처럼 톱자국이 남지 않는다.
⑤ 절삭시 어떠한 외력도 피삭재에 작용하지 않아 피삭재의 재질특성에 영향하지 않는다.
⑥ 비접촉식 가공이므로 공구의 교체가 불필요하고 마모도 없으며, 가공방향에 제한을 받지 않는다.
⑦ 톱절삭에 비해 소음이 작다.
⑧ 품질과 목질제거속도를 정확히 제어할 수 있다.
⑨ 천공시 구멍직경대 길이의 비를 크게 할 수 있다(최대 1:20).
⑩ 피삭재의 성질에 민감하지 않다.
⑪ 레이저 가공기는 기존 생산라인에 부착이 쉽다.
⑫ 완벽한 자동화와 로봇 적용이 가능하여 작업비용과 인간에 의한 오차를 줄일 수 있다.
⑬ 다품종소량생산에 적합하며, 인공 지능적 제조시스템에 완벽히 결합될 수 있다.
⑭ 끊임없이 새로운 기술이 창출되고 있어 활용범위가 계속 확장되고 있으며 고부가가치를 얻을 수 있는 첨단기술이다.

그러나 레이저 절삭에 의한 탄화로 절삭면에 남는 탄소 입자들로 인하여 접착성이 떨어지고 미관상 좋지 못하며 절삭면의 평활도도 불량한 문제점들은 현재 기술로는 아직 해결되지 못하여 레이저 목재절삭의 이용범위가 제한되고 있는 실정이다. 만일 이와 같은 문제점들을 해결할 수 있는 새로운 기술이 개발된다면 목재절삭 분야에도 커다란 변혁이 도래할 것으로 기대되며, 궁극적으로 기존의 금속공구를 완벽히 대체하게 될 수도 있으므로 특히, 미국의 목재절삭 관련 연구기관에서는 레이저 목재절삭 분야의 선점을 위하여 집중적인 연구를 수행하고 있다. 본 절에서는 지금까지 수행되었던 레이저 목재절삭에 대한 연구내용들을 정리하여 레이저 목재절삭의 기구와 그 절삭특성을 파악하고자 한다.

1. 레이저 목재절삭의 메커니즘

레이저와 고체 사이의 반응은 그림 15.4와 같은 경로를 따른다. 탄화(charring)를 줄이는 동시에 평활한 절삭면을 얻기 위해서는 용융(ablation)/기화(evaporation) 과정으로 진행되도록 해야 하며, 산화(oxidation)/연소(combustion) 과정은 바람직하지 못하다.

목재의 증류(distillation)는 573K에서부터 시작되는 발열반응으로 증류과정중 가연 및 비가연성 가스와 증기가 발생되며, 가연성의 탄화물(charcoal)이 남게 된다. 이 탄화물 역시 더욱 가열되면 기화(증발)되며 증류에 의해 발생된 물질들은 높은 온도에서 산소와 반응하여 연소된다. 따라서 레이저 빔은 열원의 역할을 하여 증류화 온도보다 높게 가열하여 탄화물까지도 증발시키게 된다. 그러므로 우선 목재의 열적 성질에 대하여 알아야만 레이저에 의한 목재절삭 기구를 이해할 수 있을 것이다.

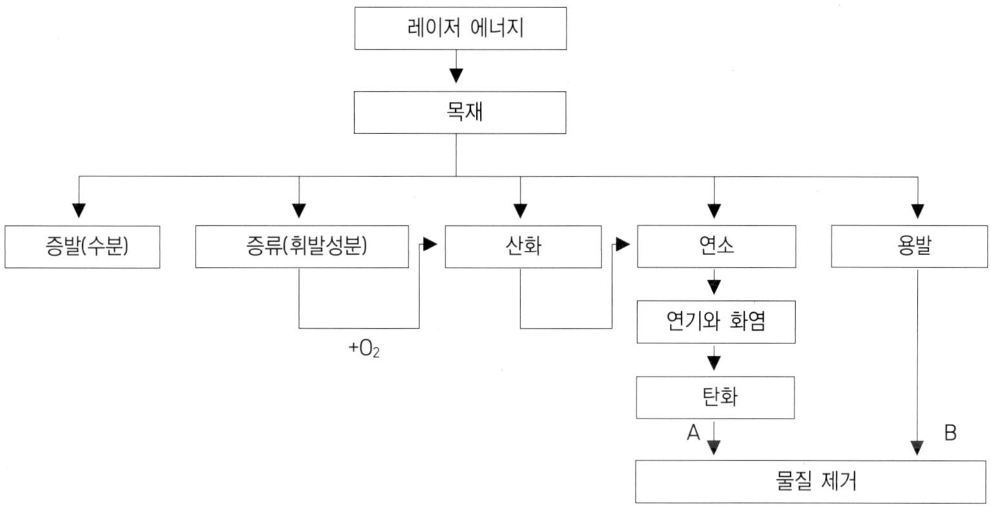

그림 15.4. 레이저 목재절삭 과정의 모식도

2. 레이저 목재절삭의 영향인자

레이저 빔과 목재간의 상호작용은 레이저 빔 자체의 특성, 가공설비와 공정상의 조건 및 피삭재인 목재의 성질에 의해 매우 복잡해진다. 표 15.2에 각 영향인자들이 종합되어 있다.

표 15.2. 목재 레이저 절삭특성의 영향 인자

구 분	영 향 인 자
레이저 빔의 특성 관련 인자	빔의 출력 Pulse 또는 Mode(TEM) Polarization
설비와 공정 관련 인자	빔 이송시스템 디자인 송재속도 초점의 위치 가스 보조시스템 가스의 종류와 압력
피삭재 관련 인자	함수율 추출물 광학적 특성 접착제의 종류와 양 복합체의 구조
평가 관련 인자	피삭재의 두께 절삭폭과 절삭깊이 절삭면의 탄화 정도와 색 절삭면의 형상

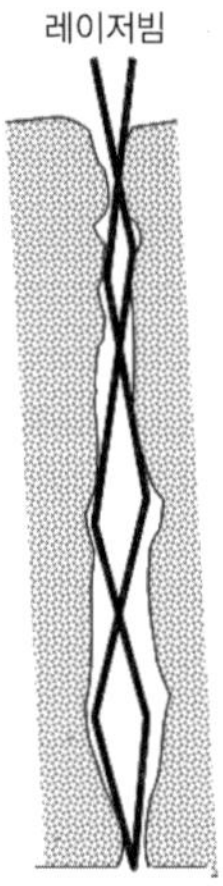

그림 15.5. 절삭 단면의 모양(실선은 반사된 레이저 광의 궤적)

1) 레이저 빔의 특성

(1) 출력

100W에서 수천kW급까지 레이저의 출력은 다양하나 가격이 출력에 비례하므로 선정에 주의를 요한다. 현재 미국에서는 가구류(목재)의 절삭용으로 200~800W급을 사용하고 있으며, 1~5kW급의 이용에 대한 연구도 필요하다. 일반적으로 단판과 같은 얇은 재료를 가공하거나 단지 표면만을 가공할 경우에는 150W급도 적용이 가능하나 두꺼운 재료에서는 500W급 이상이 필요하다.

Peters 등(1976)이 12.5mm 두께 Douglas-fir를 레이저 절삭하였을 때 얻은 식[4.12]에서 알 수 있듯이 출력이 클수록 송재속도도 향상되나 장치마다 출력의 한계가 있으므로 선택에 주의를 요하며, Khan 등(1991)은 basswood에 대한 경제속도로 762cm/sec를 주장한 바 있다. 그러나 black walnut이나 black cherry와 같은 귀중재에서는 더 낮은 송재속도도 경제적 타당성이 있다.

$$f = 4.17P^{1.35} \qquad [4.12]$$

f: 송재속도(m/min)
P: 레이저 출력(kW)

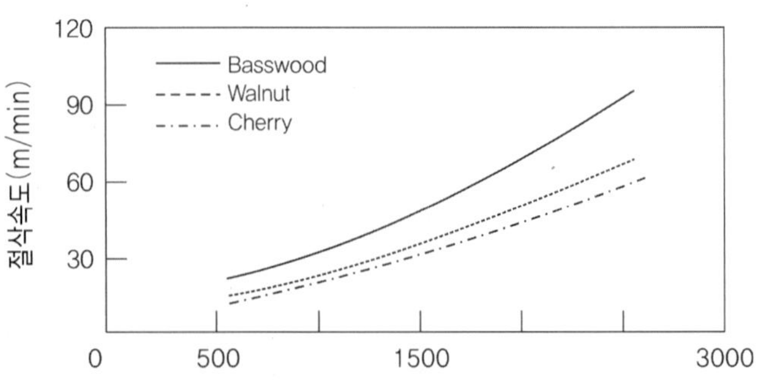

그림 15.6. 레이저 출력과 절삭속도의 관계

(2) 모드

TEM(Transverse Electromagnetic Mode) 구조가 3차원상의 빔에너지분포를 따른다. 일반적으로 빔의 중앙에서 가장 에너지가 높으며, single mode는 예리한 칼날에, 그리고 multi-mode는 마모되거나 둔한 칼날에 비유될 수 있다.

(3) 편광

금속가공에서는 매우 중요한 인자이나 목재에 대해서는 알려진 바가 없다. 한편 빔의 형태를 편광(polarization)을 이용 변경시킬 수 있으므로 절삭면의 평활도 향상이나 굴곡 있는 절삭에도 응용이 가능할 것이다.

(4) 안정성

원하는 시간동안 일정한 출력이 유지되어야 함은 필수적이다.

2) 설비와 공정관련 인자

가공설비와 공정에 관련된 인자로는 레이저 빔 전송을 위한 광학계의 설계, 초점의 위치, 송재속도, 보조 가스 제트 시스템의 설계, 사용 가스의 종류와 압력 및 렌즈의 종류 등을 들 수 있다.

(1) 광학계의 형상과 설계

광학계의 설계에 따라 초점이 맞추어진 레이저 광선의 기하학적 특성과 에너지 밀도가 결정된다. 초점거리가 커지면 초점깊이와 초점직경이 동시에 증가되며, 분산각도(θ)도 레이저 광과 초점거리에 따라 변화하므로 초점깊이와 초점직경에 영향한다.

한편, 피삭재의 단위면적당 출력밀도는 초점직경과 출력의 함수로서 대개 $10^6 \sim 10^8 W/cm^2$의 범위이다. 그리고 초점거리가 길면 균일한 출력밀도를 얻을 수 있으므로 두꺼운 재료의 절삭에 특히 유리하며 소재, 합판, 섬유판에는 75～150mm의 초점거리가 적당하나 5cm이상의 두께에 대한 정보는 아직 없다. 또한 초점길이가 커지면 field의 깊이가 커지고 초점직경도 증가하여 절삭폭의 평행도가 양호해진다.

한편 표면이 일정치 못한 피삭재에서는 일정한 거리를 유지하기 위하여 볼베어링을 이용한 floating cutting head를 사용한다.

(2) 초점위치

초점이 피삭재표면보다 위에 위치하게 되면 에너지밀도가 낮아지고 절삭폭은 증가되며, 피삭재의 윗면은 탄화된다. 또한 초점이 피삭재 표면에 위치하면 에너지밀도가 표면에서 최대가 된 후 두께방향으로 갈수록 감소하게 된다. 따라서 초점을 피삭재 표면보다 약간 낮은 곳에 위치하도록 하면 보다 균일한 에너지밀도를 나타내며, 작고 균일한 절삭폭, 탄화가 덜 되고 평활한 절삭면 및 보다 큰 절삭깊이 등도 기대할 수 있다. 또한 초점이 재료 내에 위치하면 초점평면에서 생성되는 고온의 플라스마(plasma)가 피삭재 내에 존재하게 되어 열전달이 양호해진다. 참고로 레이저와 목재간의 상호작용에 의해 발생하는 플라스마의 온도는 거의 5000K에 달한다.

Khan등(1991)의 보고에 따르면 직경 50.8×10^{-8}m, 초점길이 0.127의 Zn-Se렌즈를 사용했을 때 두께 22mm의 basswood에서는 목재 표면 밑 7~8mm정도에 초점을 두는 것이 바람직하다. 물론 초점길이가 길어지면 그 거리도 커질 것이다.

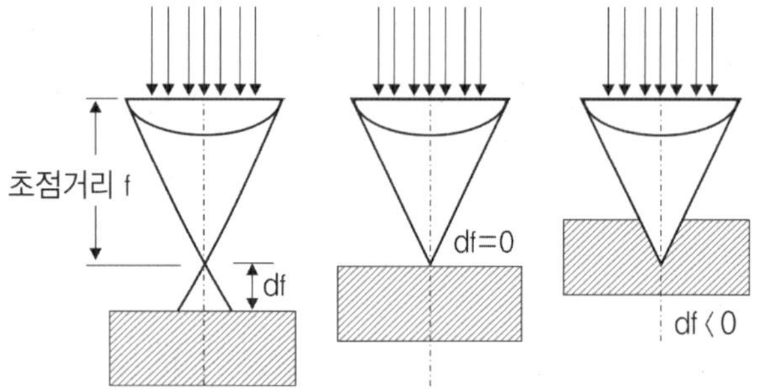

그림 15.7. 초점의 위치

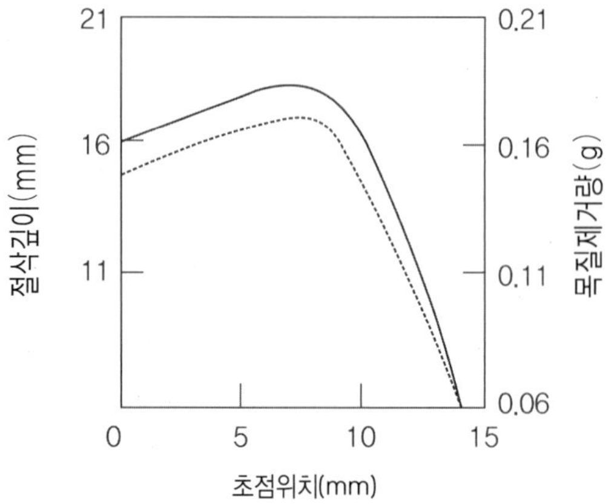

그림 15.8. basswood의 절삭깊이와 초점위치의 관계

(3) 송재속도

송재속도는 절입깊이에 직접적으로 영향하며, 레이저가공기의 생산성과 직결된다. 일예로 15m/min를 원한다면 그 출력은 2~5kW급이 요구된다. 일반적으로 레이저절삭에서 송재속도란 레이저 빔이 피삭재를 완벽히 관통하여 절단하고자 할 때 요구되는 속도를 말한다. 그러므로 최고효율을 얻으려면 피삭재 두께, 원하는 절삭폭, 비중을 고려한 적절한 송재속도와 출력을 적용해야 하며, 간단한 수식으로 표현하면 다음과 같다.

$$P = QWLV \quad [4.13]$$

P: 레이저의 출력
Q: 증발을 위해 필요한 에너지
W: 절삭폭
L: 피삭재(목재)의 두께
V: 송재속도

만일 송재속도가 과도하게 높으면 매우 빠르게 움직이는 반응전선(reaction front)내에 연소가스가 존재하여 충돌하고 레이저에너지가 손실되고, 절삭되고 있는 곳의 깊은 부분에 산소가 부족하게 되어 연소작용이 충분치 못하게 되므로 완벽한 절단이 어렵게 된다. 그러므로 가스를 효율적으로 제거한다면 송재속도를 증가시킬 수 있다. 표 15.3은 CO_2 레이저를 이용하여 여러 가지 재료들을 절삭할 때 요구되는 레이저 출력과 절삭속도를 보여주고 있다.

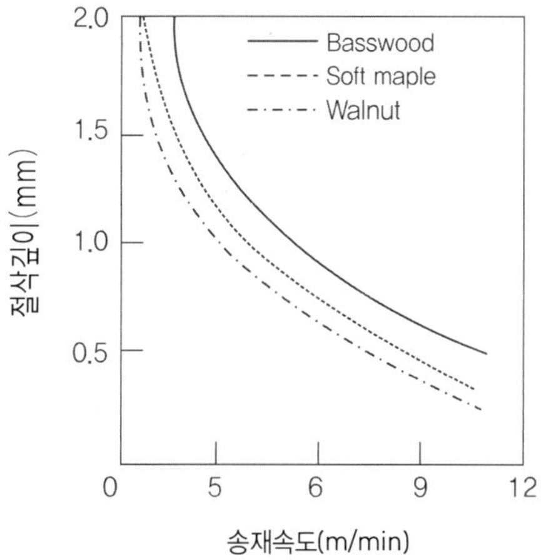

그림 15.9. 송재속도와 절삭깊이의 관계

표 15.3. 각종 재료의 적정 절삭속도와 레이저 출력

재료	Mild steel	Aluminium	Stainless steel	Acrylic	Bass wood	Black walnut	Black cherry
두께(mm)	2.54	2.54	2.54	25.4	24.8	22.2	22.2
절삭속도(m/min)	5	1.5	5	1.5	2.5	5	5.5
출력(watts)	1500	1300	1400	1200	2550	2550	2550

한편 송재속도의 초점거리, 초점위치, 편광, 출력 등과의 상호관계가 밝혀지면 평행도, 탄화도, 평활도 등을 최적화할 수 있는 송재속도를 결정할 수 있다. 식[4.14]는 Mukherjee 등(1992)이 22mm basswood를 대상으로 2.8kW급 레이저(TEM_{01})를 이용, 10m/min의 속도로 가공, 분석하여 얻은 모델 식이며, 깊게 가공하고자 할 경우에는 산소를 사용하는 초음속 가스 노즐의 이용을 추천하고 있다.

$$Z_{\max} = \frac{2P}{\pi r \rho_v + CT_v)} \frac{1}{V_x} \qquad [4.14]$$

Z_{max} : 최대 절삭깊이
P : 레이저 출력
ρ : 목재의 밀도
β : 탄화물의 수율(%)
C : 목재의 비열
T_v : 표면 온도
V_x : 절삭속도
H_v : 혼합물의 엔탈피(= 탄소의 증발열 + 탄소의 CO_2와 CO로의 연소 + ---)

(4) 보조 가스제트 시스템의 설계

보조 가스제트 시스템의 레이저절삭시 기능은 다음과 같으며, 이 시스템에 사용되는 가스의 종류와 압력은 절입깊이, 송재속도, 절삭면품질 등에 지대한 영향을 미친다.

① 증발 또는 용융된 물질을 불어내어 배출한다.
② 목재가공에서는 산소를 이용, 연소에 도움을 주며, 금속가공에서는 아르곤이나 질소를 이용, 신속히 산화되도록 한다.
③ 레이저 빔의 통로로부터 플라스마나 연기를 제거하여 빔의 분산을 최소화한다.
④ 과도한 연소를 규제 및 제어한다.
⑤ 초점용 광학계를 보호한다.
⑥ 절삭중 피삭재 표면을 냉각시킨다.

소재의 경우 압력 4.2kg/cm^2의 동축 공기제트를 적용하며, 2차 제트를 응용한다면 가스와 절삭잔사(debris)를 효과적으로 제거하여 빔의 굴절을 예방하고 원하는 에너지수준을 유지함과 동시에 표면탄화를 감소시킬 수 있다. 한편, 피삭재의 밑면에는 소형 진공시스템을 준비하는 것이 바람직하다.

압축공기를 노즐 오리피스에서 M=1.8까지 가속하는 초음속 노즐을 이용하면 최대 송재속도를 향상시킬 수 있다. Khan 등(1991)은 1.5kW급 레이저로 basswood를 절삭할 때 초음속 노즐을 이용, 일반노즐을 사용할 때의 최대 송재속도 0.058m/sec.를 0.076m/sec까지 향상시킨 바 있다.

일반적으로 소재의 절삭에는 동일조건에서 질소보다 공기를 사용하면 절삭깊이를 증가시킬 수 있다. 그리고 보조 노즐을 이용, 산소를 45도 각도로 불어주면 연소작업이 한층 가속되고 깊은 절삭깊이와 깨끗한 절삭면을 얻을 수 있으며, CO가스의 발생도 감소한다. 또한 가스의 유입속도를 가속하면 용융현상이 줄고 연소현상이 증가되어 효과적이다. 그러나 산소는 값비싼 가스이므로 최대 절삭깊이를 나타내는 산소와 질소의 적정혼합비를 찾고, 적정한 보조 노즐각도와 산소압력을 찾는 작업이 요구된다.

한편, 삭편판이나 섬유판과 같은 목질재료에는 접착제가 함유되어 있어 가스의 선택과 압력에 특히 주의가 요구된다. 일반적으로 질소나 헬륨가스가 적합한 것으로 알려져 있으며, 압력은 두께와 접착제 함유량에 따라 다르다.

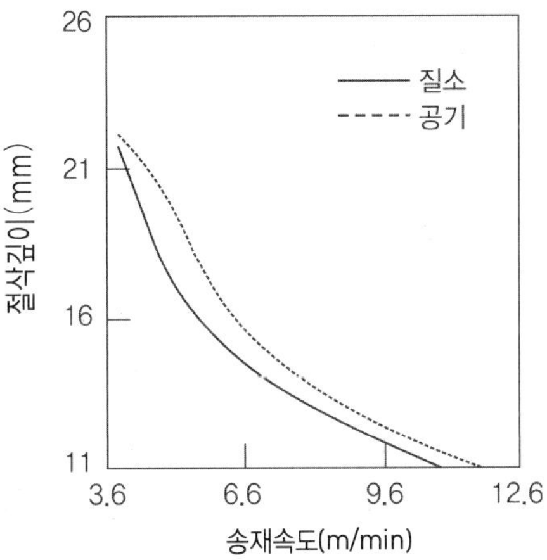

그림 15.10. 보조 가스 종류에 따른 절삭특성

(5) 렌즈의 선택

집광렌즈로는 대개 1kW급까지는 Zn-Se 렌즈를, 그리고 400∼500W급까지는 Ga-As 렌즈를 사용한다. 물론 모든 렌스는 표면반사를 줄이기 위한 반사방지 코팅을 해야 하며, 렌즈의 일반적 형태는 plano-convex 형이다.

3) 피삭재의 성질

레이저절삭에 관련된 피삭재(목재)의 성질로는 두께, 밀도, 함수율, 추출물 및 목재의 광학적 성질 등을 들 수 있다. 레이저광의 목재절삭능력은 광흡수, 광에너지의 열로의 전환, 피삭재 내에서 열전달의 분포와 속도, 방사영역에서의 증발속도 등에 좌우되며, 특히 광흡수와 광에너지의 열로의 전환이 중요한 인자이다.

Buger-Lambert법칙에 의하면 목재에 의해 흡수되는 레이저광의 양은 출력밀도, 흡수계수, 광전도도, 절삭중인 재료로의 광 투입 깊이 등의 함수이며, 후자 둘은 또한 목재의 함수율, 화학적 조성, 밀도의 함수이다.

증발되는 영역이나 그 인접영역을 가열하는 데 필요한 에너지는 열전도도와 증발온도의 함수이며, 재료의 증발에 요구되는 에너지는 목재의 밀도, 함수율, 수종 등에 따른 비증발에너지의 함수이다. 그리고 증발영역을 레이저 빔과 평행한 방향으로 이동시키는 데 요구되는 에너지는 목재내 온도경사의 함수이며, 이 온도경사는 또한 목리방향, 수종관련인자, 두께 등의 함수이다.

(1) 함수율

함수율과 비중이 높아지면 목재의 열전도도가 상승하여 한곳에 집중되는 에너지의 양이 감소된다. 그리고 주어진 시간내 제거해야할 물질의 양도 증가되므로 송재속도를 늦추어야 한다. 또한 물의 흡수계수는 목재의 것보다 낮아 습윤재가 건조재보다 많은 양의 에너지를 요구하게 된다.

그러나 250W급 레이저를 사용한 McMillin 등(1971)의 southern pine에 대한 실험에서는 함수율 변화에 따른 송재속도의 차이가 현저하였으나 3kW급을 사용한 Peters 등(1976)의 실험에서는 함수율에 따른 속도의 차이는 거의 없었다.

표 15.4. 피삭재의 함수율과 두께에 따른 송재속도의 변화(McMillin 등(1971))

함수율(%)	피삭재의 두께(mm)		
	6.4	12.7	25.4
12	2.8m/min	1.2m/min	0.4m/min
70	2.2m/min	0.9m/min	0.3m/min

(수종: southern pine, 레이저 출력=250W)

한편, Khan 등(1991)에 따르면 목재내 수분은 저속절삭시 증발되면서 집광렌즈의 역할을 하여 레이저 빔을 보다 날카롭게 해줄 수 있다. 그러나 고속에서는 그와 같은 역할을 할 수 있는 시간적 여유가 없다.

(2) 밀도

습윤재에서는 밀도와 최대송재속도와의 상관관계는 매우 빈약하나 건조재의 경우에는 송재속도와 밀도는 부의 상관관계를 갖으며, Peters 등(1976)이 두께 19mm Douglas-fir를 3kW급 레이저로 절삭하여 얻은 관계식은 다음과 같다.

$$f = 1.125 - 0.016d \qquad [4.15]$$

f : 송재속도

표 15.5. 피삭재 비중과 두께에 따른 송재속도의 변화(McMillin 등(1971))

비중	피삭재의 두께(mm)		
	6.4	12.7	25.4
0.45	3.1m/min	12.5m/min	5.5m/min
0.54	2.5m/min	10.9m/min	3.2m/min

(수종: southern pine 건조재, 비중: 생재부피, 전건무게 기준, 레이저 출력=250W)

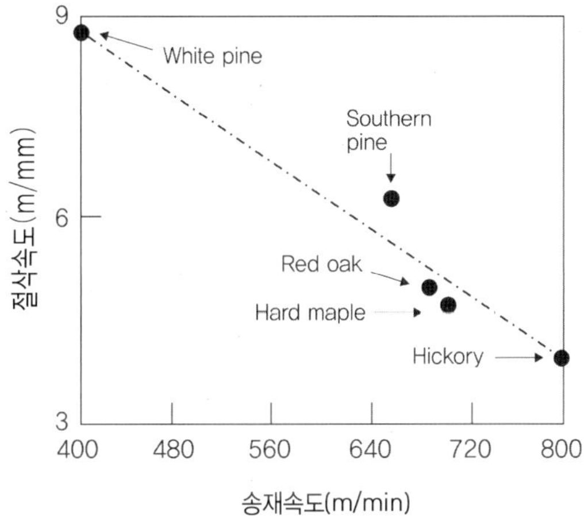

그림 15.11. 피삭재 밀도와 절삭속도의 관계
(두께 2cm, 레이저 출력 3kW)

(3) 두께

피삭재 두께와 송재속도는 부의 곡선적 상관관계를 나타내며, 두께가 클수록 절삭폭도 크다. McMillin 등(1971)의 실험에 의하면 톱절삭에 의한 절삭폭의 2.5~3.2mm 수준이었으며, Peters 등(1976)이 Douglas-fir를 5kW급 레이저로 절삭하여 얻은 관계식은 다음과 같다.

$$f = \frac{4.9}{T^2} \qquad [4.16]$$

T: 목재의 두께(cm)

(4) 목리방향

McMillin 등(1971)에 따르면 목리방향에 따른 송재속도의 변화는 거의 없는 것으로 알려지고 있다. 그리고 레이저절삭에서는 피삭재의 경도와 무관한 것으로 알려져 있다.

4) 소재의 절삭특성

(1) 절삭폭

좁고 정확한 직각의 절삭폭은 절단지점으로의 열유동을 최소화하여 과도한 변형이나 단화를 줄임으로써 얻을 수 있다. 그리고 피삭재의 밀도, 함수율 및 송재속도가 증가되면 절삭폭을 줄일 수 있다.

Peters 등(1976)의 실험결과에 따르면 5kW급 레이저로 4.4m/min의 속도로 두께 38mm의 Douglas-fir를 절삭하였을 때 절삭폭의 범위는 0.8~2.0mm이었다. Khan 등(1991)의 실험에서는 1.4kW급으로 basswood를 0.059~0.076m/sec로 절삭했을 때 절삭폭은 0.43×10^{-3}m로 둥근톱 사용시 3.7×10^{-3}m와 비교하면 최소 5%의 목질을 절약할 수 있다.

(2) 절삭면품질

송재속도가 낮아지면 절삭영역 부근의 목질이 탄화될 시간이 증가되므로 절삭면 단위길이당 보다 많은 양의 에너지가 확산되어 절단지점이 손상된다. 또한 피삭재의 함수율이 높으면 과도한 에너지가 수분증발에 소모되므로 탄화현상을 감소시켜 깨끗한 절삭면을 얻을 수 있다.

표 15.6. Douglas-fir의 절삭면 품질(Peters 등(1977))

피삭재 두께(mm)	절삭속도(m/min)	비절삭에너지(W hr/cm²)	절삭면 품질
12.5	37.5	0.0172	약간 갈변
19.0	15.0	0.0287	어두운 갈변
25.0	10.0	0.0322	약간 탄화
37.5	4.4	0.0491	탄화

(레이저 출력 = 5kW)

Barnekov(1991)의 연구 결과에 의하면 레이저 가공된 소재의 절삭면 품질이 양호한 상태를 14로 하였을 때 5~7 정도의 수준이며, 이처럼 거친 절삭면은 조만재간의 연소특성 차이에 의한 것으로 추정된다. 한편, 침엽수보다는 활엽수에서 보다 양호한 절삭면을 얻을 수 있다는 사실도 밝혀진 바 있다.

(3) 비절삭에너지

McMillin 등(1971)이 보고한 레이저, 천공기 및 둥근톱에 의한 비절삭에너지는 다음과 같으며, 레이저의 비절삭에너지가 타 절삭방법에 비해 매우 높음을 알 수 있다.

레이저: 투입 에너지 = 5kW(레이저의 출력 = 240W; 효율 4.8%)
(* 출력 1kW이상에서는 효율 18%를 기대할 수 있음)
피삭재 두께 = 25mm, 송재속도 = 0.38m/min, 절삭폭 = 0.38mm
비절삭에너지 = 22579 kWhr/㎥

천공기: 직경 25mm double spur, double twist bit사용
회전수 = 1800rpm, 칩두께 = 0.50mm
비절삭에너지 = 24 kWhr/㎥

둥근톱: inserted-tooth 38개 부착된 직경 122cm의 둥근톱 사용
피삭재 두께 = 50mm, 회전수 = 700rpm, 절삭폭 = 7mm
톱니당 송재량 = 1.96mm
비절삭에너지 = 12.2 kWhr/㎥

한편, Peters 등(1976)의 보고에 따르면 레이저출력과 송재속도를 증가시키면 에너지효율을 향상시킬 수 있다. 두께 38mm Douglas-fir를 대상으로 1kW급(송재속도 3m/min) 사용시 600kWhr/m^3

으로 레이저의 에너지효율 10% 감안시 6000 kWhr/m^{3}인 비절삭에너지가 5kW급(37.5m/min) 사용시에는 3800kWhr/m^{3}으로 향상된다.

(4) 절삭면의 탄화

레이저 가공에 의해 탄화된 목재 절삭면은 밝거나 어두운 갈색으로 남게 되며, 심한 경우 흑색을 띄기도 한다. IR spectroscopy 방법을 이용하여 목재내에서 레이저 빔 에너지가 미치는 영향을 분석해보면 목재의 파괴는 크게 3가지 영역으로 나눌 수 있다. 첫 번째는 매우 심각하게 탄화, 파괴된 열분해 목재 부분이며, 그 다음 영역에는 파괴된 셀룰로오스와 부분적으로 파괴된 리그닌이 포함되어 있다. 그리고 마지막 영역에서는 실제 그 변화를 확인할 수는 없지만 분자구조의 파괴가 시작된다.

전술한 바와 같이 레이저 절삭중 탄화에 의해 레이저 절삭면의 세포벽과 내강에는 탄화물의 침적이 현저히 나타난다. 탄화의 깊이는 목리방향에서는 가도관의 폭과 같으며(30~60μm), 목리수직방향에서는 절단면의 수직방향으로 50μm정도이다. 한편, 탄화의 정도는 두께에 비례하며, 건조재에서 보다 현저한 것으로 밝혀졌다.

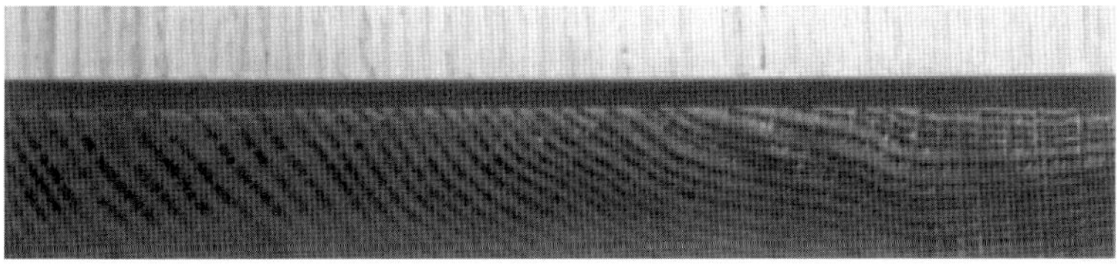

그림 15.12. 레이저 절단에 의해 탄화된 절단면(두께 20mm red oak)

(5) 연소가스

목재의 레이저 절삭중 발생되는 연소가스에 포함된 유독 가스중 하나인 일산화탄소의 함유수준 등을 파악하기 위해서는 Gas chromatograph가 사용된다. 연소가스는 공기나 산소와 같은 활성기체를 사용할 때에는 벤젠이나 톨루엔 함유수준이 OSHA limit(0.01vol%) 이하로 나타난다.

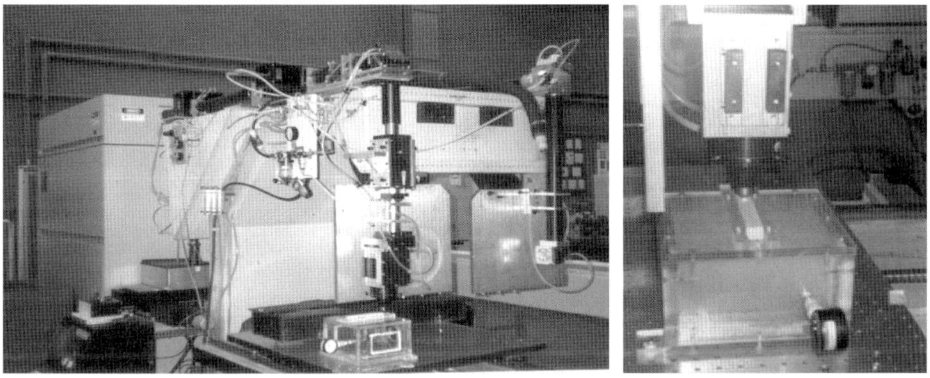

그림 15.13. CO_2 레이저 절단기와 목재의 레이저절단중 발생가스 포집장면

5) 목질재료의 레이저절삭

McMillin 등(1971)은 소재뿐만 아니라 여러 가지 다양한 재료에 대한 레이저 절삭특성을 파악하기 위한 연구를 수행한 바 있으며, 그 결과 표 15.7에서 보는 바와 같이 재료에 따라 서로 다른 송재속도를 나타내고 있다. 따라서 절삭 대상 재료의 특성을 파악하는 것은 레이저 절삭에 있어 가장 우선적으로 수행되어야 할 과정이라 할 수 있다.

표 15.7. 여러 가지 재료의 레이저 절삭 특성 비교

재 료	두께(mm)	레이저 출력(W)	송재속도(m/min)
southern pine 합판 (페놀수지 이용)	12.70	240	0.51
southern pine 삭편판	12.70	240	0.41
hardboard	6.35	180	0.30
tempered hardboard	6.35	240	0.33
fiber insulation board	12.70	180	0.36
corrugated boxboard	4.32	180	5.99
illustration board	2.54	180	2.31
kraft lineboard	0.51	180	5.26

(1) 합판의 절삭

합판은 약간의 탄화현상만을 보일 뿐 깨끗하게 절삭되며, 레이저출력과 송재속도와는 비례 관계가 있다. Peters 등(1976)이 Douglas-fir 합판에 대하여 얻은 관계식은 다음과 같다.

$$f = kP^{1.28} \qquad [4.17]$$

k: 피삭재에 따른 상수

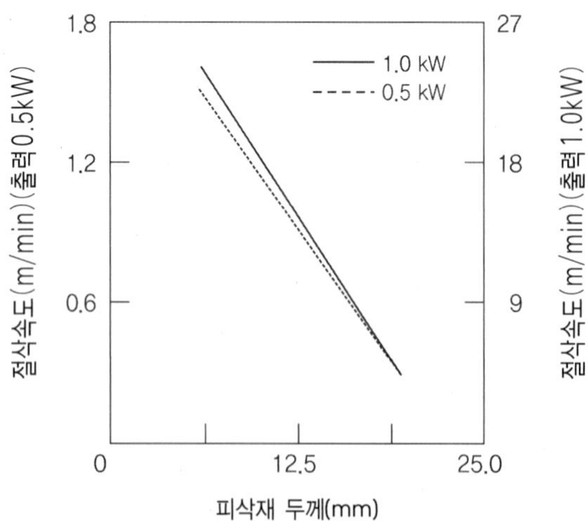

그림 15.14. Douglas-fir 합판의 두께와 절삭속도의 관계(페놀계 접착제)

(2) 삭편판의 절삭

250W급을 사용한 연구에서는 페놀수지를 사용한 삭편판이 요소수지를 사용한 삭편판보다 절삭속도는 낮았으나 1kW급 이상에서는 그 차이가 없었다. 또한 250W급에서는 페놀수지 삭편판에서 심한 탄화현상이 나타나지만 요소수지 삭편판에서는 탄화현상도 적었다. 한편, 레이저출력과 송재속도와는 직선적 비례관계가 있다(1kW에서 3m/min; 4kW에서 11m/min).

(3) 목질복합재료의 절삭

목질복합재료는 외관이나 기능상 표면처리나 적층되는 경우가 많아 접착제가 다량 존재하고 밀도가 높으며 구조도 균일치 못하여 carbide나 metal-ceramics 또는 다이아몬드공구 등을 사용, 절삭한다. 그러나 전기비용이 크고 공구마모도 심하여 레이저의 응용이 적절한 것으로 생각된다.

Barnekov등(1989)이 두께 18.6mm 삭편판 core와 두께 0.7mm의 호두나무단판 사이에 두께 8mm의 고밀도 멜라민 crossband를 둔 복합재료를 600W급 레이저로 절삭하였을 때 평균적인 비평행도(nonparallelism)는 약 2.5mm, 그리고 평균 절삭폭은 0.6mm(둥근톱 사용시 3.2mm)임을 보고하였다. 한편, 분산도(divergence)는 중간〉표면〉이면의 순으로 컸으며, 단지 출력을 높인다고 해서 분산도는 줄지 않고 송재속도를 증가시키면 감소된다. 또한 초점은 피삭재의 바닥보다는 표면에 위치시키는 것이 바람직하며, 레이저 빔의 초점길이는 19cm가 양호하다.

3. 레이저절삭가공에 의한 영향

레이저에 의한 목재절삭은 목재의 열화학적 분해(TCD: Thermo-chemical decomposition)에 의하여 탄화된 절삭면을 남긴다. 따라서 절삭가공 이후 탄화된 절삭면을 접착가공하게 되면 일반적으로 접착성능이 저하되게 된다. 즉, 접착제가 TCD층의 탄소에 잡혀 표면에서 그대로 고화되므로 접착력이 떨어진다. McMillin 등(1985)은 레이저절삭에 의한 접착력 저하를 구명하기 위하여 함수율 7%로 조습된 red oak와 sweetgum을 대상으로 일반 톱가공과 무처리 레이저절삭 및 레이저 절삭후 가벼운 연마(80 grit garnet paper)등으로 가공후 접착강도를 측정하였다. 접착제로는 PVA를 사용하였으며, 레이저가공기는 반사경을 사용하는 8kW급이었다. 절삭면의 품질은 red oak보다 sweetgum에서 양호하였으며, red oak에서는 연류이 시작되는 부근의 커다란 도관들이 연륜 끝부분의 생장속도가 늦어 작아진 도관들 보다 쉽게 연소되었다. 이 실험의 결과는 표 4.22.과 같았으며, 레이저 절삭 후 가벼운 연마에 의하여 접착강도를 정상상태의 약 70%정도로 유지할 수 있었으나 무처리의 경우에는 접착강도가 상당히 저하됨을 알 수 있다.

Rabiej 등(1991)은 black walnut, red oak 및 black cherry 등을 상대습도 40%와 온도 22℃의 조건에서 평형상태까지 조습하여 1.8kW의 출력으로 레이저 가공한 후 SEM촬영과 함께 PVAc 접착제(고형율 50%)로 접착, 전단강도를 측정하였다. 이때 목리방향으로 약간의 연마(60 grit belt) 후 휴지로 닦아낸 경우와 흐르는 물로 상온에서 세척후 건조한 경우 및 무처리의 3가지 조건을 비교하였다. 실험결과 물세척시 원래의 색을 찾았으나 TCD층은 완전히 제거되지 않았으며, 환공재의 경우 동일 시편내 부위별 비중차이가 커서 가공후 절삭면의 굴곡도가 산공재에 비해 컸다.

한편, 레이저 빔은 표면으로부터 어느 정도밖에는 투과하지 못하고 이후는 레이저에 의해 가열된 가스 제트로 나머지 부분이 타서 없어지게 되므로 처음으로 레이저 빔이 닿는 표면부근은 레이저에 의한 피해가 적어 거의 탄화되지 않아 옅은 색을 나타내나 절삭깊이가 깊을수록 heat buildup에 의해 탄화되어 TCD층이 생성된다.

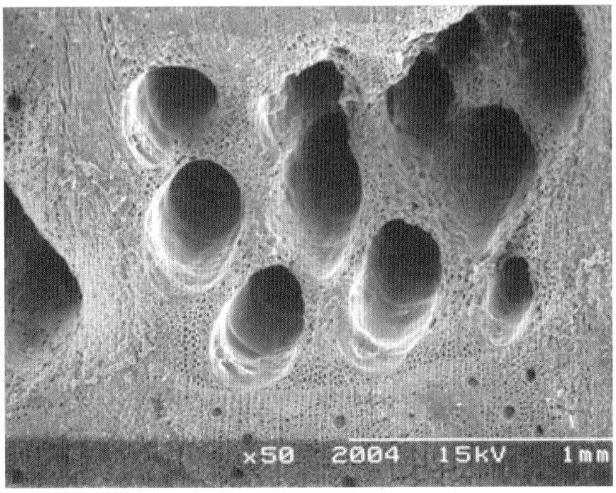

그림 15.15. 목재 레이저절단면의 전자현미경 사진
(일부 용융 침하된 부분이 확인됨)

표 15.8. 절삭방법에 따른 전단 접착력의 비교(McMillin(1985))

수 종	송재속도 (m/min)	절삭방법/후처리	전단강도 (psi)	톱절삭에 대한 강도저하 비율(%)
red oak	10.8*	톱절삭/없음	133	-
		레이저절삭/연삭	87	34.4
		레이저절삭/없음	33	75.3
	4.2	레이저절삭/없음		76.4
		레이저절삭/가벼운 솔질		66.7
		레이저절삭/연삭		20.3
		레이저절삭/평삭		0
sweetgum	12*	톱절삭/없음	116	-
		레이저절삭/연삭	80	31.5
		레이저절삭/없음	66	43.1

(*빔 초점거리=60cm, 제트직경=0.58mm, 공급가스압력=17.5kg/cm^2)

red oak의 절삭면 SEM촬영에 의한 결과를 살펴보면 60배율에서 조재가 만재에 비해 많은 양이 제거되었음을 알 수 있다. 또한 방사조직은 조재와 만재의 세포들에 비해 많은 양이 용융되고 있다. 700배율에서는 많은 양의 섬유를 lavar층과 같은 것이 50～70㎛의 두께로 덮고 있다. 이상과 같은 충진효과로 인해 접착제의 흡착이 쉽지 않아 접착력이 불량해 질 것이다. 또한 목재구성

요소들의 열에 의한 열화 및 화학적 변성도 접착력 저하의 한 원인이 될 수 있으며, 레이저에 의한 온도상승에 오탄당이 민감하다는 사실을 주지할 필요가 있다. 한편, 750배율의 접선방향에서는 절삭후 냉각에 의한 수축에 따른 lavar 층의 갈라짐이 나타나며, 4100배율에서는 중간층(middle lamellar)과 1차벽이 보다 많이 용융되었음을 볼 수 있다.

각 수종의 방법별 접착전단강도 측정결과는 표 15.9와 같으며, 무처리시 정상 전단강도의 5~20%수준에 지나지 않으며, 고비중보다는 저비중에서 처리의 효과가 컸다. 특히 저비중에서는 약간의 처리로도 충분하였다. 절삭면의 특성은 연륜간 밀도차와 목재의 구조적 균일성에 영향을 받으며, TCD층의 생성과 그의 제거에 대한 보다 깊은 연구가 필요하다.

만약 밀도에 따른 절삭조건의 자동조절이 가능하다면 보다 평활한 절삭면을 얻음과 동시에 절삭후 처리과정도 상당히 감소시켜 절삭폭의 감소와 더불어 가공비용의 절감도 동시에 가능할 것이다.

sugar maple과 ponderosa pine 및 중밀도섬유판(재료내 비중의 변이가 적음)을 대상으로 한 실험에서는 일반 톱가공하여 평삭한 후 휴지로 닦아내는 방법과 레이저 절삭후 평삭하는 방법(두께 1mm) 및 레이저 절삭후 솔질하는 방법의 3가지로 처리하여 비교하였으며, 접착제로도 phenol- resorcinol liquid resin과 pre-catalyzed crosslinking PVAc emulsion을 각각 적용하였다. 절삭면의 색은 레이저 빔이 피삭재를 빠져나가는 부분이 투입되는 부분보다 짙은 색을 나타내었으며, 피삭재의 비중이 높을수록 짙은 색을 나타냈다. 절삭면의 형상에 영향하는 인자로는 초점용 광학계, 피삭재내 비중변이, 목재 구조요소의 분포 등을 들 수 있으며, 특히 광학계의 직경이 127mm인 경우 절삭폭의 중앙에 공동이 발생하였으나 254mm에서는 V형 절삭폭이 나타났다. 그리고 중밀도섬유판에서는 표면에서 중앙으로 갈수록 비중이 낮아져 중앙에 공동이 생겼다.

표 15.9. 수종, 단면 및 처리방법별 접착전단강도의 비교

수 종	단 면	처 리 방 법	접 착 전 단 강 도
black walnut	접선단면	무처리	정상의 약 25%
		물세척	40%
		연 삭(저비중)	70%
		연 삭(고비중)	50%
	방사단면	물세척	50%
		연 삭	50%
red oak	방사단면	연 삭(저비중)	82%
		연 삭(고비중)	60%
black cherry	접선단면	연 삭(저비중)	50%
		연 삭(고비중)	10%
	방사단면	무처리	30%
		물세척	50%
		연 삭	60%

중밀도섬유판의 경우 레이저 가공후 솔질만으로도 상당한 접착력 향상을 얻을 수 있었으나 소재에서는 그 영향이 미미하였으며, 결론적으로 중밀도섬유판과 sugar maple의 접착력에 영향하는 레이저가공조건들은 레이저 빔의 출력밀도, cover gas의 압력 및 송재속도라는 것을 알 수 있다. 따라서 금후 연구가 요구되는 사항으로는 재료 과학적 접근을 통한 TCD층의 화학적 조성과 그 특성의 구명, TCD층의 감소나 제거를 위한 레이저가공조건의 적정화 등을 들 수 있다. 물론 상기한 연구과제를 위해서는 레이저가공조건들과 목재접착성의 관계, 레이저 빔 출력밀도와 목재밀도 및 접착성간의 관계, 레이저절삭조건들과 목재의 2차원적 구조, 함수율 및 접착성간의 관계, 그리고 TCD층과 목재비중, 절삭깊이 및 접착성 사이의 관계 등이 구명되어야 할 것이다.

참고문헌

1. Arai, T., S.Shimakawa, and D.Haysshi. 1977. *Study on laser machining of wood.* Mokuzai Gakkaishi, No.2.
2. Arai, T., H. Kawasumi, and N. Konoshita. 1978. *Three-dimensional graphic analysis to determine the optimum laser cutting conditions of board.* Mokuzai Gakkaishi, No.5.
3. Bakiev, R. 1959. *Some aspects of the vibration cutting of wood.* Izv. Vys. Ucheb. Zaved. Lesn. J. 2(2): 144-149.(Russian)
4. Barnekov, V.G., C.W. McMillin, and H.A. Huber. 1986. *Factors influencing laser cutting of wood.* Forest Products Journal 36(1): 55-58.
5. Barnekov, V.G., H.A. Huber, and C.W. McMillin. 1989. *Laser machining wood composites.* Forest Products Journal 39(10): 76-78.
6. Bever, M.B. 1986. *Encyclopedia of materials science and engineering,* Vol.4. The MIT Press: 2501-2516.
7. Bryan, E. L. 1963. *High energy jets as a new concept in wood machining.* Forest Products Journal 13(8): 305-312.
8. Canadian Patent No. 982032. Jan. 20, 1976. *Method for kerfless cutting wood.*
9. Canadian Patent No. 1044576. Dec. 19, 1978. *Method for kerfless cutting wood.*
10. Carlson, T.C. 1968. *Estimating hourly production of sliced wood.* Forest Products Journal 18(11): 45-49.
11. Considine, D.M. 1983. *Van Nostrand's scientific encyclopedia Vol.2*, 6th ed. Van Nostrand Reinhold Co., Inc.: 1734-1740.
12. Feihl, O. and V. Godin. 1967. *Improved profiles for veneer knives.* Canada Dept. Forestry, Rural Develop. Forestry Branch, Departmental Pub. No. 1158.
13. Franz, N.C. 1970. *High-energy liquid jet slitting of corrugated board.* Tappi 3(6): 1111-1114.
14. Franz, N.C. 1970. *High velocity liquid jet.* US Patent No. 3524367, Aug. 18, 1970.
15. 금성전선주식회사. 1991. 레이저가공기술의 현황. 제2회 레이저가공 세미나.
16. Harris, H.D. 1970. *Cutting with high speed water jets.* Manufacturing Developments Vol.2, No.1, National Research Council of Canada, Apr. 1970: 2p.
17. Huber, H.A., C.W. McMillin, and A. Rasher. 1982. *Economics of cutting wood parts with a laser under optical image analyzer control.* Forest Products Journal 32(3): 16-21.
18. Johnston, J. S. and A. St-Laurent. 1978. *Compression slicing of wood.* Forest Products Journal 28(7): 48-52.
19. Johnston, J. S. and A. St-Laurent. 1979. *Development of full-size lumber slicer.* Proceedings on 6th Wood Machining Seminar, Univ. of California, FPL: 70-80.
20. Kamke, F.A. and P.N. Peralta. 1990. *Laser incising for lumber drying.* Forest Products Journal 40(4): 48-54.
21. 김도훈. 1992. 레이저가공학. 경문사.
22. Kim, Y.P. 1990. *CO laser.* The Electronic Science '90(1):130-137.
23. Kimura, S. and H. YoKochi. 1993. *Wood cutting with a wedge shaped knife.* Proceedings on 11th International Wood Machining Seminar: 73-91.
24. Klinkhachon, P. et al. 1993, *Prototyping an automated lumber Processing system.* Forest Products Journal 43(2): 11-18.
25. Kollmann, F.F.P. and W.A. Cote, Jr. 1968. *Principles of wood science and technology: I. Solid wood.* Springer-Verlag Pub. Co.
26. Komatsu, M. 1981. *Liquid jet machining of Wood I.: Relationship between jet cutting conditions and the maximum cut depth.* Mokuzai Gakkaishi 27(2): 79-86.
27. Komatsu, M. 1981. *Liquid jet machining of Wood II.: Effects of cutting conditions on the amount of liquid retention in wood.* Mokuzai Gakkaishi 27(3): 179-184.
28. Komatsu, M. 1982. *Liquid jet machining of Wood III: Effects of cutting conditions on the accuracy of finishing.* Mokuzai Gakkaishi 28(12): 788-794.
29. Komatsu, M. 1983. *Liquid jet machining of Wood IV.: Roughness of machined surfaces.* Mokuzai Gakkaishi 29(11) : 750-755.
30. Lutz, J. F., H. H. Haskell, and R. McAlister. 1962. *Slicewood-a promising new wood product.* Forest Products

Journal 12(5): 218-227.

31. Lutz, J. F. 1963. *Slicewood-New way to yield more wood product.* The Northern Logger 12(5): 8-9.
32. Lutz, J. F. 1963. *Precompressing flitches to improve the quality of slicewood.* Forest Products Journal 13(6):2 48-249.
33. Lutz, J. F. 1967. *A survey of some developments in slicing and veneer cutting.* Presented at Section 41, Forest Products, of the 14th Congress of the International Union of Forestry Research Organizations, Munich, Sept. 1967.
34. Manzos, F. 1955. *Chipless cutting of wood using vibration.* Lesn. Prom.110:4.(Russian)
35. McMillin,C.W. and J.E. Harry. 1971. *Laser machining of southern pine.* Forest Products Journal 21(10): 34-37.
36. McMillin, C.W., R.W. Conners, and H.A. Huber. 1984. *ALPS-A potential new automated lumber Processing system.* Forest Products Journal 34(1): 13-20.
37. McMillin, C.W. 1985. *Gluebond strength of laser cut wood.* Forest Products Journal 35(1): 23-25.
38. Mukherjee,K., T., Grendzwell, P.A.A. Khan and C.W. McMillin. 1990. *Gas flow parameters in laser cutting of wood - nozzle design.* Forest Products Journal 40(10): 39-42.
39. Parker, S.P. 1982. *McGraw-Hill encyclopedia of physics.* McGraw-Hill Inc.: 534-538.
40. Patel, C.K.N. 1968. *High-power carbon-dioxide lasers.* McGraw-Hill Pub.
41. Peters, C. C., R. F. Zenk, and A. F. Mergen. 1968. *Effects of roller-bar compression and restraint in slicing wood 1 inch thick.* Forest Products Journal 18(1): 75-80.
42. Peters, C. C., A. F. Mergen, and H. R. Panzer. 1968. *Multiple-flitch method for thick slicing.* Forest Products Journal 18(9): 82-83.
43. Peters, C. C., R. R. Zenk, and A. F. Mergen. 1968. *Effect of precompression on sliced wood 1/2 and 1 inch in thickness.* USDA Forest Service Res. Note FPL-0194.
44. Peters, C. C., A. F. Mergen, and H. R. Panzer. 1969. *slicing wood 1-inch thick: Four types of pressure bars.* Forest Products Journal 19(7): 47-52.
45. Peters, C. C., A. F. Mergen, and H. R. Panzer. 1969. *Effect of cutting speed during thick slicing of wood.* Forest products Journal 19(11): 37-42.
46. Peters, C. C., A. F. Mergen, and H. R. Panzer. 1972. *Thick slicing of wood: effects of wood and knife inclination angle.* Forest Products Journal 22(9): 84-91.
47. Peters. C. C. 1976. *Basic and specifications for a lumber slicer.* Forest Products Journal 26(2): 26-30.
48. Peters, C. C. and R. A. Patzer. 1976. *Thick slicing of wood: effects of bar type and speed of cut on quality of slice.* Forest Products Journal 26(4): 19-24.
49. Peters, C. C., A. F. Mergen, and H. R. Panzer. 1976. *Low speed effects on thick-slicing.* Forest Products Journal 26(5): 56-57.
50. Peters, C. and C. Bannas. 1977. *Cutting wood and wood-based products with a multikilowatt* CO_2 laser. Forest Products Journal 27(11): 41-45.
51. Rabiej, R. et al. 1993. *Glueline shear strength of laser-cut wood.* Forest Products Journal 43(2): 45-54.
52. Schwacha, B.G. 1961. *Liquid cutting of hard materials.* US Patent No. 298050. Issued mar. 23, 1961.
53. Simpson, W.T. 1987. *Laser incising to increase drying rate of wood.* Wood and Fiber Science 19(1): 9-25.
54. Smirnov, V. 1957. *About the problem of the formation of a theory of vibration cutting of wood.* Nauch. Trudy Lvol. Lesotechn. Inst. 3: 88-92.(Russian)
55. Szymani, R. 1972. *A study of corrugated board cutting by high velocity liquid jet.* Forest Products Journal 22(8): 17-25.
56. Tillman, D.A. 1985. *Forest products: advanced technologies and economic analyses.* Academic Press. Inc.
57. US patent No. 3,916,966. Nov.4., 1975. *Method for kerfless cutting wood.*

PART 5

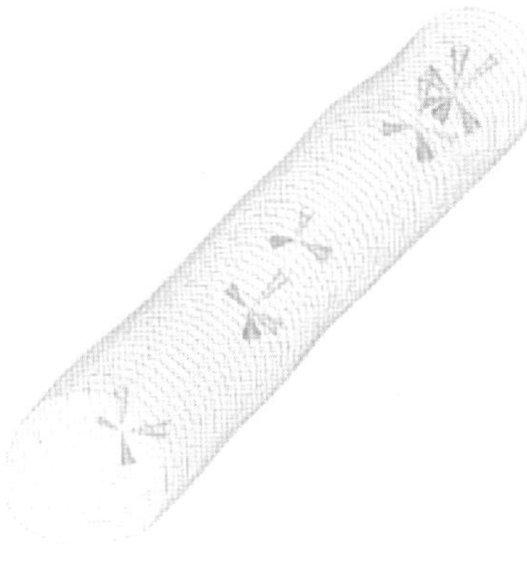

제5부 목재가공기술의 미래

제16장 목재 검색시스템과 화상처리

제1절 목재검색 자동화의 필요성

목재산업에서 원자재와 임금은 지속적으로 상승하여왔으며 앞으로도 계속 치솟을 것은 분명하다. 특히, 전체 생산비의 약 70%정도를 차지하는 목재의 가격앙등은 국내 목재업계에 엄청난 부담이 되고 있다. 그러므로 값비싼 목재를 보다 효율적으로 이용할 수 있는 방법의 모색은 앞으로 목재산업의 생존을 위한 대책으로까지 여겨질 정도로 절박한 실정이다. 따라서 지금까지 목재를 값싼 재료로 잘못 인식하고 목재가공공정 자동화 투자를 기피해왔던 기업들이 최근 들어 자동화에 깊은 관심을 보이는 것은 당연한 일인 것이다.

목재의 효율적인 이용은 제재, 재단, 건조 등 목재가공 일련의 공정에서 항상 고려되어야 하며 특히, 제재나 재단에서의 효율향상은 그 효과가 매우 크다고 하겠다. 일예로 직경이 작고 수간(樹幹)이 통직하지 못한 저질 소경(小徑)의 원목을 가공할 때 기존의 대경목 제재기술을 적용한다면 제재수율의 하락은 당연한 결과일 것이다. 또한 옹이나 썩은 부위 등의 결함이 포함되어서는 안 되는 가구부재나 집성재 부재(laminar)를 생산할 경우 재단의 잘못으로 판재에 있던 옹이를 이분(또는 그 이상의 분할도 가능)하여 각 부재에 옹이가 포함된다면 두 부재는 모두 이용할 수가 없게 될 것이다. 따라서 제재 및 재단공정의 효율향상을 위해서는 우선 대상 원목, 제재목 또는 판재의 형태, 치수 및 목재 내외부 결함 등을 정확하게 파악하는 것이 필수적이다.

지금까지 검척(檢尺)방법으로는 육안에 의한 목측법과 중량법, 또는 측정자나 캘리퍼 등을 이용한 접촉식 검척방법이 사용되어왔다. 그러나 접촉식으로는 공정상에 흐르고 있는 가공물의 검색을 실시간(real time)에 행할 수 없으므로 최근 빛, 화상(畵像) 또는 목재의 전기적 성질 등을 이용한 비파괴 비접촉식 검색장치가 개발되고 있다.

표 16.1. 임산공업분야의 화상처리기술

분야	세부항목
목제품의 품질관리 목질판상제품 생산 합판 제조 목재절삭분야 목재의 물리적 성질 목재의 조직적 특성 파괴 메커니즘	부품의 규격측정, 결함검색 칩, 플레이크 등의 기하학적 특징 및 방향성 판단 목파율 결정, 할렬의 정도(깊이)와 빈도 측정 절삭면 조도 판정, 칼날의 마모도 판정 생장률, 만재율, 치수안정성, 세포의 크기와 형태, 각 세포별 비율

제2절 광응용 검색장치

1. 광응용 검색장치의 기본 이론

제재 및 재단공정 검색용 光센서는 이미 타 산업에서 계측과 공정제어에 가장 많이 사용되고 있는 장치중의 하나로 목재산업에서도 대상물의 검척이나 정확한 위치파악, 그리고 재면 결함 검색 등에 이용이 가능하다.

빛을 이용한 광 검색장치는 인간의 시각을 모방한 것으로 광학적 영상을 전기신호로 변환하여 컴퓨터로 처리하거나 모니터 화면상에 재현되도록 한다. 정보의 축적이나 통신 등도 가능하며, 처리의 결과에 따라 정지, 진행 및 방향전환 등의 제어도 할 수 있다.

광검색장치는 일반적으로 광원, 빛을 감지하여 전기적 신호로 변환하는 광센서(수광소자: phototransistor), 미약한 전기신호를 증폭해주는 증폭기 및 기타 출력장치로 구성된다. 즉, 광원으로부터 나오는 빛은 대상물에 의해 부분적으로 가려지고 통과된 빛만이 광센서에 감지되어 전기신호를 증폭기에 보낸다. 이때 소요되는 시간은 1 - 10 마이크로초이며, 증폭기는 다시 각종 스위치로 신호를 보내어 공정을 제어하거나 정보처리장치에 연결되기도 한다.

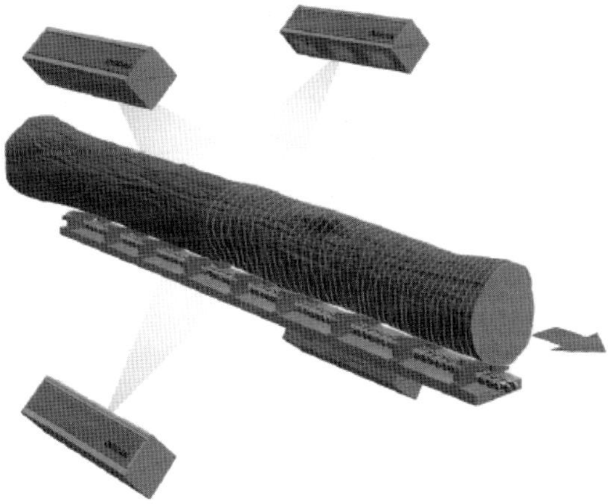

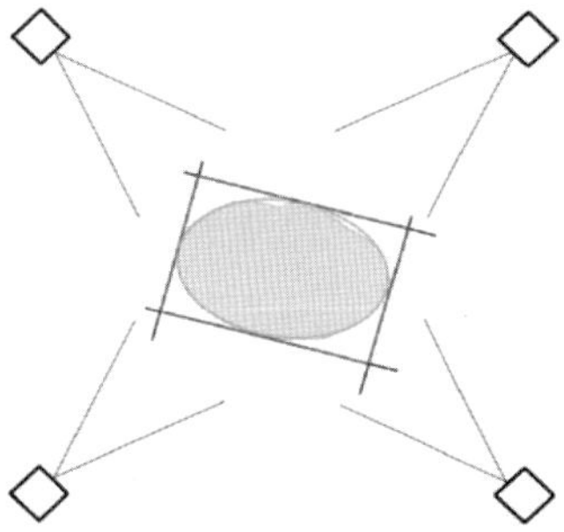

그림 16.1. 광을 이용한 원목 검색

광원으로는 백열등, 형광등, 발광소자(light emitting diode(LED)) 또는 레이저가 사용된다. 백열등은 가시광선과 적외선(infrared)을 모두 포함하고 있으나 광센서에는 오직 적외선만이 감지되고 가시광선은 근로자의 작업을 돕는다. 한편 발광소자는 일정한 주파수의 적외선만을 방출하므로 수광소자 역시 그 주파수의 적외선만을 감지하고 그 외의 주파수를 지닌 빛은 무시하도록 동기(同期, synchronize)시켜야 한다. 갈륨-비소형도 실리콘 광센서(phototransistor)가 가장 민감하게 반응하는 파장(0.85nm)에 근접한 파장(0.9nm)을 방사한다. 일반적으로 발광소자는 백열등보다는 견고하여 충격이나 진동에 대한 내구성이 높고(작동 온도범위: −40℃ ~ 70℃) 예열도 불필요하며 전력(DC 11-15V)도 적게 소모되는 장점이 있다. 또한 수명도 긴 것으로 알려져 있으나 발광 주파수를 매우 높게 하여 사용할 경우에는 수명이 심각히 단축됨을 유의해야 한다.

최근에는 직진성이 뛰어나고 광속(光束, light beam)의 직경(1mm)이 매우 작은 레이저(출력: 15 milliwatts)에 많은 관심이 집중되고 있다. 레이저는 거울을 이용하면 피측정물의 표면과 그 반대 면을 동시에 측정할 수 있는 장점도 지니고 있다.

2. 검색 방법

1) 광차단법

광차단법(through-beam (beam-break) method)이란 광원과 광센서 사이에 측정물이 위치하여 빛의 전부 또는 일부를 가림으로써 매우 정확하게 측정하는 방법으로, 생산현장의 대기가 먼지 등으로 인해 심하게 오염되거나 렌즈의 주기적 세척이 어려운 상황에 적합하다. 오염되지 않은 대기에서 광원과 광센서간 최대거리는 210m정도이며 목재가공공장에서도 약 70m에 이른다.

2) 근접검색법

근접검색법(proximity detection (reflective detection) method)에서는 광원과 광센서가 측정물을 기준으로 같은 편에 위치하여 측정물로부터 반사되는 빛을 감지하도록 되어있다. 그러나 측정물로부터 반사된 빛의 각도가 광센서가 감지할 수 있는 각도의 범위 안에 들지 못하면 감지가 불가능하므로 광원과 광센서간의 각도를 주의 깊게 조절해야 한다. 일반적으로 각도를 증가시키면 감지할 수 있는 범위의 폭이 감소되나 정확도는 향상된다.

광원으로는 고주파수의 발광소자가 적합하며, 이 방법은 특히 고운 표면이나 빛을 여러 방향으로 산란시킬 수 있는 mat의 표면 검색에 적절하다. 설치가 간단하고 반사형에 비해 오염에 덜 민감하지만 정확성이 떨어지는 단점이 있다. 그리고 오염되지 않은 대기 중에서 최대거리도 3m에 지나지 않는다.

3) 반사법

반사법(specular reflection method)에서는 반사율이 높고 고운 표면에 빛을 조사하면 그 빛은 입사각과 동일한 각도로 반사되어 수광소자(광센서)에 감지되는 방법을 이용하고 있다. 이와 같이 빛의 입사각과 반사각이 동일하므로 광원과 광센서의 위치설정에 매우 주의해야 하며, 색의 비교나 표면 조도(粗度)의 측정에 적합하다.

4) 역반사법

광선이 역반사판(retro-reflector)을 향하면 역반사판은 광선의 입사각에 관계없이 다시 광원 쪽으로 반사시킨다. 따라서 역반사법(retro-reflection method)에서는 광원과 광센서는 동일한 통 안에 함께 내장된다. 역반사판은 플라스틱으로 만들어지며, 반사면은 3차원의 피라미드 또는 구(球)로 이루어져있다. 그리고 전체적으로는 역반사가 가능한 테이프, 액체 그리고 도료의 형태로 적용된다. 이 매체들을 매우 얇게 하여 사용하면 일반 거울로는 움직이는 대상물의 전체적 파악이 어려운 상황에서도 측정이 가능하다.

사용은 간편하나 대기중의 먼지에 민감하여 오염된 대기 중에서 측정최대거리는 23m정도이다.

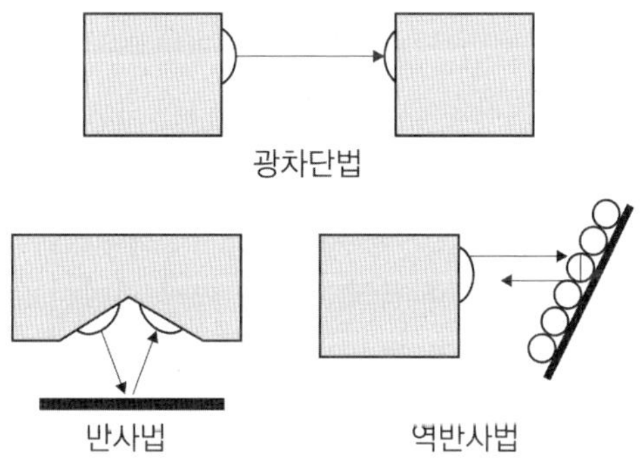

그림 16.2. 광검색 방법

3. 계측 정밀도 영향인자

계측의 방법은 대상물의 크기에 영향을 미친다. 일반적으로 대상 표면을 렌즈에 보다 가깝게 이동시키면 대상이 되는 크기는 당연히 줄어들게 된다. 또한 증폭기의 민감도를 낮추고 후방반사법이나 광차단법에 의해 측정한다면 측정 가능한 대상물의 크기는 줄어들게 된다. 반면에 반사법이나 근접검색법을 사용한다면 그 반대의 현상이 일어난다. 또한 현재의 증폭기 반응속도로는 고속으로 대상물의 개수를 세는 작업등에 적용하기에는 한계가 있다.

발광소자는 백열등보다는 반응속도가 빠르다. 왜냐하면 발광소자로부터 방출되는 빛은 전자회로가 진정한 빛과 일사광선과 같은 그 외의 빛과의 차이를 인식하기 전에 펄스계수가 이루어져야하기 때문이다. 반면, 백열등은 연속적인 빛(continuous light)을 방출한다. 따라서 발광소자를 이용한 장치는 측정의 시간간격이 0.01초미만인 경우에도 사용이 가능하다.

한편 계측정도는 1분당 측정회수나 대상물이 측정장치를 통과하는 속도에도 영향을 받는다. 계측간격은 어떠한 변화의 경향을 얻을 수 있을 정도로 충분히 짧아야 한다. 그러나 검색속도가 문제가 되며, 속도가 빨라질수록 정도는 감소된다.

제3절 화상처리기술의 응용

1. 화상처리기술 현황

제조공정의 생산성향상을 위하여 작업자가 수행하기 힘들거나 위험한 작업 및 싫어하는 작업들을 자동화하기 위한 노력이 이루어지고 있다. 특히, 청각이나 촉각에 비하여 매초 100배 정도의 정보를 얻을 수 있기 때문에 인간의 5감중 가장 중요한 감각기라 할 수 있는 인간의 시각기능을 대치하는 산업용 시각장치는 작업자가 주어진 작업을 수동으로 수행하는 경우 그의 심리상태나 피로도 등에 따라 작업속도 및 작업일관성이 변화되는 단점을 극복함으로써 궁극적으로 제품의 질을 향상시키고 고른 작업성취도를 확보할 수 있으므로 시각장치의 도입에 대한 관심이 높아지고 있다.

시각장치로부터 얻어진 화상을 처리하는 화상처리(畵像處理, image Processing) 기술은 하이테크의 부산물로 생각되는 기술분야로 실상 학문적, 이론적으로는 근 십여 년간 정체되어왔다. 그런데 최근 급속히 가깝게 느껴지게 된 것은 컴퓨터와 메모리로 대표되는 반도체기술의 비약적 진보의 혜택이라 하겠다. 비교적 초기에 개발된 알고리즘을 실용적인 속도로 실행하는 하드웨어를 입수할 수 있게 되면서 시각센서로서 생산현장에서 사용되게 되었다.

시각장치의 산업적 용도로는 위치결정, 외관검사, 문자검사와 인식, 치수검사 및 조립검사 등을 들 수 있으며, 특히 외관검사는 시각장치의 도입이 가장 활발히 추진되고 있는 영역이다. 그리고 치수검사의 용도는 화상계측의 가장 독자적인 영역으로 계측에 의한 수치화는 인간의 시각기능으로는 도저히 불가능한 것이다. 이외에도 설계패턴의 참조, 물류 등에서의 분류, 입자해석 등도 시각장치의 도입이 가능한 분야라 하겠다. 그러나 각 공정에서 시각장치를 효과적으로 이용하기 위해서는 양호한 화상을 얻기 위한 조명장치와 인식정밀도를 결정하는 시각장치의 해상도의 선정이 선행되어야하고, 화상잡음에 강하고 신뢰도를 보장할 수 있는 고속의 화상처리 하드웨어 및 알고리즘이 요구된다. 특히, 화상처리 알고리즘의 경우 시각장치가 사용될 분야의 응용목적에 맞는 알고리즘이 필요하기 때문에 적용될 전체공정에 대한 이해를 기초로 알고리즘이 구현되어야 할 것이다.

미국이나 일본 등에서는 이미 자동조립, 자동검사 및 분류공정에 로봇과 시각장치를 동시에 적용하고 있으며, 노동집약적 산업에서 탈피하고자 자동화를 서두르고 있는 임산공업분야에서도 다양한 목적에 시각장치를 이용하고자 많은 노력을 기울이고 있다.

그러나 일본의 최근 설문조사에 따르면 응답을 해온 시각장치 전문업체중 약 5%만이 목재산업에 관련된 시각장치를 취급하였다고 답하고 있다. 국내에서도 시각장치설치후의 생산성 및 안정도에 대한 불안감, 시각장치 설치기간동안의 생산성감소, 그리고 작업자들의 실업에 대한 두려움 등으로 그에 대한 긍정적인 인식이 부족하고, 국산화된 시각장치 및 관련 노하우의 부족으로 시각장치의 설치 및 운영에 어려움을 겪고 있다.

따라서 시각장치의 도입에 대한 긍정적인 시각이 부족한 국내의 경우, 인간이 수행하기 위험한 작업이나 생산성 향상이 요구되는 공정 등에서 인간의 시각기능을 대신할 수 있는 시각장치를 도입하기 위한 인식의 전환과 함께 보다 안정되고 우수한 성능을 지닌 시각장치의 개발을 위한 기술적인 노력이 동반되어야 할 것으로 사료된다.

2. 화상처리장비

화상처리 또는 산업용 시각검사장치(vision system)의 구성요소는 크게 화상입력부, 조명 장치부, 화상처리부, 주변기기부 등으로 나뉜다. 조명장치의 도움을 받아 화상입력부인 카메라에 의해 잡힌 목재의 표면 또는 내부화상은 전기적 신호(아날로그)로 바뀌어 증폭기를 거쳐 A/D 변환기로 입력되며, 여기서 아날로그신호가 디지털로 변환되어 화상처리부인 컴퓨터가 인식하게 된다. 한편 주변기기부란 반송, 정렬, 분류장치 등을 말하는 것으로 생산현장에 따라 달라진다.

1) 회상입력부

(1) 흑백 CCD 카메라

고체촬상소자(CCD: Charge coupled diode)란 감광부에 미세한 PN photo diode를 다수 배열하여 광량에 대응하여 축적되는 전하를 시계열로서 출력하는 소자이다. 이 소자를 이용한 흑백 CCD카메라는 수명이 길고 감도가 좋아 공장자동화(FA)용 시각검사장치에 가장 널리 이용된다. 화소수는 대개 30만-40만 정도이다.

(2) 칼라 CCD 카메라

출력단자로 복합영상신호가 출력되는 RS-330방식과 R(적), G(녹), B(청)의 각 신호가 분리되어 각 출력단자로 출력되는 RGB분리형 카메라가 있다. 일반적으로 RGB분리형 카메라가 해상도가 높아 많이 이용된다. 칼라 비디오카메라의 특성은 다음과 같다.

① Photoconductor-based image tube
: 스펙트럼의 녹색과 청색 부분에 보다 민감한 반응을 한다.

② Silicon solid-state sensor
: 적색부분에 가장 민감하고 청색부분에 기장 민감치 못한 반응을 보인다.

③ 각종 필터와 linear masking 또는 matrixing의 역효과

a. White balance
: 제한된 범위 내에서 항상성(恒常性, constancy)을 유지하는 것은 광원의 변화를 보상해주는 white balance의 함수이다. 그러나 광원의 선택에 신중을 기해야 한다. 왜냐하면 낮은 조명수준의 보상을 위하여 증폭배율(gain)을 증가시키면 오히려 S/N(signal-to-noise) 비율을 감소시킬 가능성이 있기 때문이다.

b. Gamma correction
: R, G, B간의 관계는 적절한 color intensity를 나타내기 위하여 모니터에 보내지는 신호를 변조하는 카메라내의 gamma correction 회로에 의해 왜곡될 수도 있다.

c. Contour correction

: 이것은 화상을 보다 첨예하게 만들기 위해서 화상의 모서리를 강조하는 데 이용된다.

(3) line scan camera

일반적인 CCD카메라에서는 CCD가 2차원적(평면적)으로 배열되어있는 것과는 달리 2000-3000개(최대 1000개)의 CCD가 일차원적(일렬)으로 배열되어 해상도가 우수하며(2차원(area)센서카메라 해상도=600×500(최대 1320×1035)) 물체의 길이, 폭등의 일차원적인 화상정보처리는 가능하다. 조명도 라인상태의 것으로도 좋기 때문에 2차원센서에 비하여 균일한 광강도를 얻기 쉽다. 또한 시트상태의 제품에 대해서는 연속적으로 화상을 입력할 수 있어 유리하다. 그러나 이차원 영상정보를 처리하기 위해서는 카메라를 이동하거나 대상물체를 이동시켜야하는 단점이 있다.

(4) 기타

빠른 속도로 움직이는 물체의 퍼짐 없는 영상을 얻기 위한 전자셔터카메라, 한대의 시각검사장치에 여러 대의 카메라를 접속할 경우에 동기신호가 어긋나는 것을 방지하기 위한 외부동기카메라 등이 있다.

2) 조명장치부

시각검사장치는 CCD카메라의 각 화소의 계조값(gray level)을 이용하여 검사를 수행하므로 검사대상물의 계조값이 일정하지 않으면 정확한 검사가 이루어지지 않는다.

(1) 조명

-1- 백열등

직류전압을 사용하면 일정한 조도를 유지할 수 있다. 백열등보다 밝고 일정한 조도가 필요한 경우에는 할로겐램프를 사용한다.

-2- 형광등

넓은 면적에 일정한 조도를 유지하기 위하여 사용한다. 그러나 전원주기의 2배로 조도가 변하므로 일정한 조도가 요구되는 곳에는 고주파형광등을 사용한다.

-3- 스트로보조명

빠르게 움직이는 물체의 정지영상을 획득하기 위하여 순간적으로 점등하는 조명이다. 강한 조도와 폭넓은 스펙트럼을 형성하는 크세논 튜브조명이 일반적으로 많이 사용된다.

-4- 발광소자(LED)

단색광원으로 좁은 면적을 조명하거나 광량을 많이 필요로 하지 않는 곳에 사용한다.

(2) 조명방법

-1- 반사조명방법

가장 일반적인 조명방법으로 대상 물체의 위에서 조명하여 대상물체에서 반사되는 광량을 이용하는 조명방법이다.

-2- 투과조명방법

광원과 카메라가 대상물체를 사이에 두고 위치하여 대상물체의 실루엣(외형윤곽)을 획득할 수 있다.

-3- 복합조명방법

반사 조명 및 투과조명을 혼합하여 조명하는 방법이다.

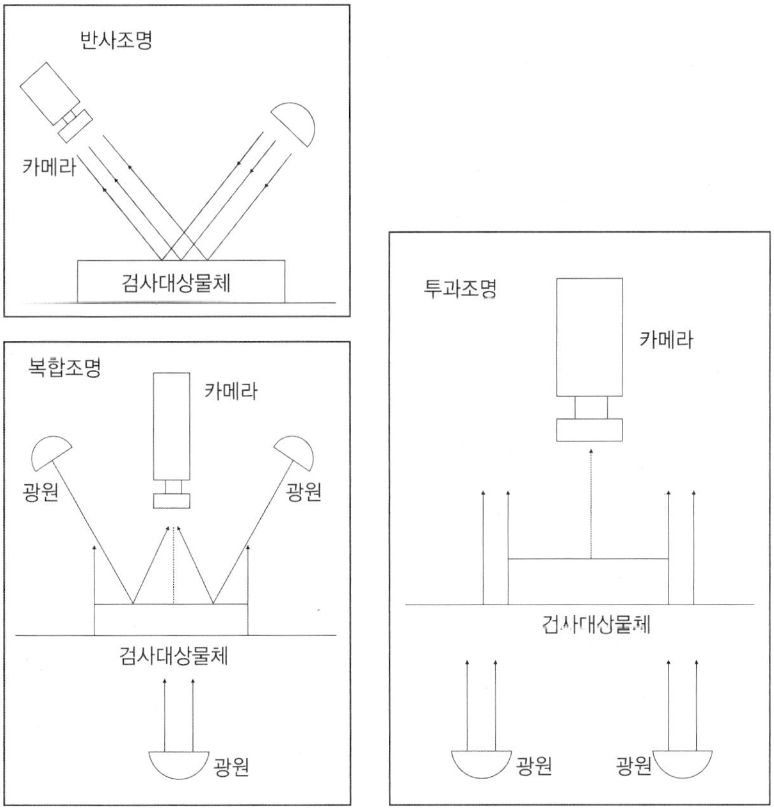

그림 16.3. 조명방법

3) 화상처리부

화상입력장치로부터 입력된 영상을 디지털화하여 검사목적에 적절한 화상처리를 한다. 화상처리에는 문턱값계산, 윤곽추출, 패턴인식 등 여러 가지 처리기법이 있지만 검사대상물체, 검사 종류 및 생산현장의 조건에 적합한 처리기법이 사용되어야 하며, 일반적으로 문턱값(threshold) 계산기법이 많이 사용된다.

산업용 시각검사장치는 전용기 및 범용기 등 2가지로 분류할 수 있다. 전용기는 특별한 목적에 맞게 제작된 것으로 장기간의 제작기간이 소요된다. 범용기는 기본적인 화상처리프로그램이 기기 내부에 내장되어 있다. 미국, 일본 등에서도 대부분 범용기가 사용되는데 화상처리에 대한 전문적인 지식이 없어도 간단하게 조작이 가능하기 때문이다.

한편 화상처리 고성능화의 기준은 처리속도가 되겠으나 고속화를 달성하기 위해서는 일예로 카메라의 셔터속도 고속화만으로 이루어지지 않으며 화상 읽기 및 화상정보전송의 고속화, 화상처리부의 처리속도 고속화 등 전체적인 고속화가 동시에 이루어져야 가능하다.

3. 화상처리 및 분석 기법

화상처리기술은 화상개선(enhancement), 화상복구(restoration), 화상분할(segmentation), 화상표현(representation)등이 있다. 화상표현이란 특정 대상이 잘 도출되도록 화상을 개조하는 것으로 화상의 명암대비(contrast)증대를 위한 계조(階調, gray level)변환, 화상내 모서리부분을 뚜렷하게 해주는 Laplacian sharpening, 그리고 잡음제거를 위한 이웃 화소와의 평균법이나 중앙값 선택법(median filtering)등이 있다.

화소(pixel 또는 picture cell)란 화상을 이루고 있는 최소단위로 하나의 화면은 수많은 화소 즉, 점으로 구성되어있다. 따라서 화면을 구성하는 화소의 수가 많을수록 그 해상도는 높게 되나 화상정보가 기하급수적으로 늘어나 처리속도가 늦어진다(예: 컬러모니터의 해상도= 1024×768화소). 또한 각 화소의 빛의 밝기(농도) 즉, 명암의 정도는 컴퓨터가 인식할 수 있도록 黑과 白사이를 일정 간격으로 나누어 디지털로 표시하게 되는데 이때 각 화소의 농도등급을 계조라 하며, 계조값이 높은 화상일수록 실제 화상과 근접하게 되나 역시 정보량이 급증하여 처리속도가 지연된다.

화상복구란 화상에서 기지의 열화요인을 제거하여 원영상을 복구하는 기술이며, 화상분할이란 화상을 의미 있는 영역들로 분할하는 기술로 gradient나 Laplacian을 이용한 모서리 검출과 낱점, 직선 검출기법 등이 있다.

끝으로 화상표현이란 주어진 영상내의 대상물을 여러 가지 형태로 표현하는 기술로 사슬부호(chain codes), 영역의 골격(skeleton), 영역적 서술(regional descriptor)등을 이용한다. 한편, 이와 같은 기술을 통하여 얻어진 화상의 분석에는 다음과 같은 방법들이 있다.

① Gray-scale systems
② Pattern matching techniques
③ Multispectral classification methods
④ Texture analysis

1) 계조화상과 2치 화상

화상처리기술은 학문으로서 화상이 갖는 성질에 정면으로 부딪쳐가면서 골몰하는 연구와 시각검사 등 산업에의 응용을 주체로 한 연구의 분야로 나눌 수 있다. 전자는 자연화상을 연구대상으로 하기 때문에 정보량이 과도하여 실용성을 중시, 간략한 화상을 취급한 시스템 연구가 이루어지게 되었다. 학문으로서의 연구에서는 자연의 화상, 즉 다계조 백에서 흑에 이르는 여러 가지 수준의 회색을 포함한 계조화상 취급이 많은 데 처리장치가 대규모적으로 되어서 실용성이 낮다. 그래서 산업용도에는 2치화상이 주류로 되어졌다.

2치화상에서는 화상을 디지털화할 때 어떤 기준치로 되는 명도를 정하여 이것보다 어두운 부분은 흑, 밝은 부분은 백으로 한다. 완성된 화상은 관측대상의 그림자(실루엣)를 표현하며, 이 실루엣은 본래화상과 비교하면 정보량이 대폭적으로 압축되므로 처리속도도 빠르다. 이러한 실루엣이 갖는 도형적 특징을 해석하는데 사용되는 수법이 브로브해석이다.

그러나 최근 디바이스기술의 비약적 진보로 본격적인 계조화상 시각센서의 실용화가 가능하게 되었으며, 2치화상에 대한 장점은 다음과 같다.

(1) 뛰어난 안정(robust)성

2치화상에서는 주변의 조명조건이 변동하면 2치화의 기준치가 틀려져서 계측결과에 실수가 있게 된다. 물론 계조화상에서도 조명조건은 매우 중요하지만 2치화상에 비하여 조건에 대한 제약이 훨씬 적다.

(2) 화소 정밀도

2치화상에서는 거리와 면적 계측정밀도는 화상을 축적한 메모리의 화소수로 정해진다. 일예로 512×512mm의 영역을 관측하는데 512×512화소의 2치센서를 사용하면 분해능은 1mm라는 것이 물리적 한계이다. 그러나 계조화상에서는 0.01화소의 분해능을 얻는 일이 가능하여서 계측의 정밀도로서도 1/10화소정도까지 보증할 수 있다. 즉, 2치화상에서는 렌즈배율을 높이 하여 몇 회로 나누어 촬상해야만 하는 일이라도 계조화상으로라면 단번에 해석할 수 있다.

(3) 사용의 용이성

2치화상에서 기하학적 특징량을 구사하여 대상을 기술하려면 화상처리에 익숙한 사람이 아니면 곤란하다. 그러나 계조화상에서는 문자 그대로 "사람이 본 그대로"의 처리를 장치에 명령만 하면 되는 셈이다. 일예로 결함검사라고 하면 화면에 나와 있는 양품의 그림을 틀로 둘러 "이것과 다른 것이 흘러오면 불량품"이라는 지시를 주면 그만이다. 인간의 직감에 가까운 판단방법이므로 전문적인 지식은 전혀 필요 없어 FA등의 현장에서 사용되는 기계로 적합하다.

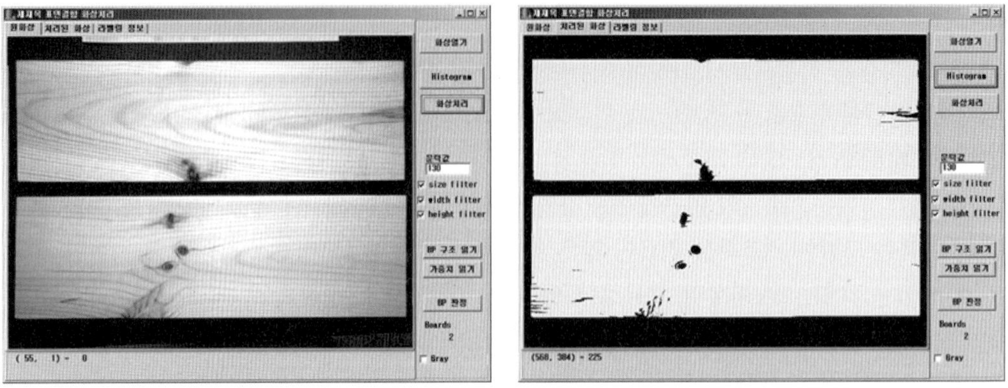

그림 16.4. 2치화 화상처리에 의한 목재표면 옹이의 검색

2) 목재의 색인식

물체의 색을 판정하기 위하여 색을 수량화하는 일반적인 color model에는 다음의 3가지가 있다. 그리고 목재의 색은 기본적으로 CIE색공간 내에서 2차원으로 존재한다. 그러나 단색조(monotone) 목재색은 대개 주된 파장이 580nm로 색의 변이는 밝기(brightness)와 순도(purity)에 의존하므로 CIE(Commission Internationale de l'Eclairage:국제조명위원회)의 3색도(trichromatic) 시스템은 색의 변이범위가 한정되어있는 목재의 결함검색용 화상처리에는 적당치 못한 것으로 판단된다.

① CIE RGB model, CIE normalized RGB model, CIE XYZ model
② CIE Intensity-hue saturation(IHS) model
③ CIE Uniform chromaticity spacing(UCS) model

일반적으로 목재 색상의 차이는 비교적 작으나 밝기와 포화도(saturation)의 차이는 매우 크다. 목재색에 영향하는 관찰조건들은 다음과 같다.

(1) 표(단)면의 방향

방사와 접선 방향간의 차이는 거의 없다. 왜냐하면 방사단면에는 유조직이 존재하고 접선단면에서는 조재비율이 높을 가능성이 있기 때문이다. 횡단면과 종단면의 주 파장과 순색도는 서로 같으나 밝기는 횡단면에서 매우 낮게 나타난다.

(2) 조명 광선의 목재표면에 대한 상대적 입사방향

일반적으로 재면에 대하여 광원은 45도 기울기를 갖도록 하며, 검출기는 재면 바로 위에 직각으로 설치하여 기기에 대한 방향성 반사(specular reflection)를 줄인다. 왜냐하면 산란성 반사(diffuse reflection)가 방향성 반사보다는 더 진정한 색관련 정보를 포함하고 있기 때문이다.

(3) 목리방향에 대한 입사광선의 배열

CIE 값에는 별다른 영향은 없으나 목리방향을 따라 광선이 조사될 때 밝기 좌표(brightness coordinates) Y는 더 크다.

(4) 함수율

함수율(40% - 10%)이 상승하면 밝기와 순색도는 감소한다. 그러나 주 파장은 변함이 없으며, 함수율 10%이하에서는 자유수가 존재하지 않으므로 심각한 감소는 없다. 따라서 섬유포화점이하에서는 함수율에 의한 영향을 무시해도 무방하다.

(5) 그 외 목재의 스펙트럼 반사(spectral reflectance)나 수종과 변심재에 의한 영향도 고려되어야 한다.

4. 목재공업의 화상처리기술 응용

Szymani등(1981,84,85)이 목재 표면의 특성을 결정함에 있어 가시광선 시스템이 초음파나 X선 또는 적외선을 이용한 방법보다 보다 높은 신뢰성을 갖추고 있다는 주장을 편 이후 McMillin(1982)은 화상처리기술을 목재의 물리, 조직적 특성 연구에 적용하여 목재내 각 조직의 비율과 생장률, 섬유장, 공극률 및 세포내강의 면적과 직경, 합판의 전단목파율 등을 계측한 바 있으며, Mattews(1987)는 화상처리로 목리 각도를 1도의 오차수준으로 검색할 수 있는 방법을 모색하기도 하였다.

그러나 목재공업에서 화상처리의 적용효과가 가장 클 것으로 기대되는 분야는 목제품의 품질관리로 Conners등(1983,84)과 McMillin등(1984)은 목재가공 자동화시스템 (ALPS: automated lumber Processing system)을 개발하는 과정에서 공간적 계조수준차(spatial gray level difference)를 이용한 화상조직분석(texture analysis)에 기초한 계조화상 기계시각(gray scale machine vision) 시스템의 정확도가 57.35% - 88%에 이르는 것을 확인한 바 있다. 특히, 화상조직의 특성을 이용, 각 화소의 계조수준차를 비교하는 2단계 분석을 실시한 결과 88.33%의 정확도를 얻어냈으며, 위치 판별을 고려하지 않는 경우 무결점재면의 판정 정확도는 91.67%에 이를 수 있음을 확인하였다. 또한 계조화상처리시스템에 RGB 필터를 결합시키면 그 정확도는 실제 작업자의 정확도 수준에 접근할 수 있다는 가능성을 제시하기도 하였다.

Soest등(1984,85)은 레이저검색기를 이용, 침엽수 세포의 광투과성과 산란성을 기준으로 결점재와 무결점재의 구분을 시도하였고, Maleta(1984)는 옹이나 스플리트, 할렬, 목리, 수지, 변색(얼룩)등의 검색에 Saab "Q-option"을 적용하여 목재수율을 3.8%향상시킨 바 있다. 따라서 화상처리는 목제품의 품질관리에 이용될 가능성이 매우 큰 기법으로 Mehlhorn등(1985)이 목재 소재 재단공정의 품질관리에 계조화상처리시스템의 적용 가능성을 제시하였으며, 최근 Wada(1991)는 집성재용 Douglas-fir 라미나(laminar)의 옹이검색에 일차원 CCD 카메라를 이용한 바 있다. 그림14와 15는 화상처리에 의한 단판과 소재의 표면결함검출 장비를 각각 보여주고 있다. 그러나 화상처리기법만으로는 충분한 정보를 얻을 수 없으므로 Karonen(1985)은 초음파 검색방법을 추가하여 옹이부분과 부후부분의 판별능력을 향상시키고 있다.

목질판상제품의 생산공정에도 화상처리기술은 응용될 수 있을 것이며 Arnold(1986)는 CCD 카메라를 이용, 삭편판 제조공정중 칩의 선별에 VISTA계측원리(그림16)를 적용, 칩의 길이, 폭, 두께와 표면 등을 계산함으로써 칩의 형상계수를 결정하고 분류하도록 하였다. 따라서 이후 생산될 삭편판의 특성을 예측할 수 있으며, 제조공정을 지속적으로 제어해야 하는 작업자들에게 큰 도움을 줄 수 있을 것이다.

한편 Choi등(1991)은 흑백 CCD카메라로 목재와 종이의 변형 전후 화상을 비교, 응력측정을 시도하기도 하였으며, Clauson등(1991)은 밀도측정에 CCD 카메라를 이용한 화상처리를 적용, X-ray 밀도측정장치의 단점을 보완하였다. 그러나 화상처리란 CCD 카메라를 통한 화상만을 대상으로 하는 것이 아닌 것으로 Fischer등(1985)은 광학적, X-ray 또는 적외선 화상을 이용한 결함검색방법을 이용함으로써 화상획득의 선택 폭을 확장시키는 등 임산공업에 대한 화상처리의 적용범위는 소재나 합판 표면의 결함검색으로부터 더욱 확장되고 있다.

5. 목재공업용 화상처리시스템 구축과 이용

1) 시스템 구축시 유의사항

① 화상시스템 도입 목적과 예산을 명확히 할 것

② 기기 제조업자를 신중히 선택할 것
(즉 기기의 검출원리 등이 목적에 적합해야 한다)

③ 현상의 기준과 목표와의 차이를 충분히 인식할 것
(즉 사용자의 시스템에 대한 지식수준이 문제가 된다. 따라서 제조업자는 사용자를 충분히 이해시킬 수 있는 설명방법과 검증방법을 확보해야 한다)

2) 시스템 이용시 권장사항

① 視準된(collimated) 화상에는 고산란 광원의 적용이 바람직하다.

② 가능하면 거친 표면은 피하는 것이 좋다.

③ 많은 수종의 목재는 일반적으로 스펙트럼의 yellow-red 영역에서 높은 반사도(reflectance)를 나타내므로 적당한 스펙트럼 강도분포(spectral power distribution)를 지닌 광원을 선택하도 록 신중을 기해야 한다.

④ 표준 컬러 비디오카메라를 사용할 때는 발생 가능한 역효과를 최소화하도록 해야 한다.

⑤ 항상 당시의 목적에 가장 적절한 색공간을 결정해야한다. 목재공업분야에서는 화상정보를 매우 단순화시켜야 하므로 대부분의 색공간에서 2차원으로 나타난다.

6. 화상처리시스템의 발전동향

1) 처리의 고속화

처리를 고속화하기 위해 크게 나누어서 hardware와 software의 양면에서의 발전이 행해지고 있다. 하드웨어에 관해서는 각종 전자장치의 계속적인 진보에 맞추어서 보다 고속, 고기능 중앙처리장치(CPU) 혹은 화상전용 프로세서가 채용되고 있다. 프로그램 구조적 측면에서도 멀티프로세서에 의한 병렬처리, 파이프라인처리가 가능한 시각장치도 등장하고 있다. 이들의 흐름은 장치의 가격저하에 보조를 맞춘 형으로 진전해 가리라 생각된다. 또 큰 흐름으로써 화상처리 알고리즘의 팜웨어화와 하드웨어화가 있다. 일부의 알고리즘은 이미 실용화되고 있고 처리속도의 비약적인 향상이 실현되고 있다.

2) 처리기능의 향상

처리속도의 향상에 따라 복잡한 알고리즘의 탑재가 가능하도록 됨에 따라 시각장치를 더욱 강력하게 함과 함께 그 처리결과의 신뢰성을 향상시키는 것이 가능하여졌다. 특히 농담화상처리, 서브픽셀처리 등은 서서히 일반화되고 있다. 일부에서는 하프변환 등의 군화, 정규화 상관알고리즘을 탑재한 기종도 있다. 또 이미지센서의 多화소화에 따라 시각장치의 화상 메모리사이즈를 대형화해서 처리화상의 해상도를 상승시키는 방향으로 움직이고 있다.

3) 새로운 key기술의 도입

화상처리의 금후의 key기술로 뉴럴 네트워크, Fuzzy, 전문가시스템(expert system)등을 들 수 있다. 특히 뉴럴 네트워크는 그 학습, 추론기능에서 응용기술개발의 용이화와 종래의 화상처리의 알고리즘에서는 대응할 수 없는 영역의 보완이 기대되고 있다.

(1) FUZZY이론의 응용

퍼지이론의 화상처리 인식에 있어서의 연구는 현재 퍼지이론 응용의 중핵을 이루고 있는 퍼지제어기술에 비교하면 그 진전은 훨씬 뒤떨어져 있다. 퍼지이론이란 인간이 말하는 것, 생각하는 것을 그대로 솔직하게 표현하기 위해 데이니 현재 인간과 기계와의 인터페이스싱의 향상파 인간이 갖는 노하우의 도입을 위한다고 하는 형태에서 여러 가지 대상영역으로 응용되어지기 시작하고 있다. 우선 화상분야에서는 인간의 지각에 보다 가까운 형태의 출력을 얻는 방법으로 제안되었다. 근년에는 컬러정보처리를 중심으로 한 화상처리의 분야에서 인간의 지각에 가까운 처리, 인식에서 보다 더 고도의 지식에 기초한 화상의 인식분야로 연구의 동향은 이어지고 있다.

(2) 테크너스-뉴러 시각시스템

산업의 고도화에 따라 분해능이 높고 고정밀 고속의 검사시스템에 대한 요구가 높아지고 있다. 그러나 화상은 2차원의 확장을 갖기 때문에 예를 들어 길이방향으로 10배의 정밀도를 갖게 하려면 그 제곱인 100배의 정보량이 필요하게 된다. 따라서 고속을 유지하려면 화상정보를 대폭 감소시켜야 하므로 정밀도가 떨어지는 문제에 봉착하게 된다.

그러므로 종래의 생각과는 전혀 다른 발상이 필요해진다. 일예로 인간의 생체구조를 적용하는 것이 문제의 해결책이 될 수 있다. 일본에서 개발된 시스템을 구체적으로 살펴보면 우선 화상입력부로는 매초 1000만점(=5000점×2000점) 각점 256명도 이상의 정보를 읽어낼 수 있는 카메라를 개발하였다. 다음으로 화면처리부에 생체공학에 의한 기술을 투입한다. 즉 인간의 눈의 망막에 있는 뉴런(신경세포) 기능을 실현하는 기술을 개발한 것이다. 이 논리를 만족시키는 프로세서를 설계하고 이 시스템의 화상처리부분은 슈퍼컴퓨터와 동등한 처리속도(2220MIPS)를 갖는 비노이만프로세서로 구성된다. 이 결과는 비노이만프로세서의 소프트웨어에 의한 유연성을 갖는 판정기능에 의해 판정된다. 그리고 비노이만프로세서에 대한 고도한 설정을 단지 두개의 parameter로 표현하는데 성공하여 그 시뮬레이션을 퍼스널 컴퓨터의 화면상의 화상처리로 해결할 수 있도록 하였다. 이것으로 고속, 고정밀도를 가짐과 동시에 극히 쓰기 편리한 온라인 실시간 자동검사 시스템을 구축하는 것이 가능해졌다.

제4절 적용 사례

1. 제재 및 재단공정에서의 검색시스템

계측은 목재가공공정 제어의 기본 요소로 가공수율의 향상과 합리적 경영을 위해서는 원목이나 판재의 규격과 형상을 보다 정확히 파악해야 한다. 그러므로 계측시스템은 공정 각 단계에서 투입량을 산출량에 일치시킬 수 있어야 하며, 원재료의 길이, 직경, 말구와 원구의 직경비(taper) 및 質的 특성과 함께 목섬유의 전체 부피를 반영할 수 있어야 한다. 또한 원재료의 가격과 최종 생산품의 가치에 모두 연관하여 고려되어야한다.

1) 검색시스템의 구비조건

제재 및 재단시스템의 형태와 그 정도(精度)는 원목의 기계적 변환과정에서 중요한 역할을 한다. 구식의 검색장치는 그림자 윤곽선(shadow line)이나 레이저광선을 이용하여 작업자가 적정한 재단위치를 보다 간편하게 결정할 수 있도록 도움을 주는 방식이었다. 그러나 최근 광전기적(optoelectric) 검색기술과 단층촬영(CT: Computer Tomography)기술의 발달로 복잡한 검색과 계산 및 대상물의 적정 위치선정장치가 제재 및 재단공정에 도입되고 있다. 광학적 검색시스템에 요구되는 성능은 다음과 같다.

① 지속적이고 신뢰성 있는 작업이 가능해야 한다.
② 실시간 검색(real time scanning)이 가능해야 한다.
③ 주위 환경에 민감해서는 안 된다.
④ 비용면에서 효율적이어야 하며 유지와 보수가 간편해야 한다.

⑤ 자기진단기능과 경보기능 등이 내장되어야한다.

⑥ 돌발사태를 대비한 수동식 또는 전자식 back-up 시스템이 필요하다.

Stanford Research Institute의 조사에 따르면 이들 중 가장 중요한 요구사항은 항상성(consistent operation)으로 나타났다. 그리고 재단위치결정을 위한 검색과정과 정보처리는 실시간에 완료되어 요구되는 생산속도를 유지할 수 있어야 한다. 또한 시스템은 투자비용에 비하여 투자효과가 커야만하며, 적절한 지침서가 요구되고 사용자 자체적으로 유지할 수 있어야 한다. 시스템에 software 또는 hardware에 의한 자기진단, 보정, 수정 및 경보기능 등도 내장되어있어야 하며, 만일 시스템에 고장이 발생하여 작동을 중지하게 되는 경우에도 작업이 지속될 수 있도록 수동 또는 전자식 back-up 시스템도 필요하다. 한편 돌발적인 외부로부터의 충격이나, 전기적 충격, 화재, 사람에 의한 손상 등으로부터 시스템 자체적으로 방어할 수 있는 기능도 요구된다. 이와 같은 구비조건은 적용되는 곳에 따라 달라질 것이나 시스템공급업자는 사용자의 편의를 위하여 성실히 시스템의 시운전 및 보정(debugging)작업에 응해야할 것이며, 해당 작업자와 관리자의 교육과 훈련도 책임 있게 시행해야 할 것이다.

2) 검색시스템의 종류

제재 및 재단공정 검색시스템은 그 기능에 따라 원목검색기(log scanner), 판재형상검색시스템(scanning systems for board geometry) 및 목재결함검색시스템(scanning systems for lumber defects)등으로 나눌 수 있다.

(1) 원목검색기

최초의 고속 원목 검색기(log scanner)는 1960년경 스웨덴에서 개발되었다. 북미에서는 1970년대 초에 비로소 최초의 원목검색기가 출현한 이후 현재는 여러 가지 종류의 원목검색기가 현장에서 사용되고 있다.

제재소에서 원목의 검색작업은 원목의 횡 또는 종방향 이송 중에 이루어진다. 원목 직경의 계측은 1차원, 2차원 또는 3차원 평면에서도 이루어질 수 있으며, 단판생산공정의 경우에는 원목이 회전하는 동안 검색을 실시함으로써 전체적인 원목 형상을 가장 광범위하게 파악할 수 있다.

원목 검색에 사용되는 검색방법으로는 광차단방법이나 광반사방법이 일반적으로 일사광선의 영향이나 반사도(reflectivity)의 문제를 제거하기 위해서 발광소자나 변조된 레이저 광선을 사용하고 있다.

원목이 검색영역을 다 지나가면 컴퓨터는 원목의 굽은 정도, 단면의 진원도, 그리고 그 외 표면의 불균일성 등과 같은 원목의 형상특성에 관련된 정보를 제공해주므로 얻어진 원목 관련정보에 육안식별 가능한 결함에 대한 정보를 보완함으로써 이후 이어질 조재(bucking)나 선별공정의 효율을 개선할 수 있다.

(2) 판재형상검색기와 재단 적정화시스템

재단 적정화시스템(edging optimizing systems)은 판재를 검색하고 재단위치를 선정하여 재단기(edger)로 보내주는 일종의 컴퓨터 제어형 머신센타(machine center)이다. 이 장치는 최적 수율을 위해 판재를 각 방향으로 이동시킬 수 있으며, 소프트웨어 프로그램도 최대의 가치나 수율을 낼 수 있도록 가능한 모든 판재의 조합을 고려할 수 있다. 이와 같은 재단 적정화에는 판재형상 검색기(board geometry scanner)가 필수적이다.

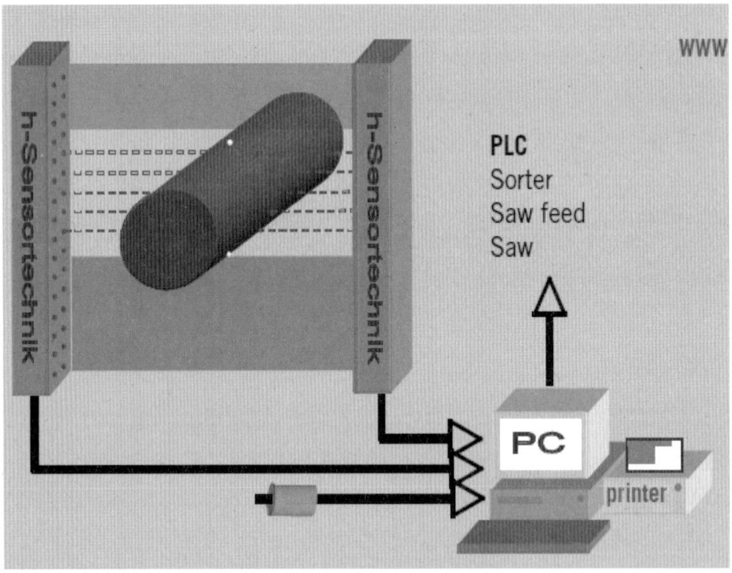

그림 16.5. 원목 검색시스템

(3) 목재 결함검색시스템

생재상태 목재의 가공이나 등급판정 또는 on-line 품질관리를 보다 효율적이고 정확하게 하려면 옹이, 할렬, 공극(구멍), 수지 누출(pitch inclusion) 또는 치수의 편차 등과 같은 결함들의 정도와 분포를 알아야한다. 그러나 공정상에서 목재가 고속으로 처리되므로 작업자로서는 목재의 결함분포를 인식하기 쉽지 않으며, 이후 종절(rip-sawing), 횡절(cross-cutting), 등급판정, 또는 품질관리 등의 공정에 이 정보를 이용하기도 어렵다. 그러므로 높은 초기 투자비용에도 불구하고 자동 목재 결함검색시스템(lumber defects scanning system)을 사용하여 검색시간을 줄이고 수작업에 의한 불확실성을 제거하는 것이 보다 경제적일 것이다.

우선 목재 결함은 생물학적 결함과 공정상의 결함으로 대별할 수 있다. 생물학적 결함이란 목재가 입목(立木)의 상태에서부터 지니고 있었거나 세균, 해충에 의해 발생한 결함 등을 의미하며, 공정상의 결함이란 목재의 절삭, 건조 또는 취급시에 발생한 결함을 말한다.

빛이 어떤 물체를 때리면 그 빛은 흡수되거나 투과 또는 반사되며, 빛이 반사되는 양의 변이를 이용하면 목재의 생물학적 결함을 검색할 수 있다. 이때 반사되는 에너지는 물체의 반사도(reflectivity)와 반사형태(type of reflection)의 영향을 받는다. 검색방법에서의 반사도란 물체를 때리는 에너지에 대한 물체로부터 반사된 에너지의 比이다.

패턴인식을 위해서는 앞서 지적한 바와 같이 광학적 화상을 컴퓨터가 인식할 수 있고 CRT화면에서도 재현될 수 있도록 전기적 신호로 변환해주어야 한다. 이와 같은 화상처리의 한 가지가 TV카메라이다. TV카메라는 특수한 회로와 연결되어 물체로부터 방출되는 빛을 정확히 감지하여 카메라촬상관의 광감지 표면(photosensitive face)에 화상을 재현한다.

또 다른 방법으로는 TV카메라 촬상관을 광센서 배열로 대체하는 것이다. 배열된 각각의 광센서는 축전기와 같은 역할을 하여 전압을 저장하고 있다가 빛을 받으면 전압을 방출하게 된다. 따라서 남아있는 전압은 수광량에 비례하게 된다. 결과적으로 비디오 또는 디지털 신호는 펄스가 연결된 형태가 되며 각 펄스의 크기는 해당 광센서의 수광량에 따라 결정된다.

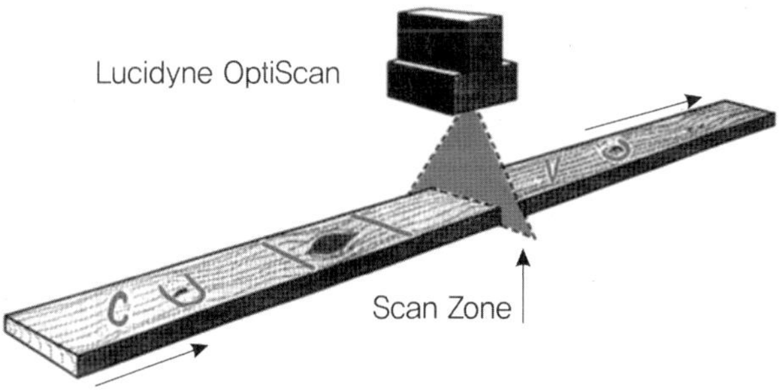

그림 16.6. 판재 결함 검색시스템

제5절 목재 내부결함 검색

목재의 내부결함을 검색하기 위해 개발된 장치로는 방사선을 이용하거나 초음파 또는 핵자기공명(NMR: Nuclear Magnetic Resonance)을 응용한 것들이 있다. 그러나 이들 모두가 각각의 장단점을 지니고 있고 특히, NMR이용 장치는 단층촬영기에 비해 인체에 해로운 정도가 낮은 장점이 있으나 가격이 매우 높다는 치명적 단점이 있어 현재로서는 단층촬영에 의한 목재 내부결함 검색에 관심이 집중되는 실정이다.

1. 컴퓨터 단층촬영

전술한 바 있는 제재 및 재단 자동화시스템은 일반적으로 원목이나 판재의 외부 형상을 위주로 파악하여 그 정보를 사용하게 된다. 따라서 원목이나 목재를 잘라보기 전에는 그 내부에 어떤 결함이 어떻게 분포되어 있는지를 알 수가 없었다.

컴퓨터 단층촬영(CT: Computer Tomography)이란 X-ray기술의 일종으로 이름 그대로 대상물의 단면을 화상으로 볼 수 있어 상기한 단점을 극복할 수 있으며, 약 20여 년 전부터 의료용으로 실용화가 되었다. 단층촬영에 의한 화상처리를 목재가공에 응용한다면 수율(收率)뿐만 아니라 생산되는 목제품의 품질도 향상시킬 수 있다. 예를 들면 목재내 옹이나 썩은 부위의 정확한 크기 및 위치를 파악함으로써 결함이 전혀 없는 무결점재를 생산할 수 있으며, Taylor등(1984)은 산업용 단층촬영기술의 적용으로 제재목의 가치를 7-8% 향상시킬 수 있음을 보고한 바 있다.

이와 같은 단층촬영기술은 의료기관을 중심으로 급속히 보급되어 왔으나, 장비의 가격이 매우 높아 산업현장에 도입되고 있는 속도는 매우 느린 실정이다. 그러나 최근 원재료비 및 임금의 급속한 상승으로 각 산업분야에서 자동화와 비파괴적 검색(non-destructive scanning)에 대한 관심이 높아지고 있어 단층촬영기술의 산업현장 도입이 늘어날 전망이다. 한편, 단층촬영기술이 목재공업에 쉽사리 도입되지 못하고 있는 원인은 이 기술의 경제적 타당성외에도 현재의 기술로는 화상처리속도가 늦어 실시간에 공정을 완수할 수 없다는 점이다. 일예로 자동화된 일반 제재소에서는 1분당 3개의 원목을 처리하고 있으므로 엄청나게 많은 화상정보를 수집하고 해석해야 하는데 배당되는 시간은 매우 짧아 작업자의 육안으로는 도저히 해석이 불가능하다. 따라서 컴퓨터의 성능이 급속히 향상되고 있는 현 실정에서는 필요한 화상정보만을 선택하고 압축하는 기술의 발전이 요구된다고 하겠다.

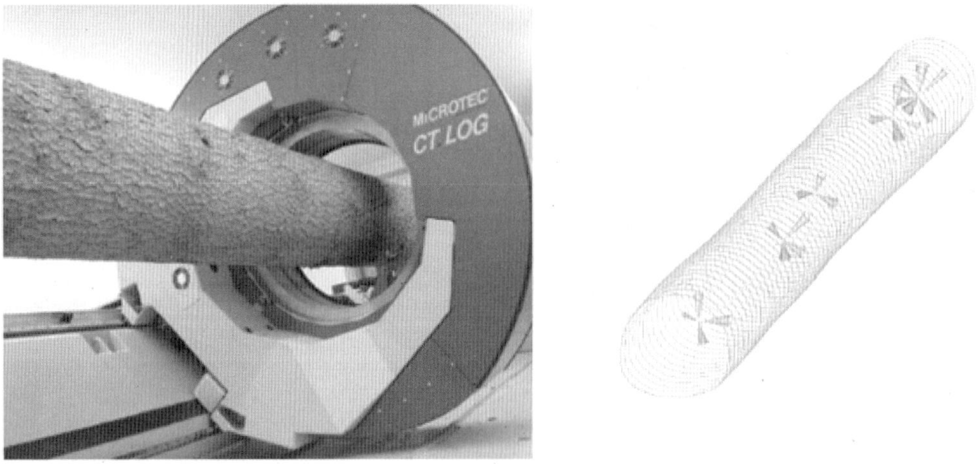

그림 16.7. 원목 단층촬영장치와 원목단면 화상

단층촬영화상을 통하여 우리는 연륜, 옹이 등의 목재 내부구조를 쉽게 식별할 수 있다. 그것은 물체에 X-ray를 조사하면 그 물체의 밀도에 따라 X-ray가 흡수되는 양이 다른 점을 단층촬영 검색기는 이용하기 때문이다. 즉, 옹이나 만재부위는 조재부위보다 밀도가 높으므로 화상에서 백색부분으로 나타난다. 한편, 원목의 길이방향으로 일정한 간격으로 단층 촬영하여 각 단면의 화상을 조합한다면 입체적으로 목재 내부구조를 파악할 수도 있으며, 이때에는 허용 가능한 결함의 범위를 미리 결정해두어야 한다. 예를 들어 2cm이상의 결함을 파악하고자 한다면 검색간격은 당연히 2cm이하가 되어야 할 것이며, 만일 원목(목재)의 길이가 6m라면 1분 내에 300회의 검색을 완료해야 한다.

1) 단층촬영 기본 해석이론

단층촬영에 의해 목재 내부단층 각 부위의 선형 광자흡수계수(linear photon absorption coefficient)를 계산함으로써 결점부위의 위치를 탐색한다. 이때 건전 목재부위의 계수는 1로 하며, 옹이는 0, 공기는 5의 계수를 갖도록 한다면 공기가 존재하는 할렬부위는 높은 계수(=5)가 연속되어지는 부분으로 나타날 것이다. 물론 계수의 범위를 넓힌다면 화상해상도는 향상되지만 처리시간이 길어짐을 주의해야 한다.

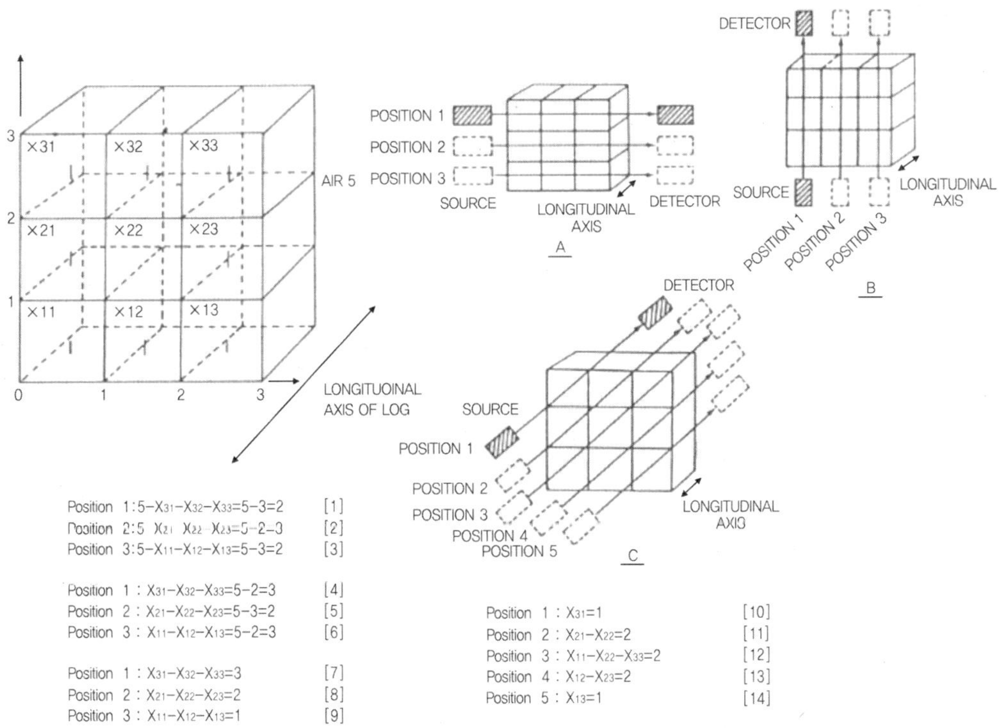

그림 16.8. 단층촬영의 기본 해석원리

그림 16.8은 목재 단면을 간단히 9개의 부분으로 나누었다고 가정하였을 때 각 부위의 흡수계수를 보여주고 있다. 물론 각 부위의 흡수계수는 아직은 확인되지 않은 상태로 각 계수의 확인절차는 다음과 같다. 우선 A에서처럼 검색을 행하여 식1-식3을 얻게 되며, 각 식의 결과는 검색기의 반응값이다. 식1-식3은 다시 간단히 정리하면 식4-식6과 같이 되며, B방향의 검색에서도 같은 방법으로 식7-식9를 얻는다. 그러나 식4-식9만으로는 각 부위의 흡수계수를 계산할 수 없으므로 C방향에서도 동일한 방법을 적용하여 식10-식14를 얻어냄으로써 비로소 각 부위의 흡수계수를 구할 수 있게 되는 것이다. 따라서 보다 높은 해상도를 필요로 한다면 목재 내부단층을 수많은 부분으로 잘게 나누어 요구되는 해상도에 따라 검색방향의 수를 증가시켜야 하며, 원목을 검색할 경우에는 원목의 둘레를 따라 일정 각도 간격으로 연속적인 검색을 해야 한다.

한편 화상(면)을 左에서 右로 검색한다면 x축 선상에서 최초와 최후로 0이 아닌 값을 갖는 화소를 각각 찾아내어 두 화소간에 끼어 있는 화소의 수를 셈으로써 원목의 직경도 알아낼 수 있다.

2) 결함의 식별과 문제점

각 결함의 식별은 그들의 평균적 밀도를 기준으로 하여 이루어지게 된다. Funt등(1987)은 목재 단층을 밀도가 큰 순서대로 옹이, 건전재, 부후재 및 공기의 4영역으로 나누도록 기준을 정하고 의료용 X-ray단층촬영기(해상도=256×256 화소)로 목재내부결함 식별을 시도한 바 있다. 그러나 목재내 존재하는 수분 때문에 옹이와 수분과의 구별이 쉽지 않다. 따라서 옹이의 형상이 일반적으로 타원형이고 타원형의 장축이 수(pith)쪽으로 향한다는 특징을 이용하여 수분과 구별하였으며, 건전재이나 밀도가 낮은 부위와 역시 밀도가 낮은 부후재와의 구별에는 부후재가 연륜의 연속성(폐곡선)을 끊는다는 사실을 이용하였다. 이와 같은 작업을 1분당 원목 3개의 속도로 처리하려면 원목1개를 검색하는 동안 두개의 원목은 이미 검색결과의 해석과 재단위치결정을 기다리는 동시에 원목1개는 재단되고 있는 상황이므로 단층촬영, 화상해석, 재단위치결정 및 실제 제재 또는 재단작업에 각각 20초씩만이 할당되게 된다. 그러나 현재 사용되고 있는 단층촬영기는 검색당 소요시간이 평균 3분 정도로 매우 느리므로 알고리즘의 단순화 및 고성능 hardware의 개발이 요구된다.

그러므로 단층촬영을 목재공업분야에 도입하는데 가장 큰 문제는 처리속도임을 알 수 있다. 1973년 최초로 개발된 상업용 단층촬영기는 검색당 4분을 소요하였다. 그 이후 다수의 감지기(detector)를 사용하는 2세대 검색기 translate-rotate geometry scanner가 개발되어 검색소요시간을 20초로 단축하였다. 그러나 산업현장에서 이용하기에는 이 역시 부적합하여 3, 4세대 단층검색기가 개발되었으며 이들의 검색소요시간은 1초였다. 최근 개발된 전자빔 단층검색기(Imatron C-100 scanner)는 전자빔(electron beam)을 이용, X-ray fan을 구동하고 디지털 화상정보를 광섬유를 통해 이송함으로써(32MB dual-ported high-speed bulk memory이용) 해상도 256×256화소로 직경 48cm 원목의 단층화상을 5초 내에 처리한다. 그러나 1초당 34개의 화상을 처리하면서 고속생산이 가능하려면 해상도를 128×128화소로 줄이고 원목의 직경도 38cm로 제한해야하는 문제점을 안고 있다.

한편 의료용 단층촬영기는 가격이 높고 X-ray tube의 투과력도 낮아 공업용 단층촬영기에는 X-ray tube를 방사성 동위원소(radioactive isotope)로 대체하려는 경향이 있다. Taylor등(184)은 이리듐(Ir)-192를 방사원(source)으로 하는 산업용 단층촬영기(IPT: Industrial Photon Tomography)를 이용, 원목 단층 하나당 100회 照射시 검색소요시간 1초를 기록한 바 있다. 그러나 검색시간이 1초이기 때문에 90cm/sec의 고속을 요구하는 경우 목재 길이방향으로 90cm마다 1회씩 검색하게 되나 효과적인 검색간격은 2.5cm이므로 처리속도 향상을 위해 철저한 검색으로 등급이 크게 향상될 것으로 기대되는 것들은 검색 전에 미리 분류하여 보다 느린 속도로 검색하거나, 우선 대강 검색한 후 결점이 나타나는 것만을 철저히 검색하는 방법도 고려할 만하다.

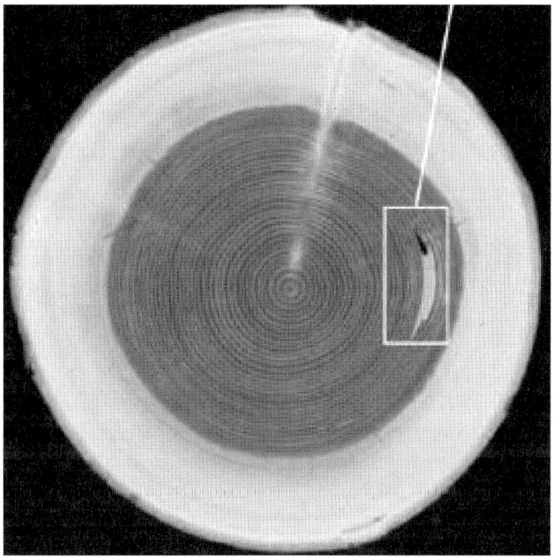

그림 16.9. 목재원목의 컴퓨터단층촬영 화상

2. 핵자기공명에 의한 내부결함검색

원목에는 많은 수분이 존재하고 있으며, 또한 옹이와 옹이를 둘러싸고 있는 목재조직간의 밀도차가 크지 않을 경우에는 전술한 단층촬영으로는 검색이 어렵게 되며, 단층촬영은 X-ray를 사용하므로 인체에 위험한 단점이 있다.

1) 기본 원리

홀수개의 광자(proton)이나 중성자(neutron)를 지닌 핵(neuclei)들은 외부의 자기장에 따라 그들의 magnetic moment를 배열하는 경향이 있다. 어떠한 이유에서든 이 원자들이 자기장의 방향과 다른 방향으로 향해 있다면 그들은 Larmor frequency(ω(x))로 알려져 있는 특정한 주파수의 자기장의 방향 쪽으로 진행하는 경향이 있다. 이때 Processing frequency)는 자기장의 세기(B(x))에 비례하며, 핵의 gyromagnetic ration(ɣ)에 따라 변하며, 다음과 같은 Larmor방정식으로 표현된다. gyromagnetic ratios가 서로 다른 핵들은 동일한 자기장에서도 서로 다른 주파수로 Processing한다.

$$\omega(x) = \gamma B(x) \qquad [5.1]$$

특정한 형태의 핵들이 그들의 Larmor주파수에서 고주파에 노출되면 핵들은 고주파에너지를 흡수하여 magnetic moment를 자기장방향에서 벗어난 다른 방향으로 재배열한다. 이러한 현상을 공명(resonance)라 한다. Turing away angle의 크기는 고주파의 amplitude와 적용시간에 비례한다. 만일 고주파공급을 중단하게 되면 핵은 에너지를 주위로 방출하면서 원래의 방향으로 회귀하게 된다. 이 과정을 relaxation이라 한다. 고주파는 RF coil을 이용하여 발생시키며, relaxation 기간 동안에는 이 코일이 방출되는 고주파신호를 수용하는 안테나의 역할도 하게 된다. 이때 얻어지는 신호의 세기는 각 위치별로 다를 수 있으며, 그 세기의 분포를 Fourier transformation하고 단층촬영의 경우와 같은 화상처리를 하면 2차원영상을 얻을 수 있다.

현재 실용화된 의료용 NMR검색기는 감도가 높을 뿐만 아니라 인체내에 풍부히 존재하는 수소를 이용하고 있으며, 다행히 생재상태의 원목에도 많은 수분이 존재하므로 내부결함의 검색에 이 NMR검색기를 응용할 수 있다.

2) 결함의 검색과 문제점

Chang(1990)이 Siemens사의 의료용 0.5 Tesla Magnetom NMR검색기를 이용, spin-echo방법으로 참나무와 black cherry를 검색하였다. 원목길이방향으로 16mm마다 1개씩 모두 15개의 영상을 얻었으며, 1개의 화상을 얻기 위한 자료처리시간은 7.5분, 그리고 화상을 재구성하는데 7.5분이 소요되었다(VAX720 computer 사용). 그러므로 spin-echo방법은 처리시간이 긴 것이 단점으로 지적된다. 실제 현장에서는 원목당 초간의 시간적 여유가 보장되기 때문이다. 따라서 echo-planar 방법과 같은 처리속도가 빠른 새로운 처리방법의 개발과 적용이 요구된다.

실험결과 환공재는 연륜의 형태가 확연하여 NMR검색이 용이하였다. 한편, gum spot는 수소함량이 적어 gray level이 심재의 그것과 유사하므로 변재부위에 속한 것만을 볼 수 있었으며, 같은 부위라 하더라도 건조되었거나 동결되었는지 여부에 따라 서로 다른 화상으로 나타나 판별이 어려워지는 문제점이 있었다.

제17장 목재가공공정의 자동화

제1절 신기술과 자동화의 필요성

1. 신기술의 필요성

목재의 물리적 가공공정은 각 단계마다 원재료의 손실이 필연적으로 발생한다. 원목을 목제품으로 변환하는 효율은 지난 40년간 새로운 기술이나 장비에 의해 현격히 향상되었다. 예를 들어 미국에서는 1945년 현재 20%수준이었던 Douglas-fir의 최종제품으로의 변환효율(conversion efficiency)이 오늘날에는 거의 85%에 이르고 있다. 즉, 새로운 생산설비와 기술은 섬유이용률(fiber utilization)을 개선하는데 상당한 기여를 해왔다.

입목(tree)은 지구환경에 대한 가치뿐만 아니라 목재공업의 주된 원료이다. 따라서 목재의 이용률을 높이고자 하는 욕구는 계속되어 왔으며, 특히 다음과 같은 이유로 인하여 앞으로 그에 대한 필요성이 더욱 강조될 것이다.

① 원목 직경이나 품질의 저하
② 원목가격의 상승
③ 점진적인 목제품수요의 증가
④ 최종용도에 적합한 구조용재에 대한 수요증대
⑤ 시장에서의 경쟁 심화

표 17.1. 최종 제품별 변환효율

최종 제품	변환 효율(%)
삭편판 공업	90
非단판 복합재료(Waferboard, OSB 등)	85
합판공업	60
제재공업	
침엽수	51
활엽수	30

(Haygreen and Bowyer(1989))

1950년대까지만 해도 원재료의 가격이 낮아 수율향상을 위한 공정개선에 대한 경제성이 없었다. 그러나 1960년대에 들어서면서 원목가격은 상승하기 시작하였으며, 급기야 1980년대에는 제재업에서 원목가격이 원가의 56-70%를 점유하게 되었으며, 합판공업에서도 원가의 55-62%를 원목가격이 차지하고 있다. 이러한 환경변화에 의해 지난 수십 년간 수율향상을 위한 노력이 경주되었던 것이다.

지난 수십 년간 상기 제품을 위한 원재료들의 가격은 급속히 상승하여 왔으며, 노동임금(labor cost)도 역시 상당히 높아졌다. 그럼에도 불구하고 이들 제품의 상대적 가격이 비교적 안정되었던 것은 새로운 설비나 기술에 의해 생산속도와 생산능력이 증대되었기 때문이다. Spelter등(1988)이 미래의 수율에 대해 예측한 결과를 보면 2040년대에 들어서면 1950년대에 비해 원목의 직경이나 품질이 매우 저하됨에도 불구하고 Douglas-fir의 제재수율인자(LRF(Lumber Recovery Factor))는 25%, 그리고 southern pine의 LRF는 15%정도 향상될 것으로 예상되고 있다.

LRF = (Board feet of lumber recovered)/(Actual cubic foot log volume) [5.2]

2. 자동화의 필요성

산림자원의 고갈과 환경보호에 대한 인식의 고조로 원재료 공급이 원활치 못한 상황에서 기존의 숙련공들은 고령화된 반면, 후계자의 육성도 어려운 실정으로 목재공업은 커다란 위기국면을 맞고 있다. 또한 사회 전반적으로 복지사회로의 이행을 염원하면서 임금도 상승하였으나 근로자들의 이직률은 높아지고 있으며, 그에 따라 외국 노동자들의 고용문제도 이젠 먼 외국만의 문제가 아니므로 목재산업계에서는 자동화의 필요성을 절실히 느끼고 있다. 이와 같이 목재산업에서 자동화가 절실히 필요한 이유를 정리하면 우선 제품의 신뢰성 및 생산속도 향상과 함께 숙련기능공과 현장 작업자의 부족으로 인한 생력화가 필수적이며, 인력확보차원에서 소음, 열, 분진 등에 의해 열악해져있는 노동환경의 개선도 필요하다. 또한 원재료의 다양화와 저질화에 대응함과 동시에 수율을 극대화하면서 다품종소량생산체제로의 효율적인 전환을 꾀해야한다.

그러나 목재공업에서 자동화를 추진하는 일은 타 공업에 비하여 그리 쉬운 일이 아니다. 가장 직접적인 원인부터 순서대로 나열하자면 우선 목재는 여타 재료에 비하여 매우 불균질하다는 점이다. 다음으로 목재산업자체가 중소기업을 위주로 구성되어 자동화에 대한 투자능력에 한계가 있으며, 자동화에 관련된 기본적인 기술이나 학문의 축적도 일천한 실정이다. 또한 현재 생산되고 있는 목제품의 부가가치가 상대적으로 낮은 반면, 생산단가는 높은 편이며 고급인력을 구하기도 쉽지 않다는 점도 중요한 문제점으로 지적되고 있다. 더욱이 목재산업에 종사하는 사람들조차 목재의 불균질성을 무시, 묵인하면서 규격화가 되어있지 않은 제품들을 마구 생산하고 있고, 그들의 자동화에 대한 인식도 매우 낮은 편이다. 그 외 목재공업은 전통적인 다품종소량생산체제로 사회 전반적으로 목재가 공업재료로 인식되지 못하고 있음에 따라 그 수요와 시장규모가 작은 점도 자동화로의 이행에 대한 장애요인으로 나타나고 있다.

이러한 어려움에도 불구하고 목재공업의 각 분야에서 자동화와 자동계측에 대한 연구가 꾸준히 이루어지고 있다. 그러나 분야별로 관심의 대상이 달라 제재공업에서는 생산성향상 및

표 17.2. 목재의 물리적 성질과 자동계측에의 이용

목재의 성질	구 분	응용 용도
전기적 성질	전기저항 정전용량 마이크로파흡수	수분측정 수분측정, 섬유경사도 수분측정
핵자기공명 흡수		수분분포
열적 성질	적외선 방사 열류밀도	표면온도 측정을 통해 접착불량 검출, 함수율 및 비중 측정
광학적 성질	광택, 재색	면사상, 도장상태 수량화
초음파	투과법	탄성률, 밀도나 수분 측정 섬유경사도 측정 옹이, 부후부분이나 내부결함 검사 접착불량 검사(경화상태나 결교현상) 제재목이나 단판 등의 등급구분
Acoustic Emission		강도의 예측과 결함검출 접착층 파괴기구 연구와 접착불량 검출 건조공정의 제어(응력감시, 할렬 예방) 절삭상태의 감시(적절한 공구교환시기 결정) 목재내 해충 거동 감시
방사선	X선 회절 X선 흡수계수 X선 투과법 X선 CT	결정내 원자배열 조사 물질 내부구조와 결함 탐지 비파괴검사 밀도 및 함수율 분포 측정 품질관리 목재내 부후, 해충피해 및 옹이 등 결함 검색

규격측정과 건조공정의 자동화에 관심이 집중되고 있는 반면, 가구산업에서는 미관적 상품가치의 향상에, 그리고 집성재 공업에서는 강도적 성능의 보증에 따른 신뢰성 향상에 집중되고 있다. 일반적인 자동화연구의 경향으로는 예전의 접촉식에서 비접촉식으로 발전되어 음파나 진동현상 등의 이용에 많은 관심이 모아지고 있다. 그리고 현재 자동계측분야로는 함수율(수분)계측분야에 가장 많은 연구가 집중되고 있으며 그 다음으로 건조제어와 치수, 형상측정분야가 뒤를 잇고 있다. 다음은 각 분야별 자동화와 자동계측기술의 현황과 문제점을 제시하고 있다.

제2절 분야별 자동화 현황과 문제점

1. 제재공정

제재공업은 목재산업 중 가장 오래된 사업의 하나이지만 가장 먼저 컴퓨터를 응용한 새로운 기술을 도입한 분야이기도 하다. 그 이유는 가장 오래된 산업이기 때문이 아니라 가장 효율이 낮았던 분야이기 때문일 것이다.

1960년대 말에 출현한 Chip-N-Saw headrig는 원목직경 감소에 대응하기 위한 최초의 개선책으로 수율은 낮으나 생산속도가 높은 것이 큰 장점이다. 1970년대 초에는 미국 임산물연구소에서 개발한 BOF(Best Opening Face)제재기술을 접목한 컴퓨터 제재시스템이 도입되기 시작하였으며, 이 BOF의 도입으로 제재수율이 약 21%정도 향상되었다.

원목검색(log scanning)은 1960년대 말에 처음으로 시도되었는데 당시에는 원목의 형상을 원추형(truncated cone)으로 가정하고 말구와 원구의 직경을 측정하는 단축검색기(one axis scanner)의 수준이었다. 그러나 원목의 형질이 불량해짐에 따라 그 가정 하에서는 정확한 측정이 어렵게 되었다. 그리하여 1973년에는 원목의 형상을 타원형의 원추(elliptical cone)로 가정한 이축검색기(two-axis scanner)가, 1978년에는 원목형상을 여러 개의 다각형으로 조합된 모습으로 가정한 다축검색기(multi-axis scanner)가 출현하게 되었으며, 최근에는 어떠한 가정도 없이 원목의 진정한 3차원 형상(true shape scanner)을 얻기 위한 연구가 진행 중이다.

제재설비중 setworks나 guides에 대한 개선이 이루어지면서 절삭폭의 평균폭은 기존 둥근톱 제재설비의 경우 12.5mm수준에서 5mm수준으로 낮아졌으며, 평삭 여유율(dressing (planing) allowance)도 3mm에서 2.9mm수준으로 낮아졌다.

폭재단공정(edging)은 제재목으로부터 바람직하지 못한 둥근모 부분을 제거하는 과정으로 automatic edging optimizer가 출현하기 전까지는 수동edger에 의존하였다. 길이재단공정(trimming)도 상당히 개선된 과정중 하나로 침엽수의 경우 1분당 100개정도의 제재목을 처리해야 하며, trimmer-optimizer의 사용으로 수율(제재목 가치의)을 8%정도 개선할 수 있다, 물론 실시간 등급판정기술(real time grading technology)이 결합된다면 5%정도 더 개선될 것으로 예상된다. 그러나 등급판정규칙이 복잡할 뿐만 아니라 화상처리장치의 해상도가 높아지면 처리해야 할 정보의 양이 기하급수적으로 늘어나 처리속도가 매우 지연되는 문제점을 해결해야 한다.

그림 17.1. 제재와 길이재단 최적화 프로그램

1) 제재공정 자동화현황

선착장에 대량으로 투입되는 원목들의 선별공정에는 선별효율의 향상이 시급한 문제로 현재 수작업으로 행하던 것을 수광소자 등 빛을 이용한 장치로 선별의 속도와 정확도를 높이고 있다. 일예로 일본의 경우 수광소자를 5mm간격으로 배치하여 최대선별속도 53 m/min까지 가능한 장치를 사용하고 있다. 따라서 3cm 간격으로 직경을 측정한다면 재장이 4m일 때 5초 이내에 측정이 완료된다.

선별 이후 제재공정에서도 대상 원목의 형태를 파악하여 톱의 위치를 가장 효과적으로 결정할 수 있는 자동화 시설이 필요하다. 즉, CCD카메라로 촬영된 원목의 양 단면을 화상처리하여 정확한 직경과 모양을 파악한 후 그에 따라 가장 효과적인 절단위치를 결정하는 장치가 요구되며, 현 수준에서는 540×350 화소(畵素, pixel)의 CCD카메라를 이용할 경우 직경 30cm당 1mm의 정밀도로 20초 내에 작업을 마무리할 수 있다.

제재목을 다시 알맞은 크기로 소할 하는 공정에서도 기계적으로 또는 화상처리를 이용하여 폭을 측정하고 적정 위치로 톱을 이동시켜 재단할 수 있을 것이며, 최종제품의 선별공정에서도 그 폭과 두께의 자동계측에 의해 선별할 수 있을 것이다.

2) 발전동향

원목내부의 결함을 측정하여 목취공정을 자동화하고자하는 연구가 진행중이다. X선 CT나 초음파 등을 이용하여 원목을 회전시키거나 센서부가 회전함으로써 3차원의 영상을 얻어 처리하게 된다. 현재로서는 하상처리에 소요되는 시간이 길고 장비의 가격이 매우 높아 실용화되지 못하고 있으나 이후 컴퓨터기능의 급속한 발전에 따른 처리속도의 향상이 기대되며, 현재도 고가의 목재를 절삭하는 경우에는 충분한 경제성이 있는 것으로 판단된다.

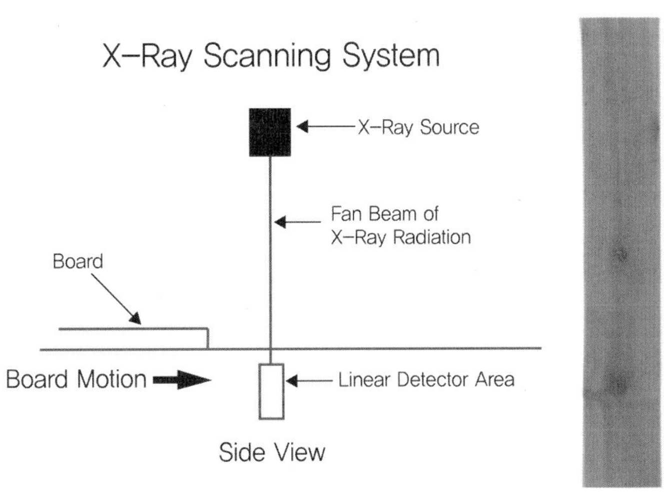

그림 17.2. X-레이에 의한 목재 내부검색

띠톱으로 제재시 톱의 휨현상으로 인한 손실이 많이 발생한다. 따라서 톱의 좌우에 진동을 측정하는 비접촉식 변위계를 설치하고 한계치 이상이 되면 자동적으로 경보를 울려 작업자가 조절(측정정도=0.1mm)할 수 있도록 하고 있으며, 최근 보다 적극적인 방법으로 상부 거차(wheel)의 경사각을 자동으로 변화시켜 휨현상을 방지하는 방법도 모색되고 있다. 즉, 톱의 주행위치, 거단시 소리, 긴장장치(분동)의 거동을 계속 살펴 이상시 정상상태로 스스로 복원할 수 있는 능력을 부여하고자 하고 있다.

그 외에도 현재 제재품의 품등선정 기준으로 규격만이 채택되고 있으나 강도나 함수율에 따른 선별도 동시에 가능한 시스템을 개발 중에 있다.

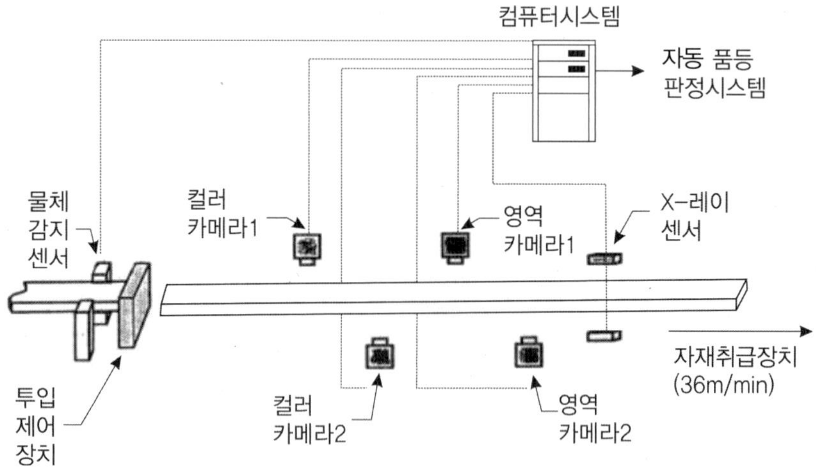

그림 17.3. 카메라와 X-레이를 이용한 제재목 자동 품등판정 시스템

2. 합판공업

합판제조의 주된 공정으로는 단판절삭, 재단, 건조 및 접착층 형성 등을 들 수 있다. 단판절삭 수율은 lathe의 chuck에 원목을 얼마나 정확히 위치, 고정시키는 가의 여부에 달려있다. 만일 원목중앙을 2.5mm 잘못 위치시켰을 때에는 단판수율이 7%정도 감소된다. 최근에는 레이저 등을 이용한 X-Y lathe charger의 도입으로 단판수율이 2-8%정도 향상되고 있다.

단판절삭의 신기술 또는 새로운 설비로는 powered backup roll, powered nosebar 및 hydraulic knife positioner 등을 들 수 있으며, 무축 단판절삭기(spindless lathe)의 도입으로 core의 직경을 50mm까지 줄일 수 있게 되었다. 한편, 단판재단공정에서는 green end clipper에서의 손실이 약 26%에 이르며, 기존의 guillotine식 clipper의 작업속도는 최고 120m/min. 이하였으나, 1979년에 출현한 rotary clipper의 속도는 150m/min.를 상회하고 있다. 그리고 단판건조공정은 합판제조공정중 병목현상이 자주 발생하는 대표적인 과정으로 최근 건조기자동제어장치와 고주파 재건조기(RF redryer)등이 도입되고 있다.

생산된 단판의 취급 중에도 많은 손실이 발생하므로 자동 단판 잔적기(automatic wet and dry veneer stacker)를 도입하여 단판의 손실뿐만 아니라 노동력의 절감도 꾀하고 있다. 또한 접착제

적용시스템으로는 발포 접착제 도포시스템(foamed-glue application system)이 출현하여 접착제 소비량을 25%까지 절감시키고 있으며, 열압시 압력의 미세조절에 의해 목재의 과도한 압축을 막아 압축에 의한 두께손실을 1%수준으로 감소시키고 있다.

3. 구조용 복합재료산업

OSB(oriented strand board), waferboard, wood I beams, PSL(parallel strand lumber), Arrowood 등은 저가격의 원재료를 이용하여 제조할 수 있도록 개발된 새로운 재료로서 그 목질이용 효율은 wood I beam 50%, PSL 75%, 그리고 OSB 85%에 이르고 있다.

이러한 복합재료의 제조시 가장 중요한 부분의 하나는 품질관리로 신뢰성이 높은 on-line식 비파괴검사방법 및 장치의 개발에 많은 노력이 집중되고 있다.

4. 가구생산

1) 가구공장의 자동화 현황

생활양식의 서구화, 소비자 요구 다양화, 개성을 중시하면서 고급을 지향하는 경향 등으로 가구산업의 생산형태는 다품종소량생산체제를 지향해야만 하게 됨에 따라 제조공정이 매우 복잡하게 되었으며, 열악한 작업환경으로 인력의 확보도 어렵게 되었다. 또한 가구의 개념변화에 따른 타 업종의 가구산업참여와 외국가구수입증대로 경쟁이 날로 심화되어 필연적으로 공정의 기계화나 자동화가 요구되고 있다.

가구생산공정을 순시대로 나누어 보면 우선 건조공정을 들 수 있으나 그 내용은 전술한 바와 같으며, 그 다음으로 기계가공공정에서는 목취가공의 경우 화상처리기술에 의하여 결함의 제거와 수종, 목리, 재색 및 크기 등에 따른 분류작업의 자동화가 이루어지고 있다. 한편 목공기계는 공구의 기술적 진보로 고속절삭이 가능해지고 내구성도 향상되어 가공의 능률화나 생력화 및 가공정도의 고도화가 가능해졌으며, 3차원곡면가공과 같은 복잡한 작업에도 NC기계가 보급되고 있다. 그리고 CNC와 CAD/CAM을 연결한 공장자동화(FA: Factory Automation)도 급속히 확산되고 있다.

접착접합공정에서는 재색이나 목리방향 등을 고려한 부재의 배치로 구성품 색의 통일감을 주고 있다. 목제품의 표면을 보호하는 목적 외에도 미관적 요소나 부가가치적 요소를 높여주고 목재의 질감을 살려주는 도장공정에서도 특히 소지나 도막의 연마공정은 전통적인 노동집약적 공정으로 작업환경이 매우 열악하여 자동화에 의한 성력화와 환경개선이 시급히 요구되는 분야이다. 따라서 자동도장기, 평면정전도장기 등이 출현하였으며, NC를 이용한 설비, 고성능 곡면연마기 및 도장로봇 등도 개발되고 있다.

2) 발전동향

목재의 표면이나 내부에 발생한 할렬은 절삭공정 후나 도장공정 후에야 육안으로 식별이 가능한 경우가 많으므로 사전에 보다 정확하게 표면 또는 내부할렬 등의 결함을 검출할 수 있는 방안이 요구되며, 부재의 치수와 형상도 보다 고속으로 인식할 수 있는 방법이 강구되어야 한다.

목취나 집성에서도 색의 통일감을 주기 위하여 도장공정 중 색채관리가 매우 중요하므로 재색의 측정, 판별 및 부재의 배치와 검사공정 및 색채와 결함의 인식방법도 요구되고 있으며, 작업환경의 개선을 위한 분진, 소음, 안전등에 대한 대책도 필요하다.

5. 목조주택 생산

목조주택의 공법에는 재래식 공법, 괘조벽 공법, 목질패널 구성법 및 통나무조합 구성법 등이 있다. 재래식 공법에서는 기둥은 대개 100mm의 정각재를 사용하므로 단면이 비교적 크고 건조비용도 높다. 또한 소정의 수준을 유지하는 목재를 구하기 쉽지 않다. 불량재의 제거로 신뢰성을 향상하기 위하여 mechanical stress grading machine을 사용하는 경향이 높아지고 있으며, 숙련기술자가 감소하고 공업체계 시스템화로 대량의 재료를 취급해야하는 상황에서 용도에 따라 허용오차를 감안하여 적절한 재료를 선정함으로써 공업재료로서의 신뢰성 향상을 기하는 한편, 전체적 생산성과 수율향상을 꾀해야한다. 따라서 단면치수, 곡강도계수, 곡파괴계수, 함수율, 섬유경사, 옹이 직경비, 옹이의 위치 등 재료의 성질과 성능을 자동적으로 검출할 수 있는 장치가 필요하다. 이와 같은 장치의 필요조건으로는 연속적, 자동적 측정과 함께 숙련기술자의 지식 등을 수치화하여 필요한 정보를 축적할 수 있는 저렴한 장치의 개발이 요구된다.

괘조벽 공법에서는 못 등의 접합내력과 재료의 강도가 주요한 요소가 되며, 목질패널 구성법에서도 접착이나 접합에 대한 철저한 품질관리가 중요하다. 한편, 통나무조합 구성법에서는 통나무의 함수율 조정이 큰 문제이다. 이상과 같이 각 공법에서 가장 시급하게 요구되는 분야는 비파괴적 자동계측기술의 개발이다.

6. 구조용 건축재료생산

구조용 건축재료의 생산에서는 특히, 표면 및 내부결함검출, 기계적 강도등급 구분 등이 중요하므로 품질관리시험의 자동화가 요구되며, 이후 구조를 이루고 있는 재료의 내구성 파악을 위하여 목재의 초기 부후 검출장치, 해충거동탐지 및 잔존 내용연수파악(열화진단) 등의 기술이 요구된다.

표 17.3. 업종별 요구 기술

업종	항목	요구기술
가구 제조업	결함검출	내부할렬 등 내부결함의 비파괴검사
		가구부재의 표면결함 검출
	색채관리	재색 인식, on-line 색채관리
	기타	흰 목재의 선별
집성재 제조업	결함검출	초음파 탐상기
	등급판정	laminar 강도등급 구분, on-line 옹이 식별장치
	건조제어	건조실 조작의 자동화
합판 제조업	결함검출	결함검출
	등급판정	수입합판 접착성 비파괴검사
		AE에 의한 합판 접착불량 검출

업종	항목	요구기술
가구 제조업	결함검출	내부할렬 등 내부결함의 비파괴검사
		가구부재의 표면결함 검출
	색채관리	재색 인식, on-line 색채관리
	기타	흰 목재의 선별
집성재 제조업	결함검출	초음파 탐상기
	등급판정	laminar 강도등급 구분, on-line 옹이 식별장치
	건조제어	건조실 조작의 자동화
합판 제조업	결함검출	결함검출
	등급판정	수입합판 접착성 비파괴검사
		AE에 의한 합판 접착불량 검출
목조주택 및 건축재료 제조업	결함검출	화상처리에 의한 결함재료 검출
	등급판정	AE에 의한 목재 등급판정, 섬유경사 측정
		제재품의 섬유방향 표면밀도 측정
	기타	흰개미 행동경로 검출
보드 제조업	등급판정	제품 박리강도 비파괴 계측
	수분측정	mat 수분관리
	기타	mat 비중관리
목제품 제조업	수분측정	on-line 수분관리 및 수분계측
	기타	목리판정, 목제품 제조공정 자동화
제재업	등급판정	제재목 강도등급 구분
	수분측정	on-line 수분관리 및 수분계측
	기타	말구직경법 검수의 자동화, 어두운 심재의 탈색화
기타	종이, 펄프	섬유밀도 측정
	건재 제조업	수지주입처리의 제어
	목공기계 제조업	둥근톱 요입평가, 둥근톱 진동감쇠 특성
	건축사연구자	연륜해석 기술

표 17.4. 용도, 대상별 자동계측기술 개발현황과 전망

용도	상황	이 용 기 술	센서와 원리
등급판정	현재	AE를 이용한 목재등급판정	AE
		보드류의 등급판정	진동현상
		강도시험기의 data 자동판독장치	A/D변환, PC
		간이형 강도등급 구분기	load cell, 변위계
	전망	입목강도의 비파괴시험	
		목재강도의 비파괴시험	sound analyzer
		laminar강도의 비파괴시험	타격음법
		접합강도의 검사	간이 grading machine
		응력측정 구분법(stress grading)	간이 탄성률 측정기

용도	상황	이 용 기 술	센서와 원리
결함인식	현재	목재결함인식장치	화상처리, 레이저
			광전스위치
		단판 옹이 인식장치	광섬유 포토센서
		1차원 이미지센서에 의한 옹이, 평균연륜폭 측정	1차원 이미지 센서
		CCD 1차원센서에 의한 집성재 laminar 옹이검출	CCD 1차원 카메라
		옹이의 자동검출	TV 카메라, 화상처리
		자동 형상판별장치(목재화상해석, 이동재료 측정)	화상처리
		木取의 자동화장치	레이저 mark 투영기
		사상 두께 예측과 표시 장치	차동 트랜스
			rotary encoder
		AE에 의한 합판 접착불량 검출	roller형 AE센서
		초음파 화상진단장치	초음파, 화상처리
		단판 표면의 조도 자동검출장치	roller형 차동 트랜스
		섬유경사 측정장치	rotary encoder
	전망	목재결함의 비파괴검사	초음파 탐상기
		원목 및 목재내부의 결함조사	
		보드접착력 및 접착제품의 비파괴검사	

표 17.5. 용도, 대상별 자동계측기술 개발현황과 전망

용도	상황	이 용 기 술	센서와 원리
목공기계 및 절삭	현재	둥근톱 공회전시 소음, 진동 자동계측	소음계, 가속도계
			FFT analyzer
		둥근톱의 고유진동수 및 진동 mode 자동계측	전자석, 비접촉변위계
			FFT analyzer
		회전원반의 열좌굴	열화상처리
		띠톱의 조건 최적화	소음계, 전력계
	전망	공구자국의 형상측정	화상처리
		자동 역목판별 장치	역목판별기
		제재기계 진단시스템	FFT analyzer
충해 및 부후 검출	현재	AE monitoring에 의한 흰개미 피해 검출	
		흰개미 활동의 remote sensing 기술	AE
		AE monitoring에 의한 목재 초기 부후 검출	
기타	현재	PVDF에 의한 목재용 센서개발	PVDF형 AE센서
		자동 조색장치	색차계
		밀도구배에 의한 밀도측정	밀도구배관
	전망	재색의 측정과 선별	line 색차계
		목제품의 색채관리	자동색차측정장치
		목재 표면조도의 측정	비접촉식 조도계
		화학처리목재의 처리약제 분포와 비파괴검사	
		악기음의 검사	악기음검사기
		국부적 섬유주행 경사도 검사	전기용량 변화 이용
		잔존 성능의 파악기술	열화진단기계
		온도분포의 검사	비접촉형 온도계
		입목의 연륜해석	초음파 탐상기

제3절 공정제어 시스템

1. 제어 시스템의 구성

제어시스템은 hardware와 software로 구성된다. hardware는 정보의 획득과 수집을 위한 입력 장치(input devices), microprocessor나 컴퓨터와 같은 정보처리(data Processing) 및 제어용 장치, 프린터나 모니터와 같은 출력장치(output devices), 그리고 제어시스템의 운영이나 통신을 위한 다양한 주변기기(peripherals) 등으로 이루어진다. 그 외에도 입력된 정보나 처리된 정보의 저장에 사용되는 디스켓과 같은 저장용 매체들도 주변기기로 포함된다. software에 관하여는 다음 장에서 다루기로 하겠으며, 제어 시스템에 관련된 여러 가지 manual들도 software의 영역에 속한다고 할 수 있다. 본 장에서는 제어 시스템을 이루고 있는 기본적인 구성에 대하여 간단히 설명하도록 하겠다.

2. 컴퓨터

1) 제어형식

목재공업에서 최초로 컴퓨터를 이용한 분야는 경영이었다. 여기에는 회계, 재고관리, 주문처리 등의 여러 가지 경영관련 업무들이 포함되어 있다. 그 후 컴퓨터는 공학자들에 의해 복잡한 계산이나 공정의 컴퓨터 모델링 등 보다 복잡한 작업에 사용되기 시작하였다. 최근에는 공정의 검색과 제어에 컴퓨터가 본격적으로 이용되고 있다. 목재공업에서 공정제어용 컴퓨터의 3가지 이용 형태는 다음과 같다.

① 자료 수집과 출력: 예를 들어 원목의 직경, 길이 및 재적
② 운전자의 컴퓨터 조작에 의한 공정의 검색과 제어
③ 운전자의 조작 없이 컴퓨터 스스로 공정의 검색과 제어

위의 이용 형태 중 1번은 개방형 제어형식(open control-loop)이며, 2번은 폐쇄형과 개방형의 중간, 그리고 3번은 가장 발달된 폐쇄형 제어형식(closed control-loop)라고 할 수 있으며, 최근 대부분의 공정 제어시스템은 폐쇄형으로 발달되고 있는 추세이다.

2) 컴퓨터의 작동원리

컴퓨터는 일종의 계산기라고 할 수 있으며, microchip이 연산을 담당한다. microchip이란 1백만개 이상의 수많은 미세한 전자스위치(electronic switch)들이 인쇄되어 있는 아주 작은 실리콘 chip을 의미한다. 그러나 참고로 100억개의 신경세포를 가지고 있는 인간의 비교할 수조차 없는 수준이다. 게다가 컴퓨터는 명령받은 사항 이외의 일은 할 수 없다는 사실도 인간과의 비교가 불가능한 가장 커다란 이유가 될 것이다. 컴퓨터는 마치 knife switch와 같이 gate들의 개폐에 따라 0과 1의 두 가지 중 하나만을 표현할 수 있어 해당 문제를 2진법(binary system)에 의해 해결

할 수밖에 없으며, 0과 1을 묶어 bit라고 한다.

예를 들어 16bit 컴퓨터의 경우 0과 1의 조합이 16개가 되며, 이 컴퓨터에서는 16bit가 1byte가 된다. 따라서 각 byte에는 16개의 gate가 포함되고 216가지의 경우의 수가 있을 수 있으며, 이를 통하여 숫자나 문자들을 표현을 할 수 있게 된다.

작업자가 keyboard에 의해 문장이나 단어를 입력함으로써 컴퓨터에 명령을 내리게 되면 이 명령은 컴퓨터에 내장된 interpreter(또는 compiler) 프로그램에 의해 컴퓨터가 이해할 수 있는 binary system으로 변환된다. interpreter는 컴퓨터 제조회사에 따라 특성이 다를 수 있으며, 변환된 명령은 중앙처리장치(Central Processing Unit: CPU)라 불리는 microchip으로 보내진다.

컴퓨터의 기본을 이루고 있는 mother board 상의 각 chip들은 bus라 불리는 회로에 의해 서로 연결되어 있다. 이 chip들은 ROM과 RAM의 두 가지로 구분할 수 있다. ROM((Read -Only Memory) chip은 정보의 읽기만이 가능한 nonvolatile memory로 시스템의 전원을 차단하여도 저장된 정보를 그대로 간직할 수 있다. 그러나 RAM(Random-Access Memory) chip은 운영자가 keyboard에 의해 정보를 읽고 쓸 수 있으나 디스켓과 같은 저장매체에 정보를 저장하지 않은 상태에서 전원을 차단하면 그 정보가 소실되는 volatile memory이다.

3) 컴퓨터의 구조

공정 제어용 컴퓨터는 기본적으로 그림 17.4와 같은 구조를 갖추고 있다. arithmetic(연산)과 control(제어), 그리고 memory(기억) component가 중앙처리장치(CPU)를 구성하며, arithmetic과 memory component는 control component와 서로 양방향 통신이 가능하다. 그림 17.5에서처럼 input peripherals는 input component를 통하여 control component에 정보를 전달하고, output peripherals는 output component를 통하여 control component로부터 정보를 전달받는다. 그리고 input과 output component는 input/output (I/O) processor에 의해 통합되어 있다.

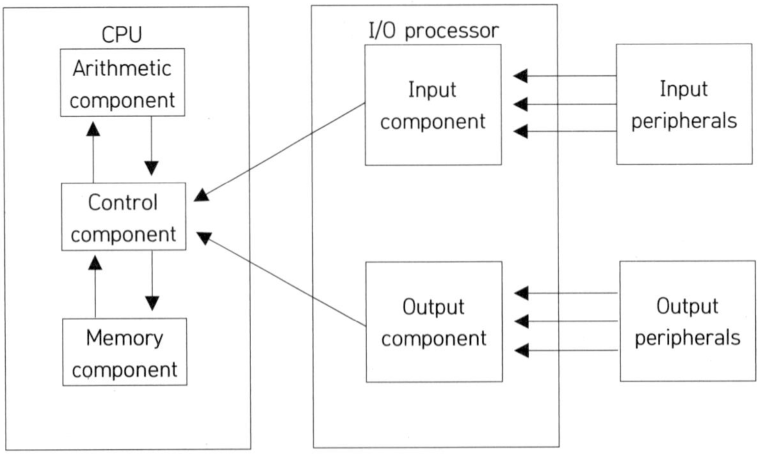

그림 17.4. 공정 제어용 컴퓨터의 구조

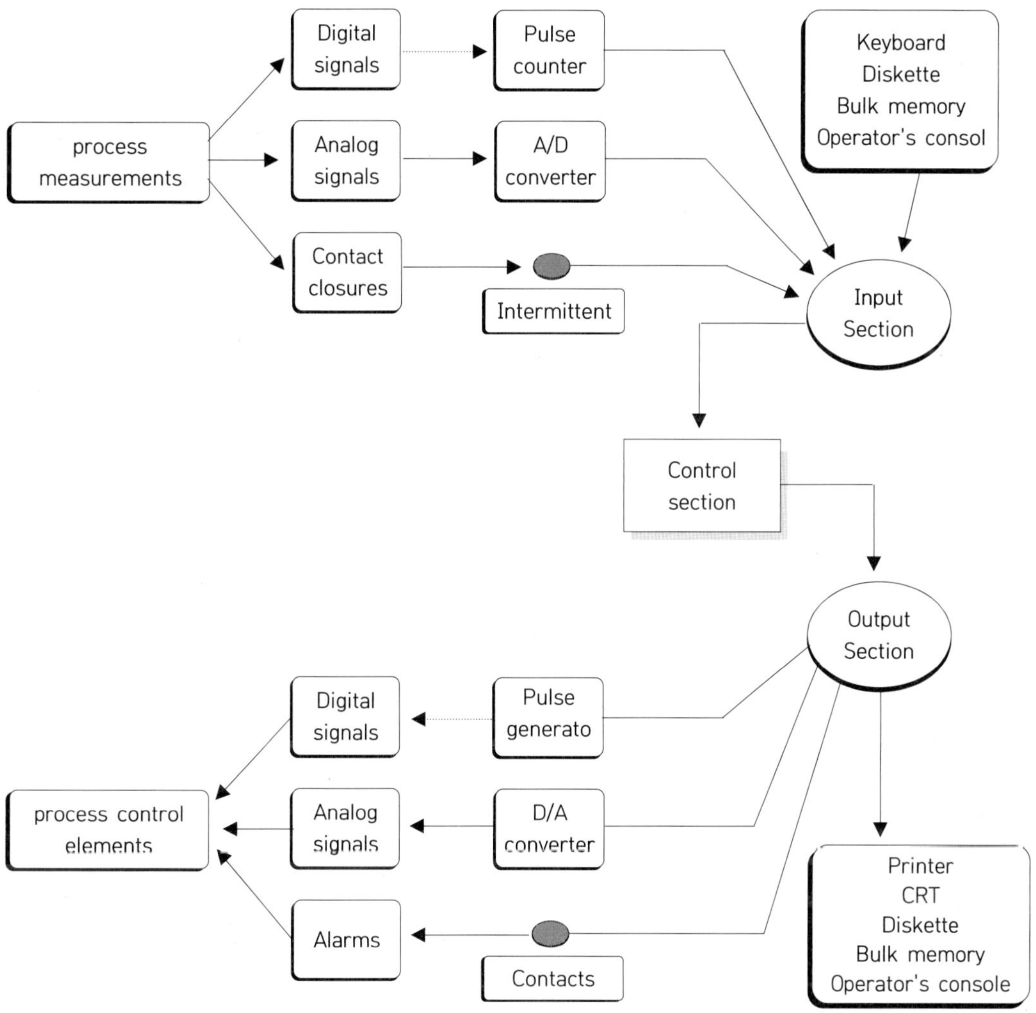

그림 17.5. 컴퓨터의 Input과 Output peripheral equipment

3. 시스템의 설계

1) 제어시스템의 설계

컴퓨터화된 제어시스템은 컴퓨터와 작업자의 업무분담 정도에 따라 다음의 4가지 영역으로 구별되며, 대부분의 시스템들이 이에 속한다.

(1) 정보수집 컴퓨터(Data-collection computer)

미국이나 유럽에서는 이미 원목 야적장이나 제재소, 그리고 목재가공공장에서 정보수집을 위하여 소형 컴퓨터를 사용하고 있다. 야적장이나 목재가공공장의 deck에서 원목의 직경과 재장 및 재적 등이 자동으로 검척되면, 그 정보는 컴퓨터에 입력, 저장되고 필요에 따라 출력할 수도 있다.

정보수집 컴퓨터의 특징이라고 하면 정보는 컴퓨터에 의해 수집되고 출력될 수는 있으나 더 이상의 작업은 불가능하다는 점이다. 따라서 정보 수집과 출력 이외의 작업, 즉 공정의 제어에 관련된 업무는 작업자가 직접 해주어야 한다.

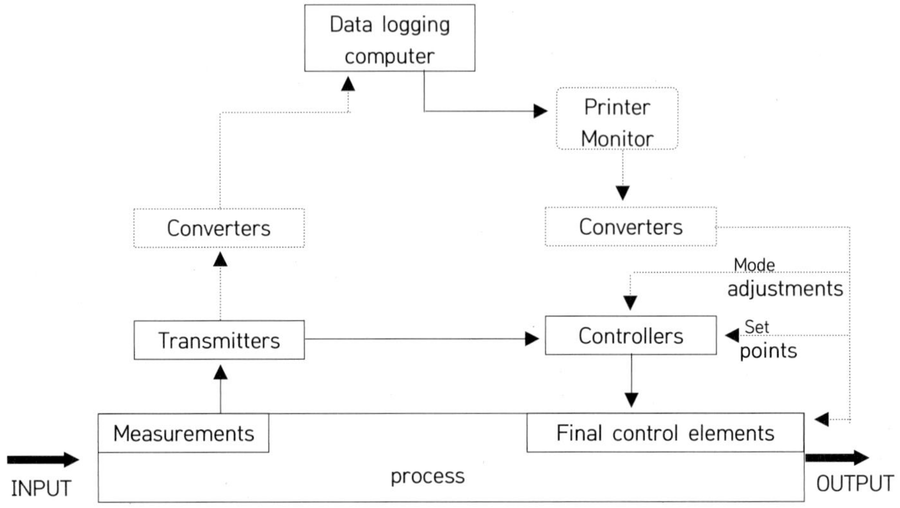

그림 17.6. 정보수집 컴퓨터의 구조

(2) Sequence-control computer

작업자가 원재료, 제품사양, 설비의 조건이나 공장에 관련된 정보를 수집, 직접 컴퓨터에 입력해준다. 컴퓨터는 입력된 정보를 바탕으로 연산작업을 행한 후 제어기를 통하여 공정을 제어하게 된다. 컴퓨터에는 적절한 공정제어를 위한 프로그램이 이미 입력되어 있다.

(3) Supervisory process control computer

컴퓨터와 공정사이에 작업자의 간섭이나 통제 없이 직접 연결이 가능한 진정한 의미의 closed - loop(폐쇄회로) 시스템이라 할 수 있다. 컴퓨터는 공정상의 계측기로부터 신호를 직접 입력받아 이미 기억되어 있는 공정제어용 프로그램에 따라 연산작업을 거쳐 "set-point" 작업을 할 수 있다. 그러나 analog controller의 mode-setting은 작업자에 의해 하도록 되어 있다. 따라서 본 시스템은 "set point control" 또는 "Digital-directed analog control"이라고 불리기도 한다. 한편, 컴퓨터의 고장이나 작동 중지 등의 위기상황에서 본 시스템의 backup 시스템은 작업자가 set-point 수행을 대신함으로써 이루어진다.

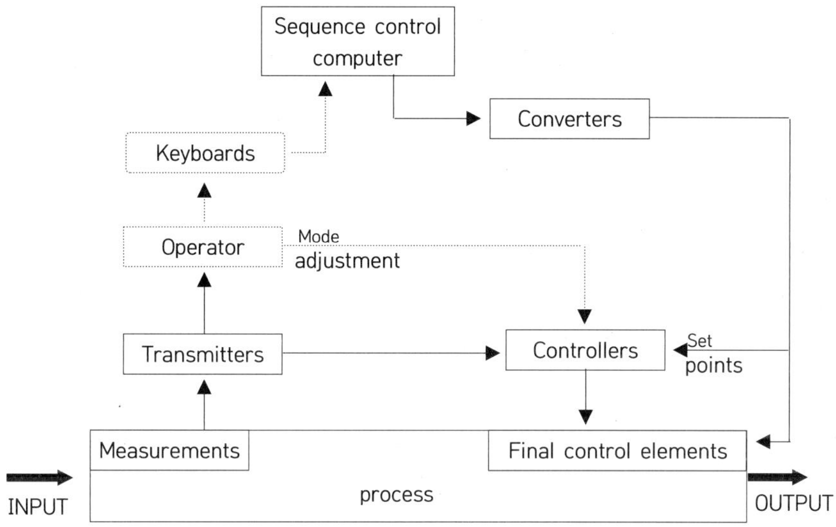

그림 17.7. Sequence-control 컴퓨터의 구조

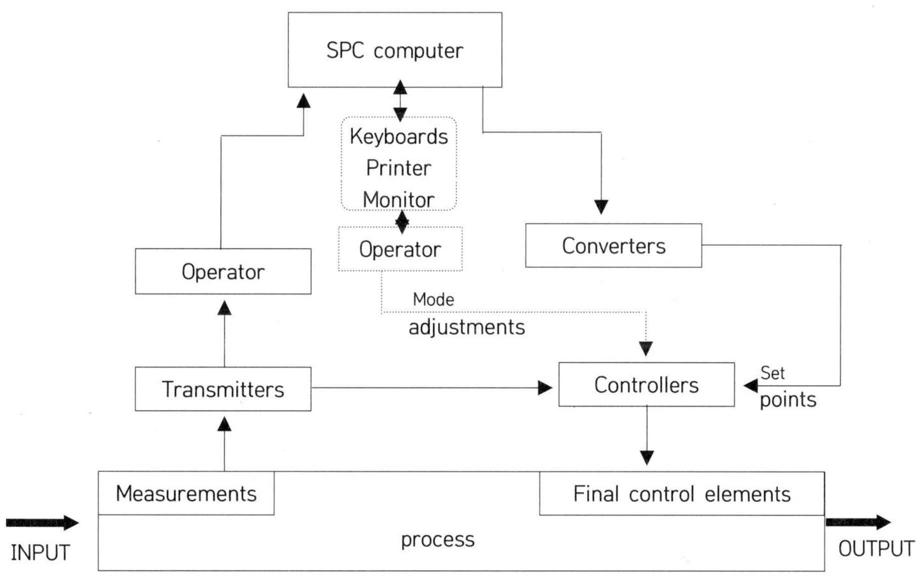

그림 17.8. Supervisory process control 컴퓨터의 구조

(4) Direct digital control computer

전술한 바와 같은 일반적인 closed-loop 시스템에서는 아날로그형 제어기를 사용한다. 제어기는 계측기로부터 신호를 전달받아 설정값(set-point)과 비교, 그 차이를 줄이기 위한 출력을 내보낸다. 결과적으로 제어기란 신호와 설정의 두 값 사이의 차이를 계산하는 연산기의 역할을 하는 것이라 할 수 있다. 디지털 컴퓨터는 매우 이상적인 연산기라 할 수 있으므로 컴퓨터를 직접 제어에 이용할 수 있다는 것이 바로 direct digital control computer의 기본 개념이다.

디지털 컴퓨터는 작업자와 아날로그형 제어기를 대신하여 process element에 직접 신호를 출력할 수 있다. 그리고 설정값의 결정과 정보의 저장 및 출력의 변환 등을 이미 기억되어 있는 제어용 프로그램을 바탕으로 스스로 수행, 완벽한 공정의 제어가 이루어진다. 이와 같은 작업은 매우 빠른 속도로 반복되며, 시스템의 가격을 낮출 수 있는 장점이 있으나, 모든 제어과정을 컴퓨터에 전적으로 의존해야 한다는 점이 단점으로 나타날 수도 있다.

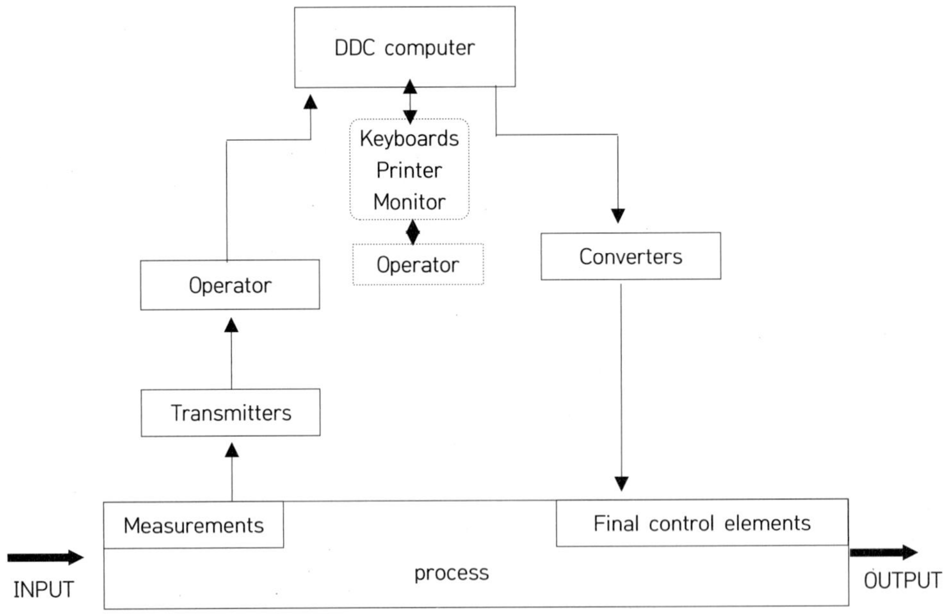

그림 17.9. Direct digital control 컴퓨터의 구조

2) Back-up 시스템

direct digital control 컴퓨터의 단점 중 하나인 제어공정의 컴퓨터에 대한 완벽한 의존성으로 인하여 컴퓨터 시스템의 고장이나 오동작에 의해 엄청난 피해를 입을 수도 있기 때문에 유사시에 대비한 backup 시스템이 요구된다. 자동화된 제재공정에서도 출력신호가 수동식 제어시스템을 통과하여 출력되도록 설계하는 것이 가장 일반적인 backup 시스템이다. 따라서 작업자는 수동 제어가 필요한 경우에만 제어작업을 수행하면 된다. 즉, 컴퓨터 제어시스템의 고장이나 오동작시 수동식 제어시스템으로 전환하여 컴퓨터 제어시스템의 보수가 완료되기까지 작업자에 의해 수동으로 제어되도록 하는 것이다. 이러한 시스템은 작업자가 언제나 해당 업무에 집중할 수 있도록 해준다. 완전 자동화된 시스템의 경우 작업자의 근무 태만을 야기해 커다란 사고가 종종 발생하기도 한다.

backup을 위한 두 번째 방법으로는 컴퓨터로부터 출력되는 모든 신호를 backup용 아날로그 제어기를 통하여 출력 되도록 함으로써 유사시 아날로그 제어시스템에 의해 자동제어가 수행되도록 설계하는 것이다. 이 방법은 유사시 정상화되기까지의 시간손실을 최소화할 수 있는 장점이 있다. 마지막 방법으로는 backup용 컴퓨터를 연결하여 제1컴퓨터의 고장시 자동으로 그 역할을 대신 수행할 수 있도록 설계하는 방법을 들 수 있다. 따라서 backup용 컴퓨터는 계속해서 제1컴퓨터의 제어 작업을 감시, 오동작이나 고장의 징후가 나타날 경우에는 자동적으로 작업을 대행하도록 지시되어 있다. 일예로, 제재공정에서 제1컴퓨터에 의한 제어를 통하여 생산되는 제재목의 규격이 주문규격에 미달되고 있음에도 그 결과를 인식하지 못하는 경우에는 엄청난 경제적 손실을 감수해야 한다. 그러므로 backup용 컴퓨터는 모든 공정을 계속해서 감시할 수 있는 능력이 부여되어야 한다. 그러나 병렬 또는 직렬형의 컴퓨터 시스템은 투자비용이 높고, 가공 대상인 목재의 불균질성을 고려할 때 오히려 작업자에 의한 수동식 backup시스템이 목재가공공정에는 보다 바람직할 수도 있다.

3) 분산 지능형 (distributed intelligence)

미국의 경우 1970년대에 대형 컴퓨터 1대를 사용하여 목재가공공장을 자동화하는 것이 일반적이었다. 이 시기의 공정은 원목의 길이방향으로 일정 간격에서 원목 직경을 측정하는 log scaler 또는 headrig scanner와 원목 재장을 결정하는 pulse counter/sensor로 구성되는 것이 보통이었다. 이 정보들은 컴퓨터로 입력된 후 내장된 원목검척 프로그램에 의해 원목 재적을 계산하는 동시에 BOF(Best Opening Face) 프로그램과 같은 제재 최적화 프로그램을 통하여 원목의 형태에 따른 최고의 수율을 얻을 수 있는 제재방식(breakdown pattern)을 결정해 준다. 결정된 제재 방식에 따라 컴퓨터로부터 제재시스템(톱, chipperheads, 이송장치)에 명령이 전달되면 모든 작업은 완료된다.

그러나 1980년대에 들어서면서 목재가공공정 제어기술의 발달로 인하여 제어시스템에 요구되는 기능이 급속히 증가 됨으로써 모든 작업을 단일 컴퓨터로 수행하기가 어려워졌다. 최근에는 각 작업별 또는 기계별로 장착되어 있는 제어용 컴퓨터나 PLC 또는 제어기들이 중앙의 대형 컴퓨터에 연결되어 정보를 주고받는 형태가 일반화되기 시작하였다. 물론 아직도 소규모의 공장에서는 단일 컴퓨터 제어시스템이 주로 적용되고 있으나 보다 규모가 크고 복잡한 작업이 요구되는 공장에서는 전술한 바와 같은 분산 지능형 network을 이용한 제어시스템을 적용하는 추세이다. 분산 지능형 제어시스템의 장점은 다음과 같다.

① 각 기계 또는 단위 공정별로 소형 microprocessor가 장착되어 있어 主 컴퓨터의 업무 부담을 줄여줌으로써 보다 규모가 큰 업무를 수행할 수 있도록 한다.
② 주 컴퓨터에 대한 과중한 업무 부담을 억제함으로써 오동작 등에 의한 위험을 방지한다.
③ 각 기계나 단위공정별로 보다 상세한 제어용 프로그램의 작성이 가능하다. 단일 컴퓨터에 의한 제어시스템의 경우에는 모든 제어과정을 동일 프로그램 내에서 작성해야 하므로 프로그램 자체가 복잡해지고 개발에도 많은 어려움이 따르게 된다.
④ 문제 발생시 문제점 파악과 해결이 매우 간편해진다.
⑤ microprocessor나 PLC는 프로그램의 이해와 작성이 비교적 간편하다.

핀란드와 같은 북구 유럽의 선진국에서는 이미 1980년대에 들어서 대부분의 목재가공공장이 전술한 분산 지능형 제어시스템에 의해 가동되고 있으며, 북미대륙의 미국이나 캐나다도 점차적으로 분산 지능형 제어시스템의 도입을 추진하고 있다. 그러나 인건비가 아직은 낮은 수준에 머물고 있는 아시아의 여러 지역에서는 본 시스템에 대한 높은 투자비용에 비하여 기대할 수 있는 경제적 효과가 크지 않기 때문에 시스템의 도입을 고려하지 않고 있는 실정이다. 하지만 우리나라의 경우 이미 노동비용의 수준이 선진국의 그것에 근접하고 있으며, 원재료인 목재의 수급이 원활치 못하기 때문에 공정의 자동화에 의한 노동비용 절감과 원재료 수율향상이 점차 시급한 선결과제로 부상하고 있음도 사실이다.

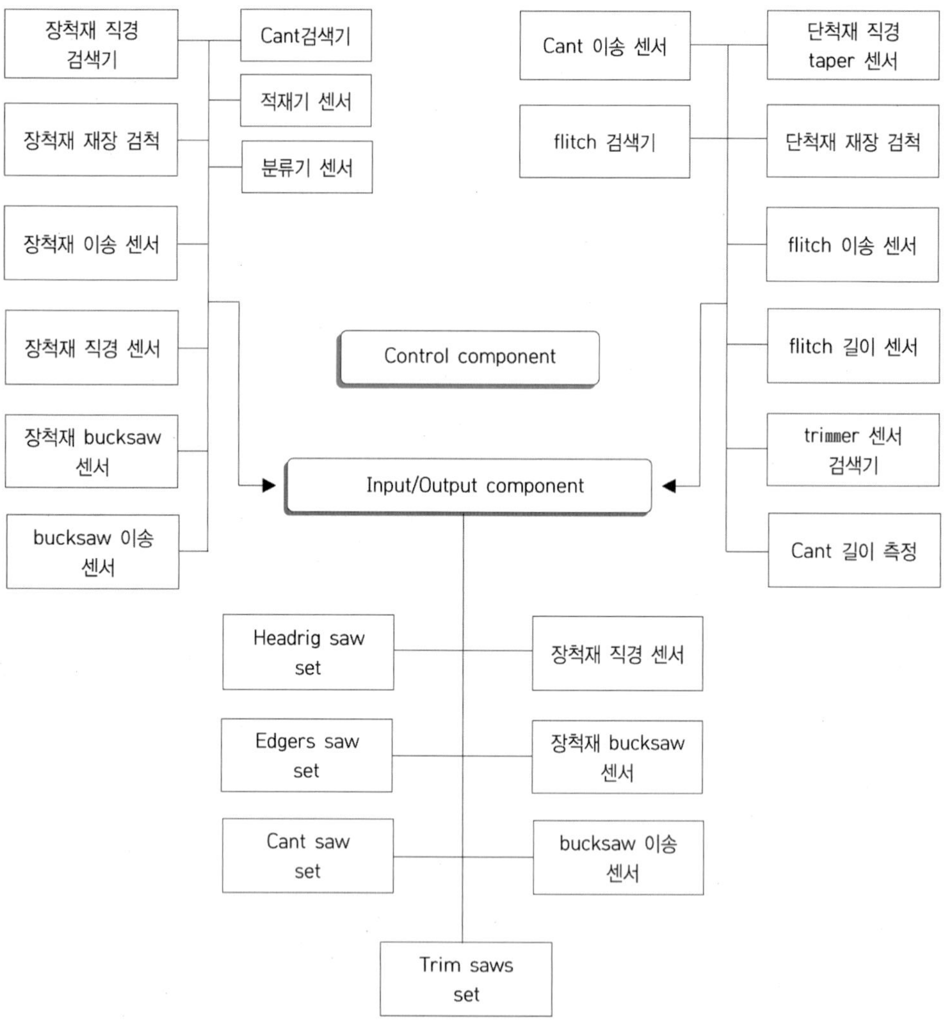

그림 17.10. 단일 컴퓨터 제어시스템의 구조

제4절 목재산업용 software의 이용

1. 목재산업과 software

우리나라의 목재산업은 1960년대 합판공업의 눈부신 발전과 더불어 태동하기 시작하였다는 견해가 지배적이다. 특히, 가구산업은 1970년대 건설업의 호황과 아파트공급의 확대 등으로 급속히 팽창하기 시작하였으며, 80년대에는 해외시장으로의 진출을 시도하기도 하였다. 그러나 전 세계적으로 환경보호에 대한 인식이 높아지고 주요 목재수출국들의 자원보호정책이 강화되어 목재 원재료의 가격상승은 이미 기정사실로 여겨지고 있다. 따라서 생산비의 40%이상을 차지하고 있는 목재원재료를 거의 전량 수입에 의존해야 하는 국내 가구업계의 고통은 주지의 사실이며, 80년대 말부터 급상승한 인건비도 커다란 부담이 되고 있다. 더구나 최근 시장개방의 여파로 가구수입이 확대되기 시작하여 95년도에는 2억 달러를 넘어서 가구수출액(1억7천만 달러)을 처음으로 초과하게 되었으며, 앞으로 외국 가구업체의 국내진출이 본격화될 전망이다.

이상과 같은 열악한 조건 속에서 외국업체들과 국내시장에서조차 치열한 경쟁을 해야 하는 우리나라 목재산업계로서는 우선 제품의 품질과 디자인에서 차별화를 기해야 할 것이며, 동시에 철저한 생산관리와 공정의 자동화가 절실히 요구된다고 하겠다. 경영 전반에 걸친 효율성의 제고와 자동화 설비의 도입은 궁극적으로 인원감축과 원재료 이용률 향상에 따른 원가절감에 그 목적을 두고 있을 것이다. 그러나 경영 합리화와 공정 자동화는 결코 사무자동화기기나 공장 자동화 설비 등과 같은 hardware만으로 이루어질 수 없으며, 모든 기기나 설비를 효율적으로 운용할 수 있는 software가 필수적이다. 특히, 전형적인 다품종소량생산체제인 가구산업에서 적절한 software의 활용은 성공의 필수조건이라 하겠다.

2. Software의 종류

software의 형태는 크게 system software와 applications software로 분류할 수 있다.

1) System software

system software는 컴퓨터시스템을 운용할 수 있는 일반적인 프로그램들로 구성되어 있다. operating control programs는 대개 컴퓨터시스템의 구입시 제품에 포함되어 도입되며, 컴퓨터시스템의 기본적 구동을 맡는다. 또한, 다른 프로그램들을 컴퓨터시스템에 불러들이는 기능도 하며, MS-DOS나 OASIS 또는 UNIX등과 같은 프로그램이 이 범주에 속한다.

language program이란 사용자가 컴퓨터와의 대화를 위하여 이용하는 언어로서 일반적으로 machine language, assembly language 및 higher level language로 분류된다. 현재 사용되고 있는 디지털 컴퓨터는 오직 0과 1의 두 수만을 조합한 형태로만 표현하고 또한 명령을 받아들일 수 있으므로 machine language란 문자대신에 0과 1의 두개 부호만을 사용하여 표현하는 언어이다. 그러나 복잡한 machine language를 모두 기억하는 것이 매우 어렵기 때문에 assembly language는 숫자가 아닌 알파벳을 이용하여 사용을 간편하게 하고 있다. 그러나 assembly language의 이용에도 고도의 전문성이 요구되므로 일반인들이 보다 쉽게 사용할 수 있는 다양한 컴퓨터용 언어가 개발되었다. 이처럼 인간의 언어와 거의 비슷한 구조를 갖춘 컴퓨터 언어를 higher-level language라 부르며, BASIC, FORTRAN, PASCAL 및 C-language등이 여기에 속한다.

diagnostics for troubleshooting은 시스템에 문제가 발생하였을 경우 그 문제의 발생원인을 알려주는 한편, 해결할 수 있도록 도와주는 프로그램이다. 따라서 이 프로그램을 이용하므로 써 공정지연에 의한 경비나 관리비용을 절감할 수 있으므로 시스템의 구성시 본 프로그램의 공급여부를 반드시 확인하여야 한다. 마지막으로 utility program이란 기존의 파일로부터 자료를 읽고 수정하며, 다시 저장할 수 있도록 해준다.

2) Applications software

요사이 많이 사용되고 있는 word-Processing program이나 spread sheet program등은 누구나 사용자의 목적에 따라 이용할 수 있다. 따라서 사용자는 마치 가게에서 통조림을 구입하는 것처럼 software판매점에서 원하는 software를 구입하여 사용할 수 있다. 이러한 형태의 software를 canned program이라 부른다. 본 자료에 정리되어 있는 목재산업용 software들도 대부분 이 형태에 속한다.

그러나 공정과 관련된 프로그램과 같이 각 기업의 조건이나 특성에 따라 프로그램의 구조가 다른 경우에는 직접 그에 적절한 프로그램을 개발해야 한다. 이처럼 개발되는 software를 custom program이라 한다.

3. 목재산업용 software의 개발

목재산업 특히, 가구산업은 매우 오래된 산업중의 하나로 가구의 형태 역시 예전의 전통적 모양을 그대로 간직하고 있으며, 그 제조기술도 많이 다르지 않다. 그러므로 현재 전 세계에서 이용되고 있는 software의 90%이상을 공급하고 있는 미국에서조차 1970년도부터 가구산업에 컴퓨터가 이용되기 시작하였으며, 90년대에 들어서면서 본격적으로 활용될 정도로 그 발전의 속도가 다른 산업에 비해 느린 것이 사실이다. 따라서 목재산업용 software의 개발도 미국의 대학을 중심으로 1970년대부터 비로소 시도되기 시작하여 1980년대 들어 개인용 컴퓨터가 보편화되면서 활기를 띠게 되었다.

초기의 software는 대개 목재업체의 경영 및 공정분석에 관련된 프로그램들이 주류를 이루었으나 원재료의 가격상승과 함께 목재의 형질 열화로 인하여 원재료 특히, 목재의 이용률 향상을 위한 프로그램들이 미국 농무성 산하 임산물연구소가 주체가 되어 개발되기 시작하였다. 대부분의 수율 향상 프로그램들은 제재와 2차 재단공정에 관한 것으로 linear programing기법이 주로 응용되었다. 그러나 경영과 생산의 일체화를 통한 시스템화가 경쟁력 확보를 위한 필수조건이라는 인식이 높아지면서 목재산업에서도 컴퓨터 통합 생산(CIM: Computer Integrated Manufacturing) 시스템을 구축하려는 시도가 이루어지고 있으며, 동시에 각 분야별로 다양한 software가 개발되고 있다.

다음의 표들은 목재산업 관련 각 분야에서 지금까지 개발된 software들에 관한 자료들을 정리한 것으로 대부분 미국에서 개발되었다. 물론 이미 개발된 software를 이용할 수도 있겠으나 범용프로그램은 해당 기업의 조건을 충분히 고려할 수 없으므로 보다 효율적이고도 自社의 조건에 맞도록 전용software를 개발하는 것이 바람직할 것이다. 그러나 현 국내 가구업계의 형편상 software전문가를 고용하는 것이 어려울 경우 산학연 협동을 통한 개발도 고려해 볼만하다.

목재공업경영 분야에 관련하여 개발된 software를 살펴보면 새로운 프로젝트의 경제성 분석과 원가 분석 등이 주류를 이루고 있으며, 특히 장비유지와 관리에 대한 프로그램이 많이 개발되었음을 알 수 있다. 최근 국내 몇몇 업체에서도 가구산업에 관련된 software에 대한 관심을 보이면서 가구제조업에 대한 종합적인 관리시스템이 개발되었다는 사실은 매우 고무적인 일이라 하겠다. 그러나 대부분의 software가 미국에서 개발되었고, 미국의 가구산업이 소재(solid wood)를 중심으로 이루어지기 때문에 제재 및 재단공정에 관련된 프로그램들이 다른 분야에 비해 매우 활발하게 이루어졌다.

제재공업분야에 관련하여 1980년대부터 미국의 임산물연구소를 중심으로 미국내 제재소의 효율향상을 위한 "IMPROVE"란 이름의 사업이 시작되면서 수많은 프로그램들이 개발되어왔다. 대부분의 프로그램들은 제재공정시 제재수율을 극대화할 수 있는 자동화시스템을 위한 것으로 이때 개발된 가장 대표적인 수율 예측 프로그램인 BOF(Best Opening Face) sawing simulation program은 현재 미국내에서 가장 널리 쓰이고 있는 제재관련 software라 할 수 있다. 그 외에도 원목검척 프로그램으로부터 제재업의 경영분석, 제재목 재고관리 및 제재목 등급판정 자동화 프로그램 등 다양한 프로그램들이 개발되어 있다.

제재목을 이용하여 가구와 같은 목제품을 생산하기 위하여 필수적인 재단공정의 적정화를 위한 자동화시스템도 1990년대에 들어 본격적인 개발단계에 들어서고 있다. 재단 적정화 프로그램이란 제재목의 내외부 결함을 x-ray와 기계시각(machine vision)을 이용하여 검색하고 화상처리(image analysis)를 통하여 분석하고 재단위치를 결정하는 자동화시스템을 말하는 것으로 현재 컴퓨터관련 기기의 기능향상과 가격인하로 현장적용을 위한 시도가 활발히 이루어지고 있다. 특히, 미국 북동부 임업연구원에서는 다중종절톱기계(gang-rip-saw)를 이용한 재단 적정화 자동시스템에 대한 연구가 실제 현장에 적용할 수 있을 정도의 수준까지 진척되고 있다. 또한 미국 미시간 주립대학교를 중심으로 수행되고 있는 ALPS(Automated Lumber Processing System) 프로젝트에서는 톱이 아닌 레이저와 화상처리장치를 결합한 목재 재단공정 자동화시스템을 개발 중에 있어 그 결과에 따라 목재 절삭분야에도 획기적인 변화가 일어날 것으로 기대되고 있다. 한편, 이러한 시스템들이 미국에서는 소재의 재단 적정화에 주로 이용되고 있으나 소재보다는 중밀도 섬유판이나 삭편판을 주로 사용하고 있는 국내 가구산업에서도 목질재료의 재단 적정화에 이용할 수 있을 것으로 생각된다.

제품설계분야에서는 CAD/CAM을 응용하고 있으며, 특히 국내에서도 각 가구회사별로 가구배치 및 실내장식에 대한 simulation 프로그램을 이미 개발하여 사용하고 있다. 그러나 공정설계분야에 있어서는 모든 공장에 적용할 수 있는 범용 프로그램이란 있을 수 없으므로 simulation용 언어를 이용하여 각 공정의 사정에 맞는 프로그램을 작성, 공정을 분석해야 한다. 이때 주로 사용되는 simulation용 언어로는 SLAMSYSTEM, GPSS, SIMAN, SIMSCRIPT, PCMODEL 등이 대표적이며, 해당 공정에 관련된 필요한 모든 자료들을 함께 입력해주면 그 결과로서 각 공정별 가동률과 공정지연 정도 등의 결과를 출력해주므로 공정의 새로운 설계나 변경에 따른 효과를 쉽게 분석할 수 있게 된다.

전술한 분야 이외에도 생산하고자 하는 가구의 부품규격과 수량을 입력하면 가구제조용 집성판의 최적 소요량을 자동으로 출력해주는 BLANKS라는 프로그램 역시 국내 가구업계에 커다란 도움을 줄 수 있을 것이다. 목재과학분야에서는 전 세계에 분포하고 있는 목재의 수종별 성질과 이용도 등을 수록한 database도 새로운 재료의 탐색에 많은 도움이 될 것이다. 목재건조분야에서는 수종별 건조스케줄의 작성과 건조실의 제어 자동화 시스템 및 목질원료 에너지를 이용한 보일러시스템의 경제성 분석 등이 주로 연구되어 왔다. 또한, 목재생산(원목 벌채)분야에서도 벌채비용의 분석 등에 대한 다양한 software가 개발되기도 하였다.

4. Software의 선택

software program과 그 공급업자를 선택할 때에는 다음과 같은 여러 가지 요소들을 고려해야 한다.

(1) 요구되는 상황이 이미 개발되어 있는 canned program으로도 해결이 가능한 지의 여부를 확인해야 한다. 만일 불가능할 경우에는 custom program의 개발을 고려해야 할 것이다. 목재의 가공공정 제어용 프로그램 등과 같이 각 공정과 회사에 따라 그 특성이 다른 경우에는 custom program을 개발해야 할 경우가 흔히 발생한다.

(2) 도입하고자 하는 software가 자신이 보유하고 있거나 앞으로 구입하고자 하는 시스템에 적절한 가의 여부를 확인해야 한다.

(3) software의 도입에 의해 예상되는 이익과 software의 가격을 비교해야 한다. software의 가격이 높다는 것은 이미 알려져 있는 사실이다. 따라서 관리비용, 수정 보완비용 및 after service등이 포함된 총 비용을 검토해야 한다.

(4) 직접 software를 이용할 작업자가 해당 software를 쉽게 이해하고 완벽히 이용하며 관리할 수 있어야 한다. software공급업자와의 계약시 자체 직원의 교육을 보장토록 하는 것이 바람직하다.

(5) 미래에 발생할 수 있는 상황에서도 현재 도입하는 software의 기능을 보완하여 대처할 수 있어야 한다. 즉, 전술한 바와 같이 software는 매우 비싸므로 미래를 대비하는 거시 적인 관점에서 확장성이 양호한 software를 구입해야 한다.

(6) custom program인 경우 after service가 매우 중요하며, 납기의 준수 역시 요구된다. 따라서 software 구입 계약시 이점들에 대한 정확한 검토가 요구된다. 물론 여러 공급업 자와의 접촉을 통하여 충분한 사전지식을 얻은 후 계약에 임하는 것도 중요하다.

(7) 시스템 작동중 예기치 못한 문제로 인하여 오류가 발생하거나 자료를 상실하는 등의 상황을 예방하기 위한 적절한 방법(safeguard)이 공급되어야 한다. 또한 보안을 위한 장치 역시 요구된다.

(8) software에 대한 지적 재산권 보호가 강화되고 있으므로 software구입시에는 공급업자가 지적 재산권과 관련한 문제가 없는 지 확인해야 한다.

software를 구입하기 전에 이상의 모든 사항들을 검토해야 한다. 동시에 공급업자의 선정에도 신중을 기해야 한다. 최근 software를 판매하거나 개발하는 소규모업체가 많이 출현하고 있으나 전문성은 뛰어나도 빈약한 자본으로 인하여 계약상의 약정을 이행하지 못하는 경우가 있을 수 있다. 물론 규모가 큰 전문업체도 있으나 회사의 규모가 큰 만큼 경상비용도 높아 software의 가격이 높아지기 마련이다.

이러한 상황에서 또 하나의 대안은 자체적으로 필요한 프로그램을 개발하는 것이다. 프로그램을 자체 개발할 경우에는 최적의 software를 저렴한 비용으로 얻을 수 있을 뿐만 아니라 문제 발생시 자체 해결이 가능한 이점이 있다. 그러나 대부분의 회사가 그러하듯이 software관련기술은 회사의 경영이나 영업분야에서 부터 개발된다. 따라서 관련 직원은 실제 생산현장의 상황을 정확히 파악하지 못하고 있는 경우가 일반적이다. 그러므로 경영이나 영업 부서에 소속되어 있는 software관련 전문가를 생산현장에 보내어 생산에 관련된 지식을 얻게 한 후 software개발업무를 맡기는 것이 바람직하다. 또는 앞서 언급한 바와 같이 산학연의 공동개발도 추진할만하다.

표 17.6. 제재공업분야 software

Software 명	기 능	사용 언어	개발자	개발기관
Log Analysis Routine 1.1	원목 관련 자료 분석프로그램	PASCAL, FORTRAN	IMPROVE team	USDA Forest Service
Target Set Reduction 1.0	과도한 여척 감소를 위한 기준 설정 프로그램	PASCAL, FORTRAN	IMPROVE team	USDA Forest Service
Lumber Product Size Analysis Routine 2.1	적정 제재목규격 설정 프로그램	PASCAL, FORTRAN	IMPROVE team	USDA Forest Service
BOF Sawing Simulation Analysis Routine 2.0	제재적정화 프로그램	PASCAL, FORTRAN	IMPROVE team	USDA Forest Service
The LSIZE Program	제재목 규격 적정화 프로그램	NA	MicroRidge Systems	MicroRidge Systems
STUMP	활엽수 원목 제재수율추정	FORTRAN	J. L. Bowyer	University of Minnesota
MICROSIP 3.0	제재수율 및 경제성 분석 프로그램	NA	W. N. Darwin Jr.	USDA Forest Service
SRS	소규모 제재소 생산관련 자료기록	SuperCalc 3	J. Schendel	USDA Forest Service
Dry-Land Sort System 4.3	원목 검척 및 재고관리	NA	D. Ormerod	Sylvametrics Consulting
CUBSCALE 1.1	원목 검척 프로그램	FORTRAN 77	J.K.A.Sachet	USDA Forest Service
Hand Held-Log Scale, Cruising, Engineering, Etc. 1.0	휴대용 원목 검척시스템	NA	D. Ormerod	Sylvametrics Consulting
Log TallyMatic 2.0	휴대용 원목 검척시스템	OPL, Clipper	C. Powell	Multitech Systems
LOGSCALER	휴대용 원목 검척시스템	NA	P. Jenks	Createc Inc.
CHAIN TALLY and END TALLY	휴대용 제재목 관련자료 입력시스템	NA	P. Jenks	Createc Inc.
Chain TallyMatic 1.2 and TallyMatic for End Tallying 4.7	휴대용 제재목 검색시스템	OPL, Clipper	C. Powell and R. Whitson	Multitech Systems, Inc.
SAWFIN 2.1	제재공업 경영분석 시스템	Pascal, FORTRAN 77	A. F. Howard	University of British Columbia
COGEN 1.0	제재공업 경영분석 시스템	BASIC	S. M. Brock	West Virginia University
LPMAX 1.0	원목 가격 책정 전략	FORTRAN	H. F. Carino	Alabama Agriculture Experiment Station
Logtracker 1.1	원목 관련 자료기록	BASIC	D. Turner	Appomattox Lumber Co.
Wood Products Software 3.0	제재공업 영업 및 재고관리 프로그램	COBOL	D. D. Schulz	Specialty Software
Wood Producers Reporting System 1.0	생산 제재목별 명세서 작성	COBOL	C. Mathis	Mathis Systems and Software
TIMS	제재공업 경영시스템	RPG	J. McDade	Cothern Computer Systems, Inc.
YARDMASTER	원목과 제재목 재고관리 프로그램	NA	P. Jenks	Createc Inc.
SOLVE 4	제재수율 및 손익분기점 분석	SuperCalc 3	J. Schendel	USDA Forest Service
A Tutorial for Grading Hardwood lumber	활엽수제재목 등급판정 프로그램	BASICA	E. M. Wengert	Virgnia Polytechnique Institute
Lumber Grading Operation	제재목 등급판정 프로그램	NA	P. Engel	Engel Technique
Expert System for Grading Hardwood Lumber 1.0	활엽수 제재목 등급 판정용 전문가시스템	LISP	S. Huang	Purdue University

표 17.7. 목재산업 경영분야 software

Software 명	기 능	사용 언어	개발자	개발기관
PEA	목질에너지시스템 경제성분석	Supercalc 3	W. Darwin	USDA Forest Service
PEAP	공장 개선 및 신설 타당성분석	BASIC, Supercalc 3	J. Schendel	USDA Forest Service
PIMAX	목재산업 프로젝트 경제성분석	BASIC	B. Greber	Oregon State University
MAINSAVER for IBM Midrange Systems	장비 유지 관리	RPG, COBOL	J. Suwara	J. B. Systems
WDTRANS	목재 운송비용 추정	SuperCalc	T. J. Adler	USDA Forest Service
Fleet Cost Control Program 2.0	원가 분석	BASIC	S. Howard	Fleet Distribution
Fleet Preventive Maintenance Program 1.0	장비 유지 관리비용 산출	BASIC	S. Howard	Fleet Distribution
Fleet PM Program 2	장비 유지 관리 일정계획	BASIC	S. Howard	Fleet Distribution
Fleet Maintenance Program 2.0	장비 원료 및 보수비용 산출	BASIC	S. Howard	Fleet Distribution
Fleet Parts Inventory Program 2.0	부품 재고관리	BASIC	S. Howard	Fleet Distribution
Pallet Estimating 3.0	목재 컨테이너 및 팰릿산업의 경영분석	COBOL	J. H. Heizer	Holzwart-Heizer, Inc.
Equipment Maintenance Schedule Systems 1.0	장비 유지, 관리계획 수립	COBOL	C. Mathis	Mathis Systems and Software
TERO CAMS 4.0	장비 유지 관리 자동화시스템	NA	N. D. Sherling	TERO Consulting Ltd.

표 17.8. 제품설계, 공정설계 및 자동화분야 software

Software 명	기 능	사용 언어	개발자	개발기관
DSMIN 2.0	공장설계	FORTRAN	J. L. Bowyer	University of Minnesotta
CAMS/SIM Plicity	목재산업용 CAM	PASCAL	H. Feldman	Feldman Eng. Co.
Draw Power 1.0	casework 설계자동화	C	R. Gowen	Pattern Systems International

표 17.9. 재단 최적화분야 software

Software 명	기 능	사용 언어	개발자	개발기관
Cut Planner 1.0	판상재료 재단 적정화	C	R. Gowen	Pattern Systems International
Cabinet Planner 5.1	가구산업용 재단주문서 작성	C	R. Gowen	Pattern Systems International
The Educator 1.0	제재목 폭 및 길이재단 적정화	BASIC	W. A. Tropper	Forintek Canada Corp.
OPTIGRAMI 1.0	원가절감 위한 수종혼합비율 결정프로그램	BASIC	USDA Forest Service	USDA Forest Service

표 17.10. 목질재료 분야 software

Software 명	기 능	사용 언어	개발자	개발기관
MSU-PDP	목질판상재료의 밀도분포 예측	FORTRAN, Quick BASIC	F. G. Wagner	Mississippi Forest Products Laboratory
PLYMAP 2.1	합판제조공정 시뮬레이션에 의한 물류와 비용 산출	FORTRAN	H. Spelter	USDA Forest Service
VENVAL 2.0	합판공장의 회계 모델	FORTRAN	H. Spelter	USDA Forest Service
Quality Control; Plywood Veneer	합판공업용 품질관리 프로그램	BASIC	F. Hahn	North Carolina State University
Veneer Product Size Analysis Routine 1.0	단판 생산장비의 성능검사 프로그램	PASCAL, FORTRAN	IMPROVE team	USDA Forest Service
Woodwork	합판공업용 종합 프로그램	BASIC	T. Carlson	Timbersoft, Inc.

표 17.11. 기타 분야 software

Software 명	기 능	사용 언어	개발자	개발기관
Wood Properties 1.0	전 세계 목재의 일반적 성질에 대한 Database	Lotus	R. Toennisson	Tennessee Valley Authority
Woodmaster Series	전 세계 목재의 일반적 성질에 대한 Database	RPG	D. Pratt	Pacific Software Assoc.
KILN-Hardwood Dry Kiln Scheduling Program 1.0	활엽수 각 수종에 대한 건조스케줄의 자동 작성	NA	A. Marsinko	Marwood, Inc. /Woodsoft Division
Logging Contractor Management System	원목벌채를 위한 회계 프로그램	COBOL	R. Mather	UNISUN
PEA	목질에너지시스템 경제성분석	Supercalc 3	W. Darwin	USDA Forest Service
Particulate Wood Fuel Forced-Air Drying Model	목질원료의 건조 시간 및 소요에너지 추정	Lotus	M. H. Schneider	Wood Science and Technology Center

참고문헌

1. Arnold, D. 1986. The advantages of digital image Processing for particle analysis. Holz als Roh-und Werkstoff 44: 249-252.
2. Axelsson, B. O. M. et al. 1991. The use of gray scale images when evaluating disturbances in cutting force due to changes in wood structure and tool shape. Holz als Roh-und Werkstoff 49: 491-494.
3. Baliard, D. H. and C. M. Brown. 1982. Computer vision. Prentice Hall, Inc.
4. Brunner, C. C. et al. 1990. Using color in machine vision systems for wood Processing. Wood & Fiber Sci. 22(4): 413-428.
5. Butler, D. A. et al. 1989. A dual-threshold image sweep-and mark algorithm for defect detection in veneer. For. Prod. J. 39(5): 25-28.
6. Chang, S. J. 1990. NMR application for internal defect detection. Procd. process control/production management of wood products: technology for the 90s, Athens, Georgia.
7. Choi, D. et al. 1991. Image analysis to measure strain in wood and paper. Wood Sci. & Tech. 25: 251-262.
8. Clauson, M. L. et al. 1991. Comparison of video and X-ray for scanning wood density. For. Prod J.41(3): 58-62.
9. Conners, R. W., T. H. Cho, C. T. Ng, and T. T. Drayer. 1990. A multisensor machine vision system for hardwood defect detection. Procd. process control/production management of wood products: technology for the 90s, Athens, Georgia.
10. Cown, D. J. et al. 1983. A wood densitometer using scanning with X-rays. Wood Sci. & Tech. 17: 91-99.
11. Dashner, B. 1990. Optimization systems for board edgers, gang edgers and trimmers. Procd. process control/production management of wood products: technology for the 90s, Athens, Georgia.
12. Elliott, D. J. et al. 1990. A low cost artificial intelligence vision system for piece part recognition and orientation. Int. J. Prod. Res. 28(6): 1111-1121.
13. Forrer, J. B. et al. 1988, Image sweep-and-mark algorithms. Part 1.:Basic algorithms. For. Prod. J.38 (11/12):75-79.
14. Forrer, J. B. et al. 1989. Image sweep-and-mark algorithms. Part 2: Performance evaluations. For. Prod. J. 39(1): 39-42.
15. Funck, J. W., C. C. Brunner, and D. A. Butler. 1990. Softwood veneer defect detection using machine vision. Procd. process control/production management of wood products: Technology for the 90s, Athens, Georgia.
16. Funt, B. V. et al. 1987. Detection of internal log defects by automatic interpretation of computer tomography images. For. Prod. J. 37(1): 56-62.
17. Geimer, R. L. et al. 1988. Flake classification by image analysis. FPL Res. Pap. No.486.
18. Hall, E. L. 1979. Computer image Processing and recognition. Academic Press Inc.
19. Hattori, Y. et al. 1985. Non-destructive measurement of moisture distribution in wood with a medical X-ray CT scanner I: Accuracy and influencing factors. Japan Wood Res. Soc. 31(12): 974-982.
20. Hodges, D. G. et al. 1990. The economic potential of CT scanners for hardwood sawmills. For. Prod. J.40(3): 65-69.
21. Huber, H. A. et al. 1982. Economics of cutting wood parts with a laser under optical image analyzer control. For. Prod. J.32(3): 16-21.
22. Kanagawa, Y. et al. 1985. Non-destructive measurement of moisture distribution in wood with a medical X-ray CT scanner Ⅱ:Changes in moisture distribution with drying. Japan Wood Res. Soc.31(12): 983-989.
23. Kenway, D. J. 1990. A supercomputer-based machine vision grading system and trimmer optimizer for dimension lumber. Procd. process control/production management of wood products: technology for the 90s, Athens, Georgia.
24. Klinkhachorm, P. et al. 1988. Automated computer grading of hardwood lumber. For. Prod. J.38(3): 67-69.
25. Koivo, A. J. et al. 1989. Automatic classification of surface defects on red oak boards. For. Prod. J.39( ): 22-30.
26. Lindgren, L. O. 1991. Medical CAT-scanning: X-ray absorption coefficients, CT-numbers and their relation to

wood density. Wood Sci. & Tech. 25: 341-349.
27. Lindgren, L. O. 1991. The accuracy of medical CAT-scan images for non-destructive density measurements in small volume elements within solid wood. Wood Sci. & Tech. 25: 425-432.
28. McMillin, C. W. 1982. Application of automatic image analysis to wood science. Wood Sci. 14(3): 97-105.
29. McMillin, C. W. et al. 1984. ALPS - A potential new automatic lumber Processing system. For. Prod. J. 34(1): 13-20.
30. Mehlhorn, L. et al. 1985. Quality control in the wood based board industry with digital image Processing Holz als Roh-und Werkstoff 43: 403-407.
31. Szymani, R. 1979. Technology of optoelectric scanning in sawmilling. Proceedings of 6th wood machining seminar, FPL, Univ. California.
32. Talyor, F. W. et al. 1984. Locating knots by industrial tomography-a feasibility study. For. Prod. J.34(5): 42-46.
33. Thetford, R. D. et al. 1991. An image analysis system for determining densitometric and ring-width time series. Can. J. For. Res. 21: 1544-1549.
34. Wada. H. 1991. The detection of knots appearing on a Douglas-fir(Pseudotsuga menziesii) laminar utilizing a one dimensional CCD sensor. J. Janpan Wood Soc. 37(3): 206-210.
35. Wagner, F. G. et al. 1989. Ultrafast CT scanning of an oak log for interal defects. For. Prod. J.39(11/12): 62-64.
36. Wagner, F. G. et al. 1990. Potential benefits of interal-log scanning. Procd. process control/production management of wood products: technology for the 90s, Athens, Georgia.
37. Wagner, F. G. et al. 1991. Computer grading of southern pine lumber. For. Prod. J. 41(2):27-29.
38. Wang, P. C. et al. 1986. Nuclear magnetic resonance imaging of wood. Wood & Fiber Sci. 18(2): 308-314.
39. Williston, Ed. M. 1985. Computer control systems for log Processing and lumber manufacturing. Miller Freeman Pub.
40. 信田. 1991. 赤外線映像装置による木材乾燥室診断の試み. 木材工業 46(8): 366-370.
41. 김태균, 최형진. 1990. 화상처리 기초. 정익사.
42. 이문호. 1992. 퍼스컴을 이용한 화상처리. 다리원.
43. 이충웅. 1988. 화상공학. 집문당.
44. 한국과학기술진흥회. 1992. 공장자동화를 위한 시각장치. 효성.

■ 저자

이형우

1983　　서울대학교 임산가공학과 졸업
1987　　임업연구원(現 국립산림과학원) 연구사
1989　　서울대학교 농학박사
1989　　전남대학교 산림자원학부 교수
2011　　전남대학교 바이오매스 산업화센터 센터장

목재의 기계가공

인쇄 | 2012년 11월 20일
발행 | 2012년 11월 30일

저 자 | 이형우
발행인 | 송경안
발행처 | 전남대학교출판부

등록 | 1981. 5. 21. 제53호
주소 | 500-757 광주광역시 북구 용봉로 77
전화 | (062) 530-0571~2, 마케팅 (062) 530-0573
팩스 | (062) 530-0579
홈페이지 | http://www.cnup.co.kr

값 18,000 원

ISBN 978-89-97620-65-4 (93580)

이 도서의 국립중앙도서관 출판시도서목록(CIP)은 e-CIP홈페이지(http://www.nl.go.kr/ecip)와 국가자료공동목록시스템(http://www.nl.go.kr/kolisnet)에서 이용하실 수 있습니다.
(CIP제어번호: CIP2012005358)

〈표 1-2〉 금융상품거래업의 등록이 필요한 행위(2조 8항)

① 유가증권의 매매, 시장파생상품거래, 외국시장파생상품거래
② ①의 중개, 주선, 대리
③ 거래소금융상품시장에서의 유가증권의 매매·시장파생상품거래 또는 외국금융상품시장에서의 유가증권의 매매·외국시장파생상품거래의 위탁의 중개, 주선, 대리
④ 장외파생상품거래 또는 그 중개, 주선, 대리
⑤ 유가증권 등 청산중개
⑥ 유가증권의 인수
⑦ 위탁자지시형투자신탁, 외국투자신탁, 저당증권, 집단투자기구지분 등의 모집 또는 사모(私募)
⑧ 유가증권의 매출
⑨ 유가증권의 모집·매출의 취급 또는 사모의 취급
⑩ PTS업무
⑪ 투자고문계약을 체결하여 행하는 유가증권의 가치 등에 관한 조언·금융상품의 가치 등의 분석에 근거한 투자판단에 관한 조언
⑫ 투자일임계약에 근거한 재산의 운용
⑬ 투자고문계약·투자일임계약의 체결의 대리, 중개
⑭ 투자신탁수익증권 등의 권리자가 출연한 재산의 운용
⑮ 신탁수익권, 집단투자기구지분 등의 권리자가 출연한 재산의 운용
⑯ ①~⑩의 행위에 관하여 고객으로부터 금전 또는 유가증권의 예탁을 받는 행위
⑰ 주식·사채(社債) 등의 진체(振替) 업무
⑱ ①~⑰에 유사한 것으로써 정령에서 정하는 행위

제2조 8항에서 열거하는 금융상품거래업 중 ① 유가증권(2조 2항 각호의 간주유가증권은 제외한다)의 매매·매매의 중개 등, ② 장외파생상품거래 등, ③ 인수업, ④ PTS업무, ⑤ 유가증권등관리업무 중 어느 것을 업으로 하는 것을 **제1종금융상품거래업**이라 한다(28조 1항). 증권회사의 전통적인 업무는 제1종금융상품거래업이다. ④의 PTS(Private Trading System)업무란 사설의 증권거래시스템운영업무를

말한다. 제1종금융상품거래업을 영위하기 위해서는 일정한 조직·자본금을 갖춘 주식회사이어야 하고 자기자본규제비율이 120% 이상이어야 하며 업무를 적절하게 수행하기에 충분한 인적조직을 갖추는 등 가장 엄격한 요건을 충족하여야 한다. 다만 크라우드 펀딩(제2장 2절 (4))만을 영위하는 전업업자에 대해서는 요건이 완화된다(제2종금융상품거래업에 대해서도 같다). 외국법인이 등록하여 국내에서 금융상품거래업을 영위할 수도 있지만 제1종업을 영위하려면 원칙으로서 국내에 지점을 설치하여야 한다. 제1종업 중 ④의 경우에는 인가도 필요하다(30조).

① 일정한 유가증권·간주유가증권의 자기모집, ② 제2조 제2항 각호의 간주유가증권의 매매·매매의 중개 등, ③ 장내파생상품거래(유가증권에 관한 것은 제외한다) 중 어느 것을 업으로 하는 것을 **제2종금융상품거래업**이라 한다(28조 2항). 펀드의 조성이나 판매는 제2종업에 해당한다. 제2종업을 영위하기 위해서는 주식회사가 아니어도 되는 등 요건이 완화되어 있지만, 개인의 경우는 업자에 대한 고객 채권의 변제를 확보하기 위해서 가까운 공탁소에 정령에서 정하는 금액을 영업보증금으로 공탁하여야 한다(31조의2). ②가 제2종업이 된 것은 2조 2항 각호의 간주유가증권은 유동성이 낮고 그 특성상 많은 투자가가 거래하는 것이 아니기 때문이라고 생각되지만, 유동성이 낮은 유가증권일수록 투자가에 대한 권유는 신중하여야 할 것이고 또한 투자가의 피해도 발생하기 쉽다는 점에 유의할 필요가 있을 것이다.

투자운용업은 유가증권 또는 파생상품거래에 대한 투자로서 ① 투자법인과의 계약에 근거하여 투자법인의 재산을 운용하는 행위, ② 투자신탁의 수익증권보유자가 출자한 금전 등을 운용하는 행위, ③ 투자일임계약에 근거하여 고객의 재산을 운용하는 행위,

④ 신탁의 수익권의 보유자가 출자한 금전 등을 운용하는 행위, 또는 ⑤ ①~④ 이외의 집단투자기구지분의 보유자가 출자한 금전 등을 운용하는 행위 중 어느 것을 업으로 하는 것을 말한다(28조 4항). 투자운용업은 에셋 매니지먼트(asset management)라고도 하며, 투자운용업을 영위하기 위해서는 제1종업과 동일한 등록요건을 충족하여야 한다.

투자조언·대리업은 ① 투자고문계약을 체결하여 유가증권의 가치 등 또는 금융상품의 가치 등에 기하여 투자판단에 관하여 조언을 하는 행위, ② 투자고문계약 또는 투자일임계약의 체결의 대리 또는 중개 중 어느 것을 업으로 하는 것을 말한다(28조 3항). 투자조언·대리업을 영위하기 위해서는 제2종업과 같은 등록요건을 갖추어야 한다.

이상과는 별도로 금융상품거래업자 또는 등록금융기관(금융상품거래업의 등록을 한 금융기관)의 위탁을 받아 위탁자를 위하여 유가증권의 매매의 중개, 장내파생상품거래의 위탁의 중개 등을 행하는 자는 **금융상품중개업**으로서의 등록(요건은 완화)을 하면 금융상품거래업의 등록은 할 필요가 없다(66조). 이상의 4종의 업과 중개업을 2006년 개정 전의 증권업 등과 비교하면 〈표 1-3〉과 같다.

이러한 업무를 행하려고 하는 자는 업무의 종류(제1종업은 개별업무)를 표시하여 등록신청을 하고 이때 각 업무별 요건을 충족하고 있으면 등록이 이루어진다. 그러므로 예를 들어 1회의 신청으로 전 업무에 관해 등록을 하는 것도 가능하고, 진입요건이 낮은 업무에 대해서만 등록을 하는 것도 가능하다.

〈표 1-3〉 증권업 등과 금융상품거래업의 대응관계

<table>
<tr><th></th><th>개정 후</th><th>개정 전</th></tr>
<tr><td rowspan="4">금융상품거래업</td><td>제1종금융상품거래업</td><td rowspan="2">증권업
금융선물거래업
저당증권업
상품투자판매업
신탁수익권판매업</td></tr>
<tr><td>제2종금융상품거래업</td></tr>
<tr><td>투자운용업</td><td>투자일임계약에 관련한 업무
투자신탁위탁업
투자법인자산운용업</td></tr>
<tr><td>투자조언 · 대리업</td><td>투자고문업</td></tr>
<tr><td colspan="2">금융상품중개업</td><td>증권중개업</td></tr>
</table>

2006년 개정 전은 투자신탁위탁업, 투자법인자산운용업, 투자일임업무, PTS업무, 장외파생상품거래, 인수업에 관해서는 등록제보다 진입요건이 엄격한 인가제를 취하고 있었다. 금융상품거래법에서는 **PTS업무**만을 인가제로(30조 1항) 하고, 나머지는 등록제로 하는 등 규제를 대폭완화하고 있다.

Chapter 02

유가증권의 발행

제 2 장 유가증권의 발행

1. 정보공시의 의의

1948년에 제정된 증권거래법은 미국증권규제법을 모델로 하여 정보공시(disclosure)제도를 도입하였다. 여기서 정보공시란 투자판단에 도움이 되는 정보를 유가증권의 발행자 등에게 강제적으로 공시시키는 제도를 말한다. 따라서 정보공시제도는 금융상품 중 유가증권에 대해서만 적용된다.[1)]

발행자의 정보공시에는 발행시장을 대상으로 하는 것(발행공시, 제2장)과 유통시장을 대상으로 하는 것(유통공시, 제3장)이 있고, 발행자 이외의 자에 의한 공시로 공개매수·대량보유자 공시(제4장)가 있다. 발행자는 정보를 자발적으로 공시하기 때문에 법률로써 정보공시를 강제할 필요는 없다고 하는 견해도 있다. ① 자금의 용도 등

1) (역자 주) 파생상품거래에 대해 정보공시제도를 적용하는 것, 예를 들어 기후파생상품에 관하여 어떤 자를 발행자로 간주하여 그 자에게 기상정보에 관해 공시를 하도록 강제하는 것도 불가능하지는 않을 것이다. 그러나 파생상품거래는 기업의 자금조달이나 자원의 효율적 배분과 직접관계가 없으므로 파생상품거래에 정보공시를 요구한다고 하면 그것은 유가증권의 정보공시와 완전히 의미가 다른 것이 될 것이다(제2판 40면).

에 관해 정보를 공시하지 않으면 기업은 증권발행을 통해 자금을 조달할 수 없고, ② 지금 당장 시장에서 자금을 조달할 계획이 없는 발행자일지라도 주가가 높을수록 거래상 유리하므로 좋은 정보(주가를 상승시키는 정보)에 대해서는 적극적으로 공시하려는 유인을 가지며, ③ 좋은 정보만 공시하는 발행자에 대해서는 투자가가 꺼려하므로 발행자는 나쁜 정보(주가를 하락시키는 정보)도 스스로 공시할 수밖에 없다는 것이 그 이유이다. 그러나 ① 경영자가 자사주식을 대상으로 공개매수를 하는 MBO(Management Buyout)의 경우처럼 주가가 낮을수록 경영자에게 유리한 때에는 자발적인 공시는 기대하기 어려우며, ② 좋은 정보만 공시하는 발행자와 나쁜 정보도 공시하는 발행자를 투자가가 구별할 수 없을 때에는 나쁜 정보도 공시하는 정직한 발행자의 경우에는 증권시장에서의 자금조달비용이 높아지게 되므로 자본시장을 통한 자금조달을 회피하게 되고, 나아가서는 공시제도가 없으면 자본시장의 존립 자체가 어렵게 될 수도 있다는 반론이 있다.

유가증권보고서가 사업연도 종료 후 3개월 가깝게 지나고 나서 제출되는 등 법률상의 정보공시(법정공시)에는 시간이 걸리므로 그 정보는 투자판단에 도움이 되지 않는다는 비판도 있다. 그러나 3개월 후에 제출된 유가증권보고서에 진정한 정보를 공시하지 않으면 안된다고 한다면(만일 허위 정보를 공시하면 민형사상의 책임을 져야 한다) 그로 인해 그 전에도 발행자는 허위 정보를 공시할 수 없게 될 것이다. 이처럼 법정공시는 법정공시 이외의 방법으로 공시되는 정보에 대해서도 진실성을 담보하는 기능을 다하고 있다.

유가증권일지라도 ① 국채증권, ② 지방채증권, ③ 특수채, ④ 특수법인에 대한 출자증권, ⑤ 대부신탁의 수익증권, ⑥ 집단투자기구지분 등(주로 유가증권에 대한 투자를 행하는 것을 제외한다), ⑦ 정부보증채는 정보공시제도의 적용이 면제된다(3조). ①②⑦은 원리금의 지급에 관하여 채무불이행의 우려가 없는 점, ③④는 특별법에 의하여 규제되어 행정에 의한 감독에 따르는 점, ⑤는 대부신탁법에 의한 공시가 행해지는 점, ⑥은 유동성이 낮은 점이 그 이유로 지적되고 있다. 그러나 ③ 및 ④는 채무불이행의 위험이 전혀 없는 것은 아니므로 정보공시를 요구하는 것이 오히려 의미가 있다고 생각되며, ⑥과 같이 유동성이 낮은 것이 정보공시를 면제하는 이유가 될 수 있는지는 의문이다. 집단투자기구지분 등의 자기모집에 금융상품거래업의 등록을 요구한 것(28조 2항, 제1장 5절 (3))에서 알 수 있듯이 펀드에 대한 규제는 정보공시가 아니라 업자규제를 통해 한다는 정책판단이 내려진 결과로 보아야 할 것이다.

2. 증권발행시의 정보공시

(1) 정보공시가 필요한 이유

증권의 신규발행을 통해 자금을 조달하려는 기업(발행자)은 사업에 필요한 자금을 확실하게 모집하기 위하여 발행하는 증권의 전부를 투자가에게 취득시키려고 적극적으로 권유를 할 것이다. 그런데 통상은 증권회사(또는 그 syndicate)가 발행자와 투자가 사이에서 보나 많은 증권을 투자가에게 판매하고 발행자에게는 확실하게 자금을 모집해 주기 위하여 투자가에 대해서는 그 판매망을 이용하여 투자권유를 하고 발행자에 대해서는 소화(판매)되지 않은 증권을 떠안는 서비스(인수라 한다)를 제공한다. 이때에도 판매실적을 높이기 위하여 또는 인수위험을 줄이기 위하여 열심히 권유를 하게 된다. 권유가 적극적으로 이루어지면 투자가에게는 판매압력(투자가로서는 구매압력)이 가해지고, 그 결과 정보에 근거한 투자결정을 저해

할 우려가 생긴다. 대주주 등이 보유증권을 일제히 매출할 때에도 투자가에게 판매압력이 가해져 투자결정을 왜곡할 가능성이 있다. 그리하여 법은 발행자에게 정보공시를 요구하고 숙려기간을 마련함으로써 투자가를 보호하려고 하는 것이다. 즉 판매압력의 존재야말로 발행시장에서 정보공시가 필요한 이유이고, 발행공시의 필요성은 판매압력의 유무에 달려 있다고 해도 과언이 아니다. 이하에서는 신규발행증권의 권유(모집)에 관해 설명하고, 매출에 대해서는 9절에서 설명한다.

(2) 유동성이 높은 유가증권의 모집

총액 1억 엔 이상의 신규발행증권을 취득시키기 위해서 50명 이상의 자에 대하여 권유를 하는 경우에는 판매압력이 발생하는 것으로 보아 계속공시의무(우리나라에서는 정기공시의무)가 있는 회사인지 여부를 불문하고 발행자에 대해 **유가증권신고서**를 내각총리대신에게 제출하도록 하고 있다(4조 1항). 제출은 EDINET[2)]라고 불리는 인터넷전자공시시스템을 통하여 이루어진다. 신고서가 제출되어 있지 않은 상태에서 권유를 하면 처벌의 대상이 된다.

유가증권신고서에는 ① 발행하는 증권의 종류·발행수·발행가격, 배당방법 등 모집의 조건, ② 조달자금의 용도, ③ 발행자의 기업정보가 기재되고(5조 1항, 〈표 2-1〉), 재무국, 발행자의 본점·주요한 지점, 금융상품거래소·인가금융상품거래업협회에서 공개된다. EDINET에 공개된 정보는 인터넷에서 열람할 수 있다.

---

2) (역자 주) 「Electronic Disclosure for Investors' NETwork」의 약어이며, 유가증권보고서 등의 공시 서류에 관한 전자공시시스템을 말한다. 우리나라의 금감원이 운영하는 DART 전자공시시스템에 상당하다.

〈표 2-1〉 유가증권신고서의 기재사항(주식모집의 경우)

제1부 【증권정보】
- 제1 【모집요강】 신규발행주식의 종류·발행수/주식모집의 방법 및 조건/주식의 인수/신규발행에 의해 조달한 자금의 용도
- 제2 【매출요강】 (매출의 경우에 기재)
- 제3 【기타 기재사항】

제2부 【기업정보】
- 제1 【기업 개황】 주요한 경영지표 등의 추이/연혁/사업의 내용/관계회사의 상황/종업원의 상황
- 제2 【사업 상황】 실적 등의 개요/생산, 수주 및 판매 상황/대처하여야 할 과제/사업 등의 리스크/경영상의 중요한 계약 등/연구개발활동/재정상태 및 경영실적의 분석
- 제3 【설비 상황】 설비투자 등의 개요/주요한 설비의 상황/설비의 신설, 제거 등의 계획
- 제4 【제출회사의 상황】 주식 등의 상황/자기주식의 취득 등의 상황/배당정책/주가의 추이/임원 상황/기업지배구조 상황
- 제5 【경리 상황】 연결재무제표 등/재무제표 등(최근 2회계연도의 것)
- 제6 【제출회사의 주식사무의 개요】
- 제7 【제출회사의 참고정보】

제3부 【제출회사의 보증회사 등의 정보】 (해당하는 경우에만 기재)

제4부 【특별정보】
- 제1 【최근의 재무제표】 (최근의 5사업연도의 것으로 제2부에 기재한 이외의 것)
- 제2 【보증회사 및 연동자회사의 최근의 재무제표 또는 재무서류】 (해당하는 경우만 기재)

적격기관투자가만을 대상으로 권유를 행할 때는 신고서의 제출은 불필요하다(**프로사모**, 2조 3항 2호イ). 적격기관투자가는 투자에 관한 전문지식이 있는 자이므로 법률에 의한 정보공시는 필요하지 않기 때문이다. 다만 정보공시 없이 발행된 증권이 일반투자가의 손에 들어가는 일이 없도록 프로사모증권의 일반투자가에의 전매는 엄격히 금지된다. 이는 역으로 말하면 프로밖에 취득할 수 없는 증권이 존재한다는 것을 의미한다. 금융상품거래법에서는 법인이

적격기관투자가가 될 수 있는 요건을 유가증권 잔고 100억 엔 이상에서 10억 엔 이상으로 인하하고 개인의 경우에도 유가증권잔고가 10억 엔 이상인 경우에는 적격기관투자가가 될 수 있도록 하는 등 적격기관투자가의 범위를 대폭 확대하였다(정의부령 10조).

50명 미만의 자를 대상으로 권유를 하는 경우에도 신고서를 제출할 필요가 없다(**소인수사모**(少人數私募)). 소수를 대상으로 권유를 할 때는 투자가에게 교섭력이 있고 판매압력이 발생하지 않는다고 생각되기 때문이다. 소인수사모로 발행된 증권은 다수의 투자가에게 전매되지 않도록 할 필요가 있기 때문에 ① 주식, 신주예약권부사채 등 주식(equity)관련증권의 경우에는 비상장주식일 것, ② 그 이외의 유가증권의 경우에는 일괄양도 이외의 양도는 금지할 것을 조건으로 하고 있다. ①의 결과 상장회사가 업무제휴기업 등 특정의 자에게 주식을 발행하는 **제3자배정증자**의 경우에는 유가증권신고서의 작성·제출이 필요하다. 권유대상자의 계산은 6개월을 통산(通算)하고, 적격기관투자가의 수는 권유대상자에서 제외된다. 기업이 임원이나 종업원에게 **스톡옵션**(신주예약권)을 부여하는 때에도 이들은 발행자에 대해 잘 알고 있을 터이므로 유가증권신고서의 제출은 불필요하다(4조 1항 1호).

그리고 사모에 의해 발행된 사채형 유가증권에 대한 평가에는 신용등급이 이용되고 있는데, 신용평가 및 신용평가업자에 대한 규제에 대해서는 제8장 8절에서 설명한다.

(3) 유동성이 낮은 유가증권의 모집

유가증권으로서 새롭게 추가된 「2조 2항 각호의 **간주유가증권**」에 관하여는 (2)에서 설명한 것과는 다른 모집개념을 채택하고 있다. 즉 취득권유에 응함으로써 상당수의 인원이 당해취득권유와 관련된 유가증권을 소유하게 된 경우로서 정령에서 정하는 경우에는 모집시에 정보공시를 하여야 한다. 정령에서는 상당수의 인원을 「500명 이상」으로 정하고 있다(령 1조의7의2).

(2)와 다른 점은 ① 권유대상자의 수가 아니라 취득자의 수를 기준으로 하고 있다는 점, ② 50명이 아니라 500명을 기준으로 하고 있다는 점이다. 이는 발행공시의 필요성을 (1)에서 언급한 판매압력의 존재에서 찾는 것과는 명백히 다른 시각이다. 2항 각호를 유가증권으로 간주한 것은 펀드지분을 유가증권으로 하고 이것에 정보공시규제를 미치게 하기 위한 것이었는데, 그러한 입법목적은 달성된 것 같지 않다.

(4) 크라우드 펀딩

크라우드 펀딩(crowd funding)이란 기업과 투자가를 인터넷 사이트에서 연결하여 다수의 투자가로부터 소액씩 자금을 모집하는 것을 말한다. 크라우드 펀딩에는 기부형, 상품구입형, 투자형이 있는데, 투자형은 익명조합계약을 활용하여 유동성이 낮은 유가증권을 발행하는 것만((3)) 허용되고 있고, 주식을 발행하는 경우는 없다(표 2-1). 주식 발행을 통하여 자금조달을 행하는 경우 기업과 투자가를 연결하는 플랫폼 운영업자는 등록요건이 엄격한 제1종금융상품거래업자일 필요가 있기 때문이다(1장 5절 (3) 참조). 미국에서는 2012년 JOBS법(Jumpstart Our Business Startups Act)이 제정되어 투자형 크라우드 펀딩이 용이하게 되었다. 일본에서도 2014년 개정에 의하여 크라우드 펀딩만을 영위하는 전업업자의 등록요건을 완화하고, 업자규제를 통하여 투자가 보호를 도모하는 제도가 도입되었다.

플랫폼 운영업자의 등록요건이 완화되는 크라우드 펀딩은 모집총액이 1억엔 미만, 1인당 투자액이 50만엔 이하의 모집 또는 사모로 제한된다. 모집총액이 1억엔 미만이므로 발행자는 유가증권신고서의 제출이 면제되고(4조 1항 5호), 공시규제는 적용되지 않는다. 그 대신 발행자의 정보를 투자가가 입수할 수 있도록 운영업자는 발행자의 사업계획, 자금용도, 특유의 리스크 등에 관해 인터넷을 통해 정보를 제공하여야 한다(43조의5). 투자가 1인당 투자액을 제한한 것은 소액의 자금을 다수의 자로부터 모집하는 크라우드 펀딩의 특성을 고려한 것이지만, 한편으로는 투자가의 자기책임원칙과는 무관한 형태로 소비자 보호의 정신이 반영된 것으로 볼 수 있다.

크라우드 펀딩을 위해 발행된 주식의 매매를 중개하기 위해서는 원칙적으로 제1종금융상품거래업의 등록이 필요하다. 일본증권업협회는 비상장주식의 경우 투자권유를 원칙적으로 금지한 자율규제를 수정하여 크라우드 펀딩을 위해 발행된 주식의 권유나 발행 후 매매의 권유를 인정하였다. 크라우드 펀딩에 의한 벤처기업의 육성이 성공할 수 있느냐는 기존의 증권회사가 플랫폼 운영업무에 얼마나 참가할 것인지에 달려있다고 보여 진다.

3. 간이 정보공시

유가증권신고서에 기재할 정보를 수집하여 그 진실성을 확인하고 신고서를 작성하려면 많은 비용이 든다. 또 유가증권신고서의 제출을 요하는 모집·매출을 한 발행자는 원칙적으로 유가증권보고서 등을 통해 계속적으로 정보공시를 하여야 하며, 이 경우도 계속공시에 따르는 만만찮은 비용을 부담하여야 한다(제3장 1절). 이러한 발행자의 비용을 고려하여 1억 엔 이상 5억 엔 미만의 모집·매출에 대해서는 유가증권신고서의 기재내용을 간략하게 작성하는 것(간이화)을 인정하고 있으며(**소액모집**(우리나라의 소규모모집), 5조 2항), 계속공시에 있어서도 이를 인정하고 있다. 이 제도는 비상장회사가 이용하는 것을 염두에 둔 것이다.

발행공시의 간이화는 비상장회사와는 다른 이유에서 상장회사에 대해서도 인정하고 있다. 주식을 상장하고 그 유통량이 많은 발행자(상장회사)는 증권분석가인 애널리스트(Analyst)에 의해 철저히 분석되고 있기 때문에 발행자에 관한 정보가 증권의 시장가격에 이미 반영된 것으로 볼 수 있고, 따라서 증권발행 시에 다시금 기업에 관한 정보를 공시하도록 할 필요성은 그다지 크지 않다. 따라서 ① 1년 이상 계속하여 유가증권보고서를 제출하고, ② 주식의 연간 거래금액 및 시가총액이 일정금액을 상회하는 발행자의 경우는 유가증권신고서에 기재하여야 할 내용 중 이미 유가증권보고서 등에 기재된 내용은 유가증권보고서를 참조하도록 함으로써 유가증권신고서의 작성에 편의를 제공하고 있다(**참조방식**, 5조 4항).

또한 위 ①의 요건만 충족한 발행자는 유가증권보고서 등을 유가증권신고서에 첨부함으로써 기업정보의 기재를 대신할 수 있도록 하고 있다(**첨부방식**, 5조 3항). 투자설명서(7절)도 동일한 요령으로 작성할 수 있고, 이것에 의해 정보작성에 따르는 비용이나 투자설명서 인세를 절약할 수 있다. 현재 상장회사주식의 공모발행은 거의 참조방식으로 이루어지고 있다.

그러나 위의 어느 요건도 충족하지 못하는 발행자, 예를 들어 주식공개 시에 모집이나 매출(대주주가 보유주식을 분매하는 것)을 하는 경우(IPO: Initial Public Offering)에는 발행자는 유가증권신고서에 최신의 기업정보를 기재하여야 한다.

참조방식의 요건을 충족하는 발행자는 **발행등록제도**(우리나라의 일괄신고제도)를 이용할 수 있다. 이는 사전에 증권의 발행총액,

발행기간을 정하여 발행등록서를 제출하여 두면 실제 증권발행 시에는 발행등록추보서류를 제출하는 것만으로 곧바로(卽日) 증권을 매도할 수 있는 제도이다(23조의3). 금리정세를 보면서 기동적으로 발행할 필요가 있는 사채, CP, 적대적 M&A에 대한 방어수단으로 발행하는 신주예약권 등에서 주로 이용되고 있다.

4. 신고서의 심사와 감사

유가증권신고서가 제출되면 내각총리대신(실제로는 재무국)은 그 내용에 부실한 부분이나 허위의 기재가 없는지를 심사한다. 부실이나 허위의 기재가 있을 때에는 내각총리대신은 정정신고서의 제출을 명령할 수 있다(10조 1항). 이미 신고서의 효력이 발생하고 있는 때에는 증권의 판매를 중단시키기 위하여 신고서의 효력을 정지시킬 수도 있다(10조 1항). 그리고 신고 없이 증권을 판매하는 경우처럼 투자자 피해 확대를 방지하기 위해서 긴급히 필요한 때에는 내각총리대신은 법원에 **긴급유지명령**의 발령을 청구할 수 있다(192조). 그러나 긴급유지명령제도는 일본에서는 거의 이용되고 있지 않다.

유가증권신고서의 기재사항 중 재무계산에 관한 서류(재무제표, 연결재무제표)에 대해서는 발행자와 이해관계가 없는 회계전문가(공인회계사·감사법인)에 의한 감사를 받아야 한다(193조의2). 「이해관계가 있다」란 어떠한 경우인가에 대해서는 인적관계, 자본관계의 측면에서 구체적인 규정이 마련되어 있지만 이러한 것에 해당하지 않는 경우라도 포괄규정이 적용되기 때문에 이해관계의 유무에 관해서는 실질적인 판단이 필요하다.

일본의 회계감사제도는 증권거래법상의 재무제표감사로부터

시작되었다. 공인회계사는 재무제표의 감사를 직업으로 하는 전문가이고, 공인회계사가 되기 위해서는 국가시험에 합격하고 공인회계사협회에 등록하여야 한다. 감사법인은 5인 이상의 공인회계사를 구성원으로 해서 내각총리대신의 인가를 받아 설립된 법인이다. 공인회계사나 감사법인이 고의 또는 과실에 의해 부당한 감사증명을 한 경우에는 내각총리대신은 업무정지, 등록말소 등의 징계처분을 할 수 있다(공인회계사법 30조, 34조의21). 법은 회사로부터 독립된 회계전문가의 감사를 받도록 하는 한편 전문가에 대해서는 공적 규제를 가함으로써 재무서류가 발행자의 상황에 관해 적정하게 표시할 수 있도록 담보하고 있다.

2006년 5월에는 (주)가네보우의 분식결산사건에서 담당회계사에게는 등록말소 등의 처분이, 담당회계사가 소속된 감사법인에 대해서는 업무의 일부정지 처분이 이루어진 적이 있다. 이 사건에서 담당회계사는 분식에 적극적으로 가담한 것으로 알려졌고 후에는 형사소추까지 받았다. 또한 4대 감사법인 중의 하나였던 소속감사법인은 2007년 7월 해산하는 등 공인회계사·감사법인에 대한 신뢰성을 크게 훼손하는 사태로까지 번졌다.

이러한 회계부정을 배경으로 ① 감사인(공인회계사 또는 감사법인)의 업무관리·지배구조·정보공시 강화, ② 감사인의 독립성 강화, ③ 감사인의 책임 강화를 골자로 하는 공인회계사법 개정이 2007년 7월에 단행되었다. 이 가운데 ②의 경우에는 감사인이 상장회사 등의 재무서류에 중대한 영향을 미치는 부정·위반행위를 발견한 때에는 감사 등에 보고하는 등의 조치를 취하여야 하며, 그럼에도 불구하고 개선이 이루어지지 않으면 그에 관한 의견을 내각총리대신에게 제시하도록 하고(193조의3), ③의 경우에는 감사인의 위반행위를 억제하기 위하여 과징금제도를 마련한 것(공인회계사법 31

조의2, 34조의21의2)이 특히 주목할 만하다. 상장회사의 계속공시서류의 적정성 확보에 관해서는 제3장 4~6절에서 설명한다.

5. 부실발행공시와 민·형사책임

유가증권신고서에 기재된 정보의 정확성을 담보하기 위해서는 여러 가지 조치가 필요하다. 앞에서 언급한 행정심사나 공인회계사·감사법인에 의한 감사는 이러한 조치의 하나이지만 그 외에도 관계자의 형사책임, 민사책임, 과징금제도가 있다.

중요한 사항에 관해 허위의 기재가 있는 유가증권신고서를 제출한 자(발행자의 대표자 등)에게는 10년 이하의 징역이나 1,000만 엔 이하의 벌금에 처하며 양벌의 병과도 가능하다(197조 1항 1호). 세이부철도, 가네보우, 라이브도아 등의 허위기재사건을 교훈으로 2006년 개정에서 벌칙이 강화되었다. 벌칙이 강화되면 일반적으로 범죄에 대한 억지력은 증가하지만 이미 범죄에 손을 댄 자에 대해서는 범죄 중지에 대한 유인을 줄 수 없고 오히려 은폐하려고 하는 것이 문제점으로 지적되고 있다.

발행자의 대표자 등이 법인의 재산 또는 업무에 관해 허위기재를 한 때는 양벌규정(207조)에 따라 발행자에게도 7억 엔 이하의 벌금이 가해진다. 법인에게도 벌금을 가함으로써 범죄행위를 억지하려는 규정이다. 유가증권신고서의 허위기재가 법인의 업무와 무관하게 이루어지는 것은 생각하기 어렵다. 중요사항에 관한 기재를 누락한 것이 「허위 기재」에 해당하는지에 관해서는 다툼이 있지만 해당한다고 해석하여야 할 것이다. 그리고 허위기재죄가 성립하기 위해서는 발행자가 허위를 인식하고 있을 필요가 있다.

유가증권신고서에 허위 또는 오해를 낳는 기재가 있었던 경우의 민사책임에 관한 규정은 꽤 복잡하다. 법은 다양한 관계자에게 민사책임을 물음으로써 기재의 정확성에 관해 관계자에게 주의를 환기시키고 그 효과로서 기재의 정확성을 담보하려는 것이다.

먼저 민사책임의 원인이 되는 허위기재 등이란 ① 중요한 사항에 관한 허위의 기재, ② 중요한 사실의 누락 및 ③ 오해를 유발하지 않기 위해 필요한 중요한 사실의 누락이다(18조 외). 이는 유가증권보고서 등의 계속공시서류의 허위기재 등에 관해서도 마찬가지이다(제3장 5절). ③에 의해 설령 법령에서 기재를 요구하지 않은 사실일지라도 그것을 기재하지 않음으로써 유가증권신고서가 투자가에게 오해를 유발할 경우에는 발행자나 기타 관계자는 손해배상책임을 지게 된다. 바꾸어 말하면 관계자는 법령에서 요구하는 사실만을 기재하면 되는 것이 아니라 신고서가 오해를 유발하지 않기 위해서는 무엇을 기재하여야 하는지 주의를 다하여야 할 것이다. 아반 코포레이션(アーバンコーポレイション)의 허위기재사건에서는 신주예약권부사채를 발행하여 조달한 자금의 전액을 발행자가 증권회사에 지급하는 스왑계약을 체결하고 있는 경우에 스왑계약에 관한 기재를 하지 않은 임시보고서는 ② 또는 ③에 해당한다고 보았다(최고재판소 2012년 12월 21일 판결).

허위기재 등이 있는 신고서를 제출한 발행자는 모집에 응해 유가증권을 취득한 자(허위기재 등을 알고 있었던 자는 제외)에 대해 손해배상책임을 진다(18조 1항). 이 책임은 무과실책임이다. 배상액은 투자가가 당해증권을 취득하기 위해 지급한 금액으로부터 ① 청구시의 증권의 시장가액(시장가액이 없는 경우에는 처분추정가액)을, ② 청구 전에 증권을 처분한 때는 처분가액을 공제한 금액이다. 다만 증권의 하락이 허위기재 등 이외의 사정으로 발생한 것이라는 점을 발행자가 입증한 경우에는 배상액이 감액된다(19조). 발행자는 부실의 신고서에 의해 유가증권을 발행하여 투자가로부터 자금을 조달하고 있기 때문에 그 거래를 취소하여 투자가를 거래 전의 원래의 상태로 돌려놓는 것과 동일한 효과가 발생하도록 손해배상책임을 부과하여야 할 것이라는 관점에서 이 규정을 마련한 것이다. 예를 들면 증권의 모집가격이 1주당 10만 엔이었는데, 허위기재 등의 발각에 의해 가격이 하락하여 청구시에 6만 엔이었다고 가정하면 투자가는 1주당 4만 엔의 배상금을 받을 수 있다. 이렇게 되면 보유하고 있는 증권과 합쳐 거래 전과 동일한 재산상태가 되는 것이다.

신고서의 허위기재 등에 대해서는 발행자 외에 ① 제출회사의 임원(이사, 감사, 집행역 등), ② 공인회계사·감사법인, ③ 인수계약을 체결한 금융상품거래업자·등록금융기관도 책임을 진다(21조 1항). ①의 자는 허위기재 등을 몰랐음과 상당한 주의를 했음에도 불구하고 알지 못했음을 입증한 경우에 한해 책임을 면할 수 있다(동조 2항 1호). 이는 신고서를 작성한 이사뿐만 아니라 다른 이사나 감사도 상당한 주의로써 신고서의 내용을 심사하여야 한다는 것을 의미한다. ②의 자는 허위기재 등이 있는 재무서류에 관해 허위기재 등이 없는 것으로 감사증명을 한 것에 대해 책임을 지며, 다만 감사증명에 관해 고의나 과실이 없었음을 입증한 경우에는 책임을 면한다. ③의 자는 발행자와 잔액인수계약 또는 매수인수계약(우리나라의 경우는 총액인수)을 체결하고(동조 4항) 증권이 소화되지 않은 경우 그 잔액을 인수하는 리스크를 부담하는 인수증권회사 등을 말하는데, 발행자가 작성한 신고서에 대해 특별책임을 진다. 즉 신고서의 기재사항 중 (a) 재무서류 이외의 경우에는 ① 허위기재 등을 모르고, ② 상당한 주의를 했음에도 불구하고 알지 못했던 때에는 책임을 지지 않으나 그 외는 책임을 지며, (b) 재무서류의 경우에는 허위기재를 몰랐던 경우에만 책임을 지지 않고 그 외는 책임을 진다

(동조 2항 3호). (b)의 책임이 (a)보다 경감된 것은 재무서류의 경우에는 공인회계사·감사법인에 의한 감사가 이루어지기 때문이다. 증권회사가 투자설명서를 사용하여 권유를 하는 경우에는 투자설명서에 포함된 재무서류에 관해서도 과실책임을 지므로(17조) 실무에서는 인수증권회사 등은 무과실을 증명하지 못하는 한 책임을 지는 것을 전제로 **인수심사**(due diligence)를 하고 있다.

감사법인이나 인수증권회사가 없으면 발행자는 자본시장에 접근을 할 수 없으므로 이러한 자를 문지기(gatekeeper)라 한다. 문지기에게 법적 책임을 과함으로써 제1차적인 위법행위자인 발행자의 행동을 억지하거나 문지기가 발행자를 선별하도록 하는 효과를 기대할 수 있다. 한편 감사법인이나 인수증권회사는 처음으로 IPO를 하는 회사처럼 지명도가 낮은 발행자의 증권일지라도 일반투자가가 안심하고 구입할 수 있도록 자신의 평판을 발행자에게 제공하는 평판중개자(reputational intermediary)로서 역할을 하고 있다. 평판중개자는 발행자가 허위기재 등을 한 경우에 평판에 미치는 리스크에 비해 받는 보수가 극단적으로 적기 때문에 보통은 발행자의 허위기재 등 기타 사기행위에 대해 협력하지 않을 것으로 생각된다. 그러나 엔론사건에서는 엔론에 평판을 제공한 회계사무소(아더·앤더슨)가 해산하였으며, 일본에서도 가네보우 분식결산을 비롯하여 몇몇 분식사건에서 이름이 오르내렸던 회계사무소(구中央青山監査法人)가 해산위기에 처해 있고, 유명 회계사무소 소속 회계사가 상장기업의 분식결산에 왜 관여하는지 그 이유가 의아스럽다. 평판중개자에게 문지기로서의 역할을 다하도록 하기 위해서는 어떠한 법적 책임을 지우는 것이 좋을지는 매우 어려운 문제이고 세계적으로도 논란이 되고 있는 사항이다.

6. 부실발행공시와 과징금

발행공시서류에 허위기재가 있으면 관계자는 형사처벌의 대상이 된다. 그러나 형사벌은 대상자에게 주는 영향이 매우 크기 때문에 신중하게 적용할 필요가 있고, 위반행위 전부에 대해 처벌한다는 것도 곤란하다. 한편 민사책임은 그 추궁 여부가 투자가의 판단에 맡겨져 있을 뿐만 아니라 일본의 경우에는 소액청구를 규합하는 집단소송(class action)제도도 없기 때문에 억지력을 충분히 발휘하고 있다고 할 수 없다(제9장 6절 참조). 그래서 위반행위에 대한 억지력 발휘를 위하여 위반행위의 정도나 양태에 따라 금전적 부담을 가하는 **과징금제도**가 2004년 도입되었다. 과징금제도의 대상은 초기에는 ① 발행공시위반, ② 계속공시위반, ③ 풍설의 유포·위계에 의한 거래, ④ 시세조종, ⑤ 내부자거래로 국한하였지만, 2008년 개정에서는 적용대상을 공개매수 규제위반이나 각종서류의 미제출 등으로 확대하는 한편 과징금 액수를 인상하였다.

허위기재가 있는 유가증권신고서 등을 제출한 발행자에게는 발행가액의 2.25%(주권 등은 4.5%)의 과징금이 부과된다(172조 1항 1호). 2.25%라든가 4.5%라는 수치는 허위기재가 있는 발행공시서류를 이용하여 유리한 조건으로 증권을 발행함으로써 발행자가 얻은 이익을 기초로 하여 설정한 것이다. 지금까지 유가증권신고서 등의 허위기재에 대해 과징금이 부과된 예는 상당수 있다.

다만 발행자가 얻은 경제적 이익에 대해서만 상당액을 박탈하도록 하는 것으로는 위반행위를 억지하는 효과는 크게 기대할 수 없다. 또한 발행가액의 일정비율을 과징금의 금액으로 하는 것은 위반의 정도에 따라 제재를 가하는 것으로 볼 수 없을 것이다. 허위기재 등에 관여한 임원 등은 매출의 방식으로 유가증권을 매도한 경우에 한해 매출가액의 2.25%(주권 등은 4.5%)의 과징금이 부과된다.

허위기재 등이 있는 재무서류에 관해 허위기재 등이 없는 것으로 감사증명을 한 감사인(공인회계사·감사법인)에 대해서는 공인회계법상의 과징금이 부과된다(공인회계사법 31조의2, 34조의21의2). 이 제도에서는 상당한 주의를 게을리함으로써 허위증명을 한 감사인에게는 허위증명기간 동안 받은 보수를 과징금으로 부과하고, 고의에 의해 허위증명을 한 감사인에게는 그 1.5배의 과징금을 부과하고 있다. 즉 여기서는 과징금은 경제적 이득의 박탈이라는 사고의 틀을 극복하고 있다.

7. 증권발행의 거래규제

(1) 정보에 근거한 투자결정의 확보

신규발행증권에 대해 정확한 정보가 공시되더라도 그 정보에 기하지 않고 투자결정이나 투자판단이 이루어져서야 정보공시의 목적은 달성될 수 없다. 그래서 법은 정확한 정보에 기한 투자결정을 하도록 증권발행 거래에 대해 규제를 하고 있다([그림 2-1]).

신고서가 제출되고 나서 15일 후에 신고서의 효력이 발생할 때까지는 증권회사 등은 투자가에 대해 증권의 취득을 권유하는 것은 가능하지만 취득계약을 체결할 수 없다(15조 1항). 신고서의 정보가 공개되어 투자가가 그 정보를 숙려할 수 있는 기간이 필요하기 때문이다. 참조방식의 이용적격요건을 갖춘 경우는 발행자에 관한 정보가 이미 시장에 널리 퍼지고 있다고 볼 수 있으므로 효력발생까지의 기간은 7일간으로 단축하고 있다. 나아가 참조방식의 이용자로서 매매대금의 연간합계액 및 시가총액이 모두 1,000억엔 이상인 증권의 발행자는 많은 애널리스트가 분석 대상으로 하고 있는

「특히 주지성이 높은 기업」이라고 보고 신고서 제출 후 즉시 증권을 매도할 수 있도록 하고 있다. 신고서의 효력이 발생하지 않은 상태에서 증권을 매도한 자는 증권을 취득한 자에 대하여 위반행위로부터 발생한 손해를 배상하여야 한다(16조). 이 책임은 무과실책임이지만 원고(증권취득자)측에서 손해액을 입증하여야 하므로 실질적으로 책임추궁은 간단하지가 않다.

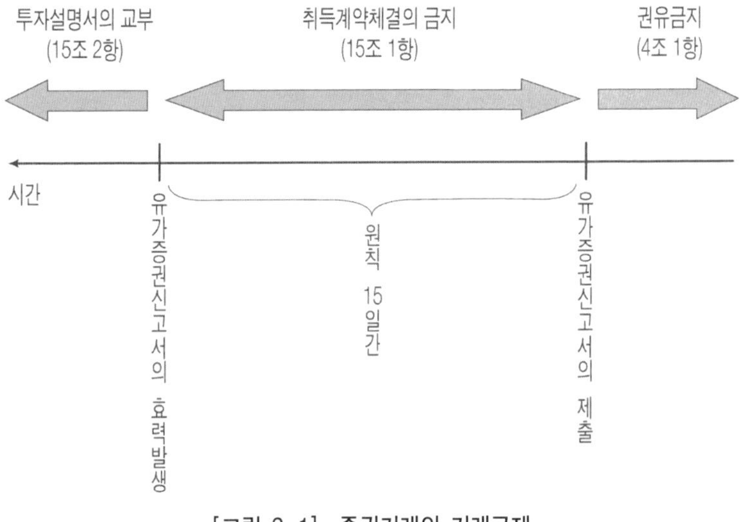

[그림 2-1] 증권거래의 거래규제

신고서의 정보에 대한 숙려기간이 확보되더라도 신고서의 정보와 다른 정보로 권유가 이루어지고, 이에 따라 투자결정이 이루어져서도 역시 법의 목적은 달성될 수 없다. 그래서 법은 발행자에 대해 신고서의 정보를 기초로 투자설명서를 작성하도록 하고(13조 1항) 권유는 가능한 한 이 투자설명서를 이용하여 하도록 하고 있다. 투자설명서 이외에 판매용 자료를 사용하여 권유하는 것도 가능하지만 허위 또는 오해를 유발하는 표시를 하여서는 아니된다(13조 5항).

투자설명서는 계약체결과 동시 혹은 그 전에 투자가에게 교부하여야 한다(15조 2항). 투자설명서는 신고서의 정보에 기하여 투자결정이 이루어지도록 하기 위한 제도이므로 원래는 계약체결보다도 전에 투자설명서를 교부하는 것이 바람직하다. 투자설명서의 교부는 미리 승낙한 투자가에 대해서는 e메일이나 웹사이트에의 게재를 통해 할 수 있다. 투자설명서를 교부하지 않고 증권을 판매하는 자도 취득자에 대하여 무과실의 손해배상책임을 진다(16조). 이 경우 취득자측에서 투자설명서를 교부받았다면 증권을 취득하지 않았을 것이라는 것을 입증하여야 하는데, 투자설명서에는 리스크정보처럼 투자의욕을 꺾는 정보도 포함되어 있기 때문에 입증은 그다지 어렵지 않을 것이다.

(2) 신주예약권무상배정(rights offering)

발행자가 일반투자가로부터 자금을 조달하는 공모증자에서는 기존주주의 이익이 침해되지 않도록 모집가격을 시장가격에 가깝게 설정할 필요가 있는 반면에, 모집기간 중에 주가가 모집가격보다 떨어지면 모집에 응할 투자가가 없어지기 때문에 시장가격보다 약간 할인된 가격으로 할 필요가 있다. 이 때문에 시장가격보다 낮은 모집가격을 이용하여 이익을 얻으려고 **공매도**(주식을 빌려서 시장에서 파는 행위)가 유발되고, 이와 같은 공매도가 대형공모증자의 발표를 전후로 하여 주가가 폭락하는 현상(제6장 2절 (5))의 한 원인이 되고 있다. 그리하여 2011년 개정에서는 모집에 응하여 취득한 주식으로 공매도를 위해 차입한 주식을 결제하는 행위를 금지하였다.

또한 일본에서는 상장회사의 자금조달은 제3자 배정방식(2절 (2))으로 하는 경향이 있고, 이때 배정을 받지 못한 기존주주의 경우 지분비율이 희석되는 불만이 기관투자가를 중심으로 제기되어 왔으며(제3장 3절 (4)), 또한 공모증자의 경우에는 위에서 언급한 바와 같이 모집가격을 설정하는데 어려움이 있다. 그리하여 최근 기존 주주에게 증자주식을 취득할 기회를 준 다음 기업이 필요한 자금을 조달하는 방법으로서 rights offering이 주목을 받고 있다. rights offering에서는 발행자가 신주예약권을 무상배정방식으로 주주에게 교부하고 당해 신주예약권을 상장하게 되는데, 이때 증자에 응한 주주는 신주예약권을 행사하여 주식의 모집가격을 납입하면 지주비율을 유지할 수 있고 증자에 응하지 않은 주주는 신주예약권을 시장에서 양도하면 모집가격이 주식의 시장가격보다 낮은 것에 의해 입게 되는 경제적 불이익을 회복할 수 있다(따라서 모집가격을 얼마로 설정하든 문제는 발생하지 않는다). rights offering에 있어서 기한까지 행사하지 않은 신주예약권이 있으면 발행자는 예정한 자금조달을 할 수 없다(non-commitment형). 그러나 증권회사 등이 미행사된 신주예약권을 취득하여 자신이 납입할 것을 약정하는 이른바 commitment형으로 하면 발행자는 자금의 전액을 조달할 수 있다.

신주예약권의 무상교부시에 유가증권의 모집이 있었던 것으로 간주하여 주주전원에게 투자설명서를 교부하여야 하는 것으로 하면 주주가 많은 상장회사의 경우에는 투자설명서의 작성·교부에 막대한 비용이 들게 된다. 그래서 2011년 개정에서는 rights offering의 이용을 촉진하기 위하여 발행자가 신주예약권의 상장을 예정하고 있는 경우 일정한 사항을 일간신문지에 게재하면 투자설명서의 작성·교부를 면제하기로 하였다. 또한 commitment는 유가증권의 인수와 기능이 유사하므로 이것을 인수의 정의에 포함시켜 금융상품거래업자 등이 아니면 commitment를 할 수 없도록 하는 한편, 인수업의 규세를 통하여 rights offering이 적절하게 이루어지도록 하고 있다.

이처럼 rights offering의 환경은 갖추었지만 시장에서는 실적이 부진한 상장회사가 non-commitment형의 rights offering에 의한 자금 조달을 꾀하고, 이때 시장에서 저가로 신주예약권을 취득한 자가 그것을 행사하면서 자금조달에 성공하게 되어버리는 것이 문제시되고 있다. 실적이 부진한 발행자가 자금조달에 성공하게 되는 것은 rights offering의 공표에 의하여 주가가 대폭 하락하기 때문이다. 이와 같이 기존 주주의 이익을 해치는 자금조달을 하려고 할 때 이사의 해임이나 위법행위의 금지와 같은 회사법상 메커니즘이 작동하지 않는다는 점에서 non-commitment형 rights offering의 문제가 있다고 생각된다.

8. 자산금융형 증권의 정보공시

(1) 법정공시

자산금융형 증권이란 주식회사가 발행하는 주식과 같이 발행자 자체의 신용력을 근거로 하여 발행하는 **기업금융형 증권**과는 달리 발행자가 보유하는 자산을 기초로 하여 발행하는 증권을 말한다. 자산금융형 증권의 예로서는 자산유동화법에 기한 각종의 유가증권, 투자신탁의 수익증권, 투자법인의 투자증권, 각종 펀드의 지분, 각종 자산담보부증권(Asset-based Securities: ABS)이 있다. 자산금융형 증권에 관하여는 이미 증권거래법에서 특정유가증권이라 하여 정보공시의 특칙을 마련해 두고 있었다. 그러나 특정유가증권의 범위가 좁을 뿐만 아니라 자산금융형 증권의 특성에도 맞지 않았다. 그리하여 금융상품거래법에서는 특정유가증권에 관해 「투자자의 투자판단에 중요한 영향을 미치는 정보가 발행자가 행한 자산의 운용 기타 이와 유사한 사업에 관한 정보인 유가증권으로서 정령에서 정하는 것」이라고 정의하고, 특정유가증권에 관한 유가증권신고서의 제출에 관하여 기업금융형 증권과는 다른 규정을 마련하였다(5조 5항).

금융상품거래법은 자산금융형 증권의 범위 및 정보공시의 내용에 관하여 구체적으로는 정령 및 내각부령에서 정하도록 되었는데(령 2조의13, 특정유가증권공시부령), 거기에서는 기초자산의 내용에 관한 정보나 운용자·운용서비스의 내용에 관한 정보가 투자가로서는 중요하기 때문에 그러한 실태에 맞추어 공시내용을 정하고 있다. 예를 들면 이른바 "펀드 오브 펀즈"(fund of funds)의 경우에는 투자대상 펀드의 명칭, 운용의 기본방침, 주요한 투자대상 등에 관해 기재할 것을 요구하고, 부동산에 투자하는 유가증권의 경우에는 부동산의 구조·현황, 제3자에 의한 조사결과의 개요에 관해 기재할 것을 요구하고 있다.

(2) 증권화상품의 공시

글로벌 금융위기를 초래한 미국의 **서브프라임·모기지 증권화상품**도 자산금융형 증권이다. 서브프라임·모기지 증권화상품이란 투자은행이 저소득층용 주택론채권의 풀을 취득하여 채무불이행 리스크를 기준으로 복수의 클래스로 분류하고 이를 기초로 특별목적회사(SPC)를 통해 증권을 발행한 것이다(이 프로세스를 수회 거친 것도 있다). 증권화상품을 구입하였던 것은 금융기관이나 기관투자가 등 프로투자가이었지만, 증권화의 프로세스가 복잡하였기 때문에 투자가가 증권화상품의 기초가 되는 자산에 관한 정보를 충분히 파악하지 못한 상태에서 신용평가기관의 평가에 의존한 탓에 투자판단을 잘못한 면이 크다. 그리하여 각국에서는 신용평가기관에 대

제 5 장 시장에서의 유가증권의 매매와 파생상품거래

1. 유가증권의 상장

금융상품시장이란 종래의 유가증권시장과 금융선물시장을 포괄하는 개념으로서 유가증권의 매매 또는 장내파생상품거래가 이루어지는 시장을 말한다(유가증권 및 장내파생상품거래의 정의에 대해서는 제1장 4절 참조). 금융상품거래법하에서 금융상품거래소는 유가증권의 매매, 증권선물·옵션거래 이외에 금리선물·통화선물과 같은 증권 이외의 것을 기초자산으로 하는 파생상품거래를 취급할 수 있다. 이에 반해 인가금융상품거래업협회(우리나라의 금융투자협회에 해당)는 점두유가증권시장(일정한 비상장증권만이 거래되는 시장)을 개설하는 것이 가능하지만(67조 2항) 파생상품을 매매하는 시장(파생상품시장)은 개설할 수 없다. 이하에서는 금융상품시장에서의 유가증권의 매매거래를 염두에 두고 설명하겠다.

발행자가 금융상품시장에 증권을 상장하는 이유는 투자가에게 취득한 증권에 대해 환금(換金)의 장을 제공함으로써 증권발행을 통한 자금조달을 용이하게 하기 위한 것이다. 따라서 발행자로서는 증권을 상장할 금융상품시장의 선택은 두 가지의 관점에서 이루어진다. 즉 당해시장에 상장할 경우 ① 적정한 가격형성을 기대할 수 있는가, ② 유동성은 높은가이다. 금융상품거래소는 발행자의 신청에 기하여 당해 증권이 일반투자가의 투자대상으로서 적합한지에 관해 심사를 하고 상장을 허용한 때에는 내각총리대신에 그 취지를 신고하여야 한다(121조).

상장을 폐지하는 경우에는 금융상품거래소의 상장폐지기준에 따라 결정하고 그 취지를 내각총리대신에 신고하여야 한다(126조). 2005년에 산업재생기구(産業再生機構)에 의해 재생절차(우리나라의 기업회생절차에 해당)가 진행 중이던 (주)가네보우가 분식결산 사실이 드러나 **상장폐지**된 것이 기업재생의 가능성을 원천적으로 봉쇄한 것은 아닌지 논란이 되었지만, 거래소가 업무규정에 위반하여 상장을 폐지시킨 경우에는 내각총리대신은 거래소에 대해 재상장을 명할 수 있다(127조). 상장을 폐지하면 발행자의 사업 활동에 엄청난 타격을 줌과 동시에 일반투자가는 투자자금을 회수할 기회를 상실하게 된다. 기업행동규범 위반에 대해 거래소는 현재 상장폐지 이외에 위반행위의 공표, 상장위약금의 징구와 같은 소프트한 제재수단도 마련하고 있다.

2. 유가증권의 매매거래

(1) 매매거래의 구조

금융상품거래소에서의 증권거래에는 증권회사 등 금융상품거래업자 및 등록금융기관 중에서 참가자격을 인정받은 자(회원 등)만이 참가할 수 있다(111조). 고객은 자기계산으로 회원 등에 거래주문을 내고, 회원 등은 고객의 계산으로 하되 자기명의로 고객의 주문을 집행하게 된다. 여기서 말하는 「자기명의로」란 거래의 법상 주체가 증권회사와 같은 회원 등인 것을, 「고객의 계산으로」란 거래의 경제적 효과가 최종적으로 고객에게 귀속하는 것을 의미한다.

회원 등의 명의로 거래를 하는 편이 원활한 집행과 결제를 실현할 수 있고, 설령 고객의 위탁이 무효인 경우에도 회원 등의 자기매매로서 처리되므로 시장에 혼란을 초래하지 않는다. 다만 2005년 12월에 발생한 대규모 **오발주**(誤發注)처럼 잘못하여 유통주식수를 초과하는 매매주문이 나올 경우에는 주가를 크게 변동시키고 결제에도 지장을 초래하게 된다. 이와 관련하여 거래소에는 상장주식총수의 30%를 초과하는 주문에 대해서는 받지 않는 제도적 장치를 마련하였으나, 시장의 플레이어인 증권회사측에서도 오발주를 이용한 자기매매를 하지 않겠다는 자세가 중요할 것이다.

회원 등이 고객으로부터 거래소에서의 매매거래를 수탁할 때에는 거래소가 정한 **수탁계약준칙**(우리나라의 경우는 업무규정)을 준수해야 한다(133조). 수탁계약준칙은 회원 등과 고객의 관계를 규율하는 것이고, 그 내용에 대해서는 내각총리대신의 감독이 미친다. 고객이 회원 등에 지급하는 매매위탁수수료는 종래에는 수탁계약준칙에서 일률적으로 정하고 있었지만 현재에는 완전히 자유화되었다.

고객의 주문은 매매별, 종목, 수량, 가격한도 등을 지정하여 하여야 한다. 다만 이 중 어느 것을 금융상품거래업자(증권회사)에 일임하는 일임계정(투자일임)거래도 일정한 범위에서 허용된다(40조 2호; 금상업부령 123조). 고객의 주문을 집행하는 방법으로서는 ① 복수거래소 중 어느 특정 거래소에서의 거래, ② 거래소 입회시간내거래(정규시장거래), ③ 거래소 입회시간외거래(시간외시장거래), ④ 사설거래시스템(ATS), ⑤ 다른 금융상품거래업자와의 거래, ⑥ 위탁을 받은 금융상품거래업자가 상대방이 되는 거래 등을 생각할 수 있다. 고객으로부터 주문을 받은 금융상품거래업자는 고객에 대해 위탁계약의 수탁자 지위에 서며 고객에 대해 성실의무(36조)를 부담

한다. 따라서 금융상품거래업자는 고객의 주문을 최고로 유리한 조건으로 집행하기 위한 방침, 즉 **최량집행방침**(우리나라는 최선집행기준)을 사전에 마련해 두어야 하고, 거래 전에 이 최량집행방침을 기재한 서면을 고객에게 교부하여야 하며, 그리고 이 방침에 따라 주문을 집행하여야 한다(40조의2).

거래소에서 매매체결방법에는 옥션방식(개별경쟁매매방식)[1]과 마켓메이커방식(시장조성방식)[2]이 있다. 현재 일본에서는 마켓메이커방식은 채택하고 있지 않다. 옥션방식은 매매주문을 가격우선원칙 및 시간우선원칙에 따라 체결시키는 방식으로 주문끼리 경쟁을 통해 매매계약을 체결시킨다. 가격우선원칙이란 가격을 지정하는 주문(지정가주문)에서는 높은 매수주문이 낮은 매수주문에 우선하고 낮은 매도주문이 높은 매도주문에 우선하는 것을 말하고, 시간우선의 원칙이란 가격이 동일하면 시간이 앞선 주문이 우선함을 말한다. 약정을 하면 원칙적으로 4일째에 대금결제와 증권의 인·수도가 이루어진다.

고객이 금융상품거래업자로부터 금전이나 유가증권을 차입하여 매매를 행하는 이른바 신용거래도 허용되고 있다. 증권매입자금을 갖고 있지 않은 투자가가 하는 증권매수에 관한 투자판단이나 매도증권을 보유하고 있지 않은 투자가가 행하는 증권매도에 관한 투자판단도 시장으로 집중하여 가격형성을 보다 효율적으로 하기 위해서이다. 다만 신용거래는 투기성이 강하므로 금융상품거래업

1) 개별경쟁매매방식은 딜러(dealer) 또는 시장조성인(market maker) 없이 시장에 전달된 투자가의 주문간에 직접 매매하는 것으로 투자가의 매수주문과 매도주문이 경합하여 수요와 공급이 일치되는 가격에서 매매계약을 체결시키는 방식을 말한다.

2) 시장조성방식은 시장조성인(시장조성업무를 담당하는 딜러)이 자신이 담당하는 종목에 대하여 항상 매도호가와 매수호가를 제시하고 투자가들은 당해 가격에 의해 매매하는 방식으로 투자가는 시장조성인과 매매를 하게 되므로 투자가의 주문간에 매매거래는 이루어지지 않는다.

자가 신용거래의 위탁자로부터 징수할 수 있는 위탁증거금(유가증권으로 대체가능)의 비율을 내각총리대신이 조정할 수 있도록 하여 과도한 투기가 발생하지 않도록 하고 있다(161조의2).

(2) 매매의 결제와 진체(振替)제도

거래소에서 유가증권의 매매거래가 약정되면 증권의 인·수도와 대금결제를 할 필요가 있다. 현행 제도하에서는 약정으로부터 원칙적으로 4일째(T+3)에 결제가 이루어지지만, 이 결제기간을 익일(T+1)까지 단축하고 증권의 인·수도와 대금결제를 동시에 가능하게 하는 DVP(delivery versus payment)를 실현하기 위하여 유가증권의 **무권화**(전자화)를 추진하여 왔다. 무권화가 실현되면 유가증권의 보관으로부터 발생하는 비용이나 리스크도 감소시킬 수 있다.

유가증권의 무권화를 위한 법제의 정비는 CP, 국채·사채, 주식·신주예약권부사채권의 순으로 이루어져 왔다. 2009년 1월에는 상장주식의 **진체제도**로의 이행이 일제히 단행되었다. 이른바 주권의 전자화이다. 신주예약권이나 신주예약권부사채의 경우에는 진체제도의 이용 여부는 발행자의 재량이다.

진체제도를 통해 주식을 양도하려면 투자가는 금융상품거래업자 등의 **계좌관리기관**에 계좌를 개설하여야 한다. 그리고 양도하는 측의 투자가가 진체신청을 하면 그 부사가의 진체계좌부(振替口座簿)에는 주식감소의 기록이, 양수하는 측의 투자가의 진체계좌부에는 주식증가의 기록이 각각 이루어진다. 이것에 의해 매수측의 투자가는 주식에 관해 권리를 취득하게 된다. 그러나 이 경우에도 매매주문의 약정이 거래소 또는 증권회사 등을 통해 이루어지는 것에는 변함이 없다.

상장회사가 새롭게 유가증권을 발행하는 경우는 투자가의 납입을 확인한 상장회사로부터의 통지에 의해 계좌관리기관이 투자가의 진체계좌부에 주식의 종목 및 수를 기입하고, 그것에 의해 투자가는 주식을 취득하게 된다. 이처럼 전자증권의 진체를 위하여 계좌를 개설하여 진체를 행하는 행위를 금융상품거래법은 금융상품거래업으로 구성하여(2조 8항 17호), 계좌관리기관의 진체업무를 **유가증권등관리업무**로 규제하고 있다(제8장 9절 참조).

3. 파생상품거래

(1) 시장파생상품거래

파생상품거래 중 거래소에서 정한 기준·방법에 따라 거래소시장에서 이루어지는 것을 **시장파생상품거래**(우리나라는 장내파생상품거래)라고 한다. 일본에서 시장파생상품거래는 증권거래소의 채권선물이 1985년에 도입됨으로써 시작되었다. 그 후 1988년 증권거래법 개정에 의해 유가증권의 선물·옵션거래의 경우는 증권거래소에서, 통화·금리 등의 금융 선물·옵션거래의 경우는 금융선물거래법의 제정을 통해 금융선물거래소에서 각각 하는 분업체제가 확립되었다.

금융상품거래법은 증권거래소와 금융선물거래소를 금융상품거래소로 동일하게 취급하므로 유가증권관련 파생상품거래와 함께 금융선물거래도 금융상품거래소에서 취급할 수 있게 되었다.

파생상품을 시장에 상장하면 일반투자가도 파생상품거래에 참가할 수 있게 된다. 그러나 파생상품거래의 경우에는 공시제도가 없으므로 투자가는 스스로 정보를 수집하여 투자결정을 하여야 한다. 그래서 종래에는 파생상품의 상장에 대해서는 내각총리대신의 승인제를 취하고 있었으나 금융상품거래법에서는 제도의 횡단화와 규제완화라는 측면에서 파생상품의 상장에 관해서도 원칙적으로 사전신고제를 채택하고 있다(121조). 시장파생상품거래의 참가자 및 고객주문의 수탁에 관해서는 1절 및 2절에서 언급한 내용이 그대로 적용된다.

(2) 점두파생상품거래(장외파생상품거래)

금융상품시장에 의하지 않는 점두(장외)파생상품거래의 경우 상대매매로 거래가 이루어지기 때문에 거래당사자는 거래상대방의 신용리스크를 파악하고 있는 것이 일반적이다. 그러나 2008년 가을 글로벌 금융위기 때 구미의 금융기관이 많은 장외파생상품거래를 하면서 상대방에 관한 정보를 적절히 관리할 수 없었기 때문에 특정 금융기관에 파산의 징후가 나타나면 곧바로 상대방의 신용리스크(counter-party risk)로 전이되어 금융기관의 연쇄도산(system risk)이 우려되었다. 그리하여 국제적인 합의를 바탕으로 장외파생상품거래가 이루어지면 청산기관이 거래당사자 사이에 개입하여 거래당사자는 거래상대방이 아니라 청산기관과 파생상품거래에 관한 결제를 하도록 하는 이른바 **청산집중제도**(우리나라는 의무청산제도)를 도입하기로 하였다.

장외파생상품거래는 국경을 넘어 이루어지는 경우가 많기 때문에 금융상품거래법은 금융상품거래업사 또는 등록금융기관(금융상품거래업자 등)이 일정한 장외파생상품거래를 한 경우에 국내청산기관, 국내청산기관과 외국청산기관이 제휴한 경우에는 그 방식, 외국청산기관 중 어느 하나를 통하여 청산을 하도록 의무화하고 있다(156조의62 제1항 2호). 청산집중제도의 대상이 되는 거래에는 고정금리의 지급과 변동금리의 지급을 교환하는 엔금리스왑 중 거래규모가 큰 금융기관간거래가 지정되어 있고, 국내청산기관에 의한 청산이 의무화된 거래에는 일정한 CDS(Credit Default Swap) 지표거래 중 거래규모가 큰 금융기관간거래가 지정되어 있다.

청산집중제도의 대상이 되는 장외파생상품거래 중 엔금리스왑에 대해서는 2012년 개정법은 **전자정보기반**을 통해 거래를 하도록 하고, 그와 같은 전자정보기반의 제공행위를 제1종금융상품거래업으로 규정하고 있다. 규제당국에 의한 감시를 용이하게 하고 시스템리스크를 줄이기 위해서이다.

4. 금융상품거래소

금융상품거래소란 유가증권의 매매 또는 시장파생상품거래가 이루어지는 **금융상품시장**을 개설하는 자를 말한다(2조 16항). 증권거래소는 종래 증권회사·외국증권회사를 회원으로 하는 회원제조직형태만이 인정되었지만, 2000년 법개정에서 주식회사 형태의 거래소도 인정하였다. 증권거래의 글로벌화가 진전됨에 따라 시장간 경쟁이 격화되면서 회원제조직보다 주식회사조직이 의사결정을 신속하게 할 수 있고, 또한 신주발행 등을 통해 자금조달도 용이하기 때문이다. 금융상품거래법은 금융상품거래소에 대해 종래의 증권거래소와 금융선물거래소를 포괄하는 개념으로 정의하고 있고(2조 16항), 실제로 유가증권의 매매시장과 파생금융상품거래가 이루어지는 시장을 동시에 개설하고 있는 금융상품거래소도 있다.

금융상품거래소가 금융상품시장을 개설하려면 내각총리대신의 면허를 받아야 한다(80조 1항). 금융상품시장은 국민의 자산운용의 장이고 국민경제의 건전한 발전에 불가결하므로 금융상품시장의 개설·운영에 대해 행정당국의 감독이 충분히 이루어지도록 하기 위해서이다.

회원제조직의 금융상품거래소는 영리목적으로 업무를 영위하는 것이 금지된다(97조). 주식회사조직의 거래소는 영리를 목적으로 할 수 있지만 회원제조직과 마찬가지로 금융상품시장의 개설과 그것에 부수하는 업무 이외의 업무를 영위할 수 없다(87조의2).

주식회사 조직의 거래소 주식의 경우 5%를 초과하는 의결권을 보유하게 된 때에는 내각총리대신에게 신고하여야 하며(103조의3), 20% 이상(일정한 경우에는 15%)의 의결권의 취득·보유는 원칙적으로 금지된다(103조의2). 거래소의 공공성을 유지하기 위해서이다. 다만 여기에는 ① 지방자치단체나 외국금융상품거래소에 의한 출자(106조의3), ② 금융상품거래소간 제휴·통합(103조의2 제1항), ③ 상품거래소와의 제휴·통합(동조 동항)을 가능하게 하기 위하여 3가지의 예외가 있다.[3)]

2000년 초빈에는 벤처기업 등 신생기업을 대상을 한 시장이 연이어 개설되면서 거래소 사이에 투자가 획득경쟁과 상장회사 획득경쟁이 격화되었다. 이러한 **시장간경쟁**이 일단락되고 2006년 1월의 라이브도아 사건 이후 벤처기업에 대한 투자가 저조하자 이번에는 거래소의 재편이 이루어졌다. 2010년에 자스닥거래소는 오사카증권거래소와 합병하고 신생기업을 대상으로 한 시장은 자스닥으로 통합되었다. 2013년에는 국내 1위 동경증권거래소와 2위의 오사카증권거래소가 통합하여 지주회사(일본거래소그룹) 산하에 현물시

3) (역자 주) 부연 설명하면 다음과 같다. ① 5%를 초과하는 의결권의 보유자가 된 자는 내각총리대신에 신고하여야 하고(103조의3), 20% 이상(일정한 경우는 15%)의 의결권의 취득·보유는 금지된다(103조의2). ② ①의 예외로서 인가금융상품거래업협회, 금융상품거래소 또는 금융상품거래소지주회사는 20%(일정한 경우는 15%) 이상의 의결권을 취득·보유할 수 있다(동조). ③ 지방자치단체는 내각총리대신의 인가를 얻어 20% 이상 50% 이하의 의결권을 취득·보유할 수 있다(106조의3). ①은 거래소의 공공성의 유지를 위한 것이고, ②는 거래소의 제휴·통합을 가능하게 하기 위한 것이며, ③은 지방거래소가 지방자치단체 등으로부터 출자를 받을 수 있도록 하기 위한 것이다(제2판 119면).

장운영회사(동경증권거래소), 파생상품시장운영회사(오사카증권거래소), 자율규제법인(일본거래소 자율규제법인) 및 청산기관(일본증권 클리링 기구)으로 재편되었다. 자스닥, 마더스와 같은 신생기업대상시장은 당분간 별도의 시장으로 운영되겠지만 장래에는 통합될 가능성이 크다.

5. 금융상품거래소의 자율규제

거래소가 금융상품시장을 적절하게 운영하는데 있어서 중요한 것은 자율규제이다. 자율규제란 일정한 공익목적을 위해서 사적단체가 자치규범을 마련하여 규제를 행하는 것을 말한다. 금융상품거래소는 회원·거래참가자(회원 등) 및 상장회사에 대해 규제를 행하는 **자율규제기관**(SROs: Self-Regulatory Organizations)이다. 자율규제의 장점으로서는 ① 당해업무에 관해 가장 잘 알고 있는 자가 규제를 행하므로 실제적이고 타당한 규범이 제정·집행될 수 있다, ② 회원 등이나 발행자가 규제비용을 부담하므로 국민으로서는 규제비용이 저렴하다, ③ 법령에 의할 경우보다도 높은 수준의 규제가 가능하다는 점을 들 수 있다.

그러나 거래소의 자율규제에 대해서는 이익상충으로 인한 다음의 문제가 지적되어 왔다. ① 거래소는 회원 등으로부터 거래수수료를 받고 있기 때문에 거래의 공정성을 담보하기 위하여 회원 등을 규제하는 규칙의 제정이나 집행에 있어서 소극적이다, ② 거래소는 상장회사로부터 상장수수료를 받고 있으므로 상장기준을 완화하거나 상장심사에 있어서 엄격성을 결하기 쉽다, ③ ②와 동일한 이유로 공시규정의 제정이나 집행에 소극적이다, ④ 주식회사 형태의 거래소에서는 단기적인 이익추구를 위하여 자율규제부분을 소홀히 하기 쉽고, 그 결과 자율규제의 질이 저하된다.

이러한 이익상충으로부터 발생하는 문제는 이론적으로는 **시장간경쟁**(거래소 간의 경쟁)이 있으면 극복이 가능하다. 왜냐하면 자율규제에 소홀한 거래소의 경우에는 투자가들이 그 거래소가 개설하는 시장에 참여하려 하지 않을 것이기 때문이다. 즉 거래의 공정성을 담보하기 위한 자율규제가 제대로 기능하지 못하면 시장의 유동성이 저하되고, 공시제도에 관한 자율규제가 제대로 작동하지 못하면 시장의 효율성이 저하되므로 어느 경우에든 투자가는 그러한 시장에 참가하려 하지 않을 것이기 때문이다.

그런데 가장 우려되는 문제는 ②이다. 그러나 상장기준이나 상장심사를 과도하게 완화하면 그 시장은 상위시장에 상장하기 전 단계의 하위시장으로 평가를 받기 쉽고, 따라서 많은 기업은 상위시장의 상장기준·상장심사를 충족할 수 있는 단계에 이르면 상위시장으로 옮겨갈 것이다. 그 결과 상장기준·상장심사가 엄격하지 않은 시장에는 상위시장으로 옮겨갈 수 없는 기업만 남고, 시장의 이미지는 실추할 것이므로 시장간경쟁이 존재하는 한은 상장기준 등의 완화를 염려할 필요는 없을지도 모른다. 또한 상장기준 등의 업무규정을 변경하려면 내각총리대신의 인가를 필요로 하는 등(149조) 행정감독 수단도 정비되어 있다. 그러나 4절에서 언급한 바와 같이 국내의 시장간경쟁은 종식되어 가고 있고, 그 때문에 시장간경쟁을 통해 자율규제의 질을 제고한다는 것은 점점 기대하기 어려워지고 있다.

금융상품거래법은 거래소의 자율규제업무에 관해 규정하는 한편, 자율규제를 담당하는 조직형태에 대해서는 독립법인으로 하는 방식과 동일 법인 내의 내부조직으로 하는 방식 중 거래소가 선택할 수 있도록 하고 있다.

자율규제업무란 ① 금융상품 등의 상장·상장폐지에 관한 업무, ② 회원 등의 법령·거래소규칙·거래의 신의칙 준수상황에 대한 조사, ③ 내각부령에서 정한 업무를 말하며, 금융상품거래소는 자율규제업무를 적절히 수행하여야 한다(84조). ③의 업무로서는 매매심사, 회원 등에 대한 심사·처분, 상장회사의 정보공시의 심사 및 처분이 있다(거래소부령 7조). 이러한 자율규제에 관한 규칙의 제정도 자율규제업무에 포함되지만 내각부령은 상장·상장폐지기준 및 회원 등의 자격요건의 설정·폐지에 대해서는 명문으로 자율규제업무로부터 제외하고 있다(동조). 제외된 업무는 자율규제법인이나 자율규제위원회에 위탁할 수 없다. 전술한 이익상충의 위험을 생각하면 이러한 업무를 자율규제업무로부터 제외한 것이 타당한지 의문이다.

금융상품거래소는 내각총리대신의 인가를 받아 자율규제업무의 전부 또는 일부를 자율규제법인에 위탁할 수 있다(85조). 주식회사형태의 금융상품거래소는 회사 내에 자율규제위원회를 설치하여 자율규제업무를 위탁할 수도 있다(105조의4).

금융상품거래소는 자율규제법인이나 자율규제위원회에 자율규제업무를 위탁하지 않는 것도 가능하다. 다만 금융상품거래소가 자신이 발행한 주식을 자시장에 상장하려면 내각총리대신의 승인이 필요한데(122조~124조), 승인시에 자율규제법인이나 자율규제위원회의 설치 여부가 심사대상이 될 것이다. 자율규제법인과 자율규제위원회를 비교하면 자율규제법인 쪽이 거래소의 시장운영부문으로부터의 독립성은 높지만, 전술한 시장간경쟁의 좋은 면에서의 효과는 자율규제위원회 쪽이 발휘되기 쉬울 것이다. 자율규제위원회는 전원이 유가증권시장의 운영에 책임을 지고 있는 거래소의 이사들이기 때문이다.

6. 프로투자가대상시장

금융상품거래소가 개설하는 신생기업대상시장(4절)에서의 거래의 대부분은 개인투자가에 의해 이루어지고 있다. 그러나 신생기업이 발행하는 유가증권은 리스크가 크기 때문에 공시정보를 판단할 능력이 있는 전문가 중심으로 거래가 이루어지는 것이 바람직하다. 런던증권거래소는 기관투자가가 거래의 중심이 되는 비상장증권을 대상으로 한 시장(AIM)을 1995년에 개설하였고, AIM은 신생기업의 자금조달시장으로서 크게 성공하였다. 그리하여 2008년 개정법은 성장과정에 있는 기업이 시장에 용이하게 접근할 수 있도록 하기 위하여 금융상품거래법에서 도입한 프로투자가제도(제1장 5절(2))를 활용하여 금융상품거래소가 법정공시제도가 적용되지 않는 자유도가 높은 **프로투자가대상시장**을 개설할 수 있도록 하였다. 현재 동경증권거래소가 프로투자가대상의 주식시장과 채권시장을 개설하고 있다.

프로투자가대상시장(법률상 용어는 **특정거래소금융상품시장**)이란 프로투자가와 일정한 비거주자만이 유가증권을 구입할 수 있는 시장이다(2조 32항). 프로투자가대상증권(법률상 용어는 **특정투자가대상유가증권**)에 대한 거래는 원칙적으로 프로투자가대상시장에서만 하도록 하여 일반투자가가 프로투자가대상증권을 취득하여 불측의 손해를 입지 않도록 하고 있다(40조의4). 다만 일반투자가도 프로투자가대상증권을 프로투자가대상시장에서 매각하는 것은 가능하다. 런던증권거래소의 AIM에서는 거래소가 지정하는 어드바이저(advisor)가 발행자의 등록심사 등을 행하고 있다. 이것이 일본에서도 가능하도록 하기 위하여 2008년 개정에서는 금융상품거래소가 프로투자가대상시장에 대한 자율규제업무의 일부를 자율규제법인 이외의 자에게 위탁할 수 있도록 하였다(85조 4항).

프로투자가대상시장에서는 기존의 엄격한 정보공시제도(계속공시, 제3장)는 적용되지 않는다. 대신에 거래소가 자율규제를 통해 공시의 양식, 회계기준, 공시에 사용하는 언어, 공시방법을 정하여 발행자에게 계속적으로 정보의 공시 또는 제공을 요구하도록 하고 있다(27조의32). 프로투자가에게는 정보분석력이 있기 때문에 외국의 회계기준, 외국어에 의한 공시일지라도 적절한 투자판단을 할 수 있다고 보기 때문이다. 그리고 프로투자가대상시장 공시에 허위가 있었던 경우에는 민형사책임 및 과징금의 제제가 있으며, 이를 통해 공시정보의 정확성을 법적으로 확보하고 있다(27조의34, 172조의11, 197조). 이것은 거래소의 자율규제에 의한 정보공시를 법률이 백업하는 것이고 지금까지는 없었던 규제방식이다.

프로투자가대상시장에 상장하고 있거나 상장하려고 하는 기업이 프로투자가로부터 자금조달을 하는 경우에도 기존의 정보공시제도(발행공시, 제2장)는 적용되지 않는다. 이 목적을 달성하기 위하여 **특정투자가대상사모** 제도가 마련되어 있다(2조 3항 2호 ㅁ). 다만 다른 사모처럼 공시가 전혀 이루어지지 않는 것이 아니라 여기서도 거래소의 자율규제에 의한 정보공시가 요구되고(27조의31), 그것을 민형사책임·과징금이 백업하는 체제로 되어 있다.

7. 종합거래소

상품(commodity)의 선물거래 등을 할 수 있도록 상품거래소가 상품선물시장을 개설하고 있다. 그런데 투자가감소에 의해 일본 상품선물시장의 규모가 축소되면서 이대로는 일본 내에서 상품의 리스크 헤지를 할 수 없게 될지도 모른다는 우려가 있었다. 그리하여

2009년 개정에서 금융상품거래소와 상품거래소의 상호진입을 가능하게 하였으나 양자 간의 합병·통합은 이루어지지 않았다. 시장의 개설주체가 하나가 되더라도 시장이 별개이면 증권·금융·상품의 파생거래를 하나의 증거금으로 거래를 할 수 없는 등 투자가의 편리성에 문제가 있었을 뿐만 아니라 감독관청이 금융청과 경제산업성·농림수산성으로 나뉘어 있어 거래소나 업자가 2중의 규제를 받는 문제가 있었기 때문이다. 그리하여 2012년 개정에서는 금융상품거래소에서 상품선물거래를 할 수 있도록 하고(2조 21항, 24항), 그 거래에 기존의 상품선물거래업자나 상품의 현물을 취급하는 상사(商社) 등의 업자가 참가할 수 있도록 하였다(112조 2항, 113조 2항).

금융상품거래소가 선물거래를 위하여 상품을 상장함에 있어서는 기존의 상품거래소와 합병하든지 상품거래소로부터 사업을 양수하는 것을 상정(想定)하고 있다. 이것이 실현되면 투자가는 금융상품거래소에서 증권·금융·상품의 파생거래를 종합적으로 할 수 있게 된다.

Chapter 06

불공정거래의 금지

제 6 장 불공정거래의 금지

1. 내부자거래가 금지되는 이유

내부자거래란 회사경영자 등 미공개정보를 입수할 수 있는 지위에 있는 자가 미공개의 중요정보를 이용하여 행하는 증권거래를 말하며 일본에서는 1988년 증권거래법개정에 의해 금지되었다.

① 내부자거래는 경영자의 보수형태로서 합리적이다, ② 내부자거래는 미공개정보를 시장가격에 반영시키므로 시장의 효율성을 제고한다, ③ 경영자에게 내부자거래를 허용할지는 회사(주주)가 결정할 사항이고 시장이 결정할 것은 아니다는 등의 이유로 내부자거래를 옹호하는 견해도 있다. 그러나 ①에 대해서는 스톡옵션과 같이 경영자의 이익과 회사의 이익을 일치시키는 보수형태에는 그 외에도 있으며, ②에 대해서는 내부자거래를 인정하면 내부자는 자신이 거래를 통해 이익을 얻을 때까지 정보공시를 늦추게 된다는 비판이 있다. 그리고 ③에 대해서는 내부자거래가 횡행하는 시장에서는 거래에 참가하려는 투자가는 적을 수밖에 없으므로 시장의 유동성을 제고하고 시장이 제 기능을 발휘하도록 하기 위하여서는 내부

자거래는 엄격히 금지하여야 한다는 반론이 있다.

일반적으로 내부자거래에 대해서는 불공정하므로 금지되어야 하고, 투자가의 시장에 대한 신뢰를 해하기 때문에 금지되어야 한다고 하는데, 「불공정」이나 「시장에 대한 신뢰」는 시장 기능과의 관계에서 이해하여야 한다. 즉 내부자거래가 정말로 불공정한 거래인지는 확실하지 않지만, 증권시장이 기능을 발휘하기 위해서는 일반투자가의 거래참가가 불가피하고 일반투자가가 내부자거래를 불공정하다고 느끼는 이상은 내부자거래는 금지되어야 하는 것이다.

2013년에 내부자거래규제의 적용대상에 거래소에 상장된 투자법인(상장투자법인)의 투자증권이 추가되었다. 이는 부동산투자신탁(REIT) 시장에 대한 투자가의 신뢰를 확보하는 것이 필요하다고 여겼기 때문이다.

내부자거래의 금지범위는 국가에 따라 다르다. 내부자거래의 금지는 1960년대 미국의 판례법으로부터 시작하여 1980년대 이후에 본격적으로 집행되고 있다. 일본은 이를 참고로 1988년에 입법이 이루어졌지만, 유럽제국에서는 EU지침에 기하여 1990년대에 입법이 이루어졌다. 유럽제국에서는 일본이나 미국보다도 훨씬 넓은 범위에서 내부자거래를 금지하고 있다.

2. 내부정보에 관한 내부자거래

일본법에서는 166조가 「내부정보」에 관한 내부자거래를 금지하고, 167조가 「외부정보」에 관한 내부자거래를 금지하고 있다. 166조는 ① 중요사실을 알고 있는 ② 회사관계자 또는 ③ 정보수령자가 ④ 당해 사실의 공표 전에 ⑤ 관계증권의 매매를 행하는 것을 금지하고 있다. 167조에서는 ②가 공개매수자등관계자로 바뀌었다.

이하 상장회사의 주식에 대해 내부자거래가 행해지는 경우를 염두에 두고 각각의 요건에 관해 설명하겠다.

(1) 중요사실

내부자거래가 성립하기 위해서는 알고 있는 정보가 투자가의 투자판단에 있어서 중요한 것(**중요사실**)이어야 한다. 중요사실에 대해서는 ① 결정사실, ② 발생사실, ③ 결산변동, ④ 포괄조항, ⑤ 자회사의 중요사실로 나뉘어 각각 정의하고 있다(166조 2항).

결정사실이란 상장회사의 업무집행결정기관이 일정한 사항에 관해 행할 것을 결정하거나 또는 행할 것으로 결정·공표한 사항을 행하지 않는 것으로 결정하는 것을 말하고, 여기서 말하는 일정한 사항이란 주식발행·자기주식의 처분, 자본감소, 자본준비금·이익준비금의 감소, 자기주식의 취득, 주식무상배당, 주식분할, 잉여금의 배당, 주식교환, 주식이전, 합병, 회사의 분할, 사업의 전부 또는 일부의 양도·양수, 해산, 신제품·신기술의 기업화 및 정령에서 정하는 사항을 말한다(동항 1호). 다만 내각부령이 정하는 경미기준에 해당하는 것은 제외된다.

일본직물가공주(織物加工株)사건 최고재판소판결(1999년 6월 10일)에서는 「업무집행결정기관」이란 실질적으로 회사의 의사결정과 동일시 할 수 있는 의사결정을 할 수 있는 기관이면 족하다고 하여, 각 이사로부터 실질적인 결정권한을 부여받은 대표이사는 업무집행결정기관에 해당한다고 판시하였다. 사장 한 명이 실질적으로 회사의 모든 결정을 하는 이른바 원맨(one man)사장 회사의 경우에는 사장의 의사결정이 투자가의 투자판단에 가장 중요한 것으로 볼 수 있기 때문일 것이다.

동 판결에서는 「주식을 발행하는 것에 관한 결정」을 하였다

함은 회사기관에서 주식발행을 위한 작업 등을 회사업무로서 할 것을 결정하였음을 의미하고, 당해 주식의 발행이 확실하게 이루어질 것이라는 예측이 가능할 것을 요구하지는 않는다고 하였다. 그러나 실현가능성이 낮은 결정은 투자가의 투자판단에 있어서 중요하지 않으므로 그러한 결정을 중요사실로 해석하는 것은 내부자거래규제의 취지에 반하는 것이라고 생각된다.

발생사실이란 상장회사에, 재해에 기인하는 손해 · 업무수행의 과정에서 생긴 손해, 주요주주의 이동, 특정유가증권 · 특정유가증권관련옵션의 상장폐지원인이 된 사실 또는 정령에서 정하는 사실이 발생한 것을 말하고(동항 2호), 경미기준에 해당하는 것은 제외된다.

결산변동이란 상장회사 또는 그가 속하는 기업집단의 매상고 · 경영이익 · 순이익 · 배당에 관하여 가장 최근의 예상치 · 실적치와 새롭게 산출한 예상치 · 실적치에 내각부령에서 정하는 중요기준을 충족하는 일정한 변동이 발생한 것을 말한다(동항 3호). 결산변동을 중요사실로 한 것은 결정사실이나 발생사실의 발생을 수반하지 않는 통상의 업적변동일지라도 변동폭이 크면 투자판단에 중요한 영향을 미칠 수 있기 때문이다.

법이 이처럼 중요사실을 구체적으로 열거한 것은 내부자거래에 대한 규제범위를 명확히 하기 위함이다. 그러나 중요사실을 개별적으로 열거하는 것으로는 새로운 내부자거래에 적절히 대응할 수 없는 점을 고려하여 「상장회사의 경영, 업무 또는 재산에 관한 중요사실로서 투자가의 투자판단에 현저한 영향을 미치는 것」이라는 **포괄조항**을 함께 두고 있다(동항 4호).

포괄조항의 적용방법에 관하여 일본상사주(商事株)사건 최고재판소판결(1999년 2월 16일)은 상장회사가 개발한 신약에 부작용이 발생한 것에 대하여 「재해 또는 업무에 기인하는 손해」(발생사실)에 해당할 수 있는 바 이 점에 관해 중복하여 포괄조항을 적용하는 것은 허용되지 않지만, 발행자인 제약회사로서의 신용을 실추시켜 향후 업무·재산에 중대한 영향을 미칠 수 있는 점을 고려하여 이 점에 대해 포괄조항을 적용하는 것은 허용된다고 하였다. 이러한 해석에서는 동일 사실을 두 개 이상의 면으로 나누게 되고 투자판단에 있어서 중요한 사실을 「중요사실」로 파악할 수 없는 우려가 있다. 입법론으로서는 중요사실의 개별적 열거방식은 지양하고 포괄조항으로 일원화할 필요가 있을 것이다.

자회사의 중요사실은 투자판단에 있어서 연결정보가 중요하게 되었기 때문에 1998년 개정에서 중요사실에 포함된 것으로(시행은 2000년부터) 결정사실, 발생사실, 결산변동, 포괄조항으로 나누어 정의를 하고 있다.

(2) 회사관계자

일정한 지위에 있는 자가 일정한 관계에서 중요사실(중요한 미공개정보)을 알고 있는 경우에 한하여 여기서 말하는 「**회사관계자**」에 해당한다(166조 1항). 구체적으로는 ① 상장회사 등(상장회사·그 모회사·자회사)의 임원 등(임원·대리인·사용인 그 밖에 종업원)이 그 직무를 수행하는 과정에서 알게 된 경우(동항 1호), ② 3% 이상의 주주가 장부열람권의 행사를 통해 알게 된 경우(동항 2호), ③ 상장회사 등에 대해 법령에 기한 권한을 보유하고 있는 자가 그 권한의 행사를 통해 알게 된 경우(동항 3호) 및 ④ 상장회사 등의 계약상대가 계약의 체결·교섭·이행의 과정에서 알게 된 경우(동항 4호)이다. 상장투자법인에 대해서는 자산운용회사나 그 모회사(스폰서기업이라고 함)의 임원 등도 회사관계자에 해당된다(동항 1호). 투자증권에 관한 내부정보에 접근할 수 있는 지위에 있는 것으로 볼 수 있기 때문이다.

②에 의해 주주가 주주총회에서 중요사실을 알게 된 경우에는 회사관계자로서가 아니라 정보수령자로서 알게 된 것이 된다. ③은 공무원이나 감사(감사는 자회사에 대해 조사권을 보유하고 있음)가 이에 해당한다. ④는 거래처가 전형인데 모든 계약이 포함된다.

상장회사 A사의 거래처인 B사에서 A사 담당인 X가 알고 있는 정보를 사내 Y에게 직무상 전달한 경우에는 Y도 회사관계자(동항 5호)가 되지만, X가 사내 Z에게 친구로서 전달한 경우에는 Z는 회사관계자가 아니라 정보수령자가 된다(166조 3항). 그리고 회사관계자로서 중요사실을 알게 된 자는 회사를 그만두어도 1년간은 규제의 대상이 된다.

이처럼 회사관계자의 범위는 제한적이며, 직업이나 지위 때문에 중요사실에 접근할 수 있는 자를 모두 대상으로 하고 있는 것은 아니다. 예를 들어 신문기자나 애널리스트는 그 직무상 미공개의 중요사실에 쉽게 접근할 수 있는 위치에 있지만 발행회사와 계약관계가 없기 때문에 회사관계자에는 해당하지 않고 단지 정보수령자에 지나지 않는다. 그 결과 애널리스트 등으로부터 정보를 전달받은 자가 행한 거래는 처벌의 대상이 아니다((3) 참조).

(3) 정보수령자

회사관계자로부터 정보를 전달받은 자(**정보수령자**)도 거래가 금지된다(166조 3항). 레스토랑에서 옆 자리에 앉았다가 우연히 중요사실을 듣게 된 경우에는 「정보를 전달받았다」라고는 말할 수 없으므로 정보수령자에는 해당하지 않는다.

정보수령자로부터 정보를 전달받은 제2차 수령자는 내부자거래 규제의 대상이 아니다. 정보수령에 해당하는지 그 여부에 대해서는 투자가의 입장에서는 명확히 할 필요가 있기 때문이다. 그러나 제2차 수령자를 제외하는 것은 외국에도 예가 없으며, 입법론으로서는 부적절하다는 비판이 있다. 다만 정보수령자가 법인의 임원 등이고, 그 자가 법인 내에서 직무상 정보를 전달할 때에는 전달을 받은 상대방도 정보수령자로 취급된다. 또한 X가 Y를 이용하여 회사관계자로부터 정보를 알아 낸 경우에는 X는 정보수령자로 보아야 할 것이다.

(4) 공표조치

내부자거래가 금지되는 것은 중요사실이 공표될 때까지이다. 중요사실은 ① 유가증권신고서, 유가증권보고서, 반기보고서, 분기보고서, 임시보고서 등에 기재되어 공표된 때, ② 2 이상의 보도기관을 상대로 공개한 후 12시간이 경과한 때, ③ 상장회사가 거래소에 통지하고 거래소가 홈페이지를 통해 공개한 때 중 가장 빠른 시간을 기준으로 공표가 이루어진 것으로 본다(166조 4항). 2003년 개정에서 도입한 ③이 통상은 가장 빠른 **공표조치**일 것이다.

(5) 금지되는 행위

내부자거래가 금지되는 것은 우선 당해 상장회사의 특정유가증권 등에 관한 매매 기타 유상의 양도·양수 또는 파생상품거래이다(166조 1항). 특정유가증권 등이란 상장회사의 사채권, 주권, 신주예약권증권과 같은 특정유가증권과 특정유가증권을 기초자산으로 하는 옵션증권 등의 관련유가증권을 말한다(163조 참조). 회사가 합병이나 회사분할에 의해 얻은 자산 중에 상장주식이 포함되어 있는 경우에는 포괄승계에 의한 취득이므로 종래에는 규제의 대상으로 하지 않았으나 회사관계자가 미공개정보를 알고 합병 등을 하는 경우도 있을 수 있으므로 2011년 개정에서는 이를 규제대상으로 하였다. 또한 회사가 신주를 발행하는 경우 주주는 주식을 다른 자로부터 양수하는 것이 아니라 원시취득하는 것이므로 규제대상으로 하지 않고, 자기주식을 교부받는 경우에는 매매로 보아 규제대상으로 하는 모순이 있었기 때문에 개정법에서는 후자의 경우도 전자와 실질에 있어서 동일한 것으로 보아 규제대상에서 제외하였다. 사소한 기술적인 문제처럼 보이지만 이론적으로는 중요한 논점을 포함한 개정이다. 또한 2013년 개정에서는 후술하는 바와 같이 이외에도 정보전달 및 거래권장행위가 금지행위에 추가되었다(167조의2).

2010년부터 2011년에 걸쳐서 인수증권회사 사원으로부터 공모증자에 관한 정보를 전달받은 투자운영회사와 신탁은행 등이 펀드자산에서 발행자의 주식을 매각하여 손실을 회피하는 이른바 **증자**(增資)**내부자** 사건이 잇따라 발생하여 일본시장에 대한 투자가(특히 외국인투자가)의 신뢰를 훼손한 적이 있다. 증권회사가 증자정보를 내부자거래에 이용하여 발행자의 이익을 해하는 것은 원래 있어서는 안 될 행위이다. 또한 인수부문과 영업부문 간에 차이니스 월(정보차단벽)이 제대로 작동하고 있으면 차이니스 월을 넘어 정보가 전달되는 일이 있을 수 없지만, 종목명만 말하지 않으면 정보를 수령한 자가 거래를 하더라도 내부자거래에 해당하지 않는다는 인식이 증권회사 내부에 있었다.

일본의 내부자거래규제에서는 내부자가 중요사실을 전달하거나 중요사실에 의거하여 거래를 권장하는 것은 거래를 행한 자와의 공범이 성립하는 경우를 제외하고 처벌의 대상이 되지 않았다. 이 때문에 증자내부자사건에서도 정보를 전달한 증권회사의 영업직원은 형사벌이나 과징금의 대상이 되지 않았다. 그래서 2013년 개정에서는 중요사실을 알고 있는 회사관계자가 그것을 타인에게 전달하거나 정보를 전달하지 않더라도 특정 종목의 거래를 권장하는 행위를 금지하였다(167조의2). 다만 정보전달이나 거래권장은 타인에게 이익을 주거나 손실을 회피시킬 목적으로 행한 경우에만 위법하고(목적요건), 그 타인이 실제로 거래를 행한 경우에 한하여 정보전달자·거래권장자도 처벌의 대상이 된다. 이는 직무상 내부정보를 전달하는 행위나 회사의 IR활동이 위축되지 않도록 하기 위함이다. 내부정보를 무심코 가족 등에게 이야기 한 경우도 목적요건을 결하기 때문에 위법한 정보전달은 아니다.

(6) 적용제외거래

내부자거래는 형식범으로 구성되어 있고 중요사실을 이용하여 거래하거나 당해 거래로 인하여 이익을 얻은 것은 내부자거래죄의 성립요건이 아니다. 시장외에서의 매매도 금지 대상이다.

다만 다음의 거래는 중요사실을 알고 행하더라도 내부자거래에 해당되지 않는다(166조 6항). ① 주식배정을 받을 권리의 행사, ② 신주예약권의 행사, ③ 특정유가증권 등에 관련된 옵션의 행사, ④ 주식매수청구권의 행사, ⑤ 대상회사의 요청에 따라 공개매수자 등에 대항하기 위한 대항매수, ⑥ 자기주식의 취득을 수권하는 결의가 공표된 후에 자기주식을 매수하는 행위(자기주식취득결정 이외의 미공표 중요사실이 없는 경우에 한한다), ⑦ 적법한 안정조작거래, ⑧ 보통사채의 매매, ⑨ 금융상품시장 외에서 행한 거래로 매매 당사자 쌍방이 중요사실을 알고 있는 경우 및 ⑩ 중요사실을 알기 전에 체결된 계약 또는 결정된 계획에 따른 매매이다. 이러한 적용제외거래에는 이론상 당연히 인정되는 것과 정책적으로 인정된 것이 혼재하고 있다.

3. 외부정보에 관한 내부자거래

투자가의 투자판단에 있어서 중요한 정보에는 상장회사 이외의 자로부터 발생한 정보(**외부정보**)도 있는데, 이러한 외부정보에 접근할 수 있는 지위에 있는 자가 당해 정보를 알고 증권거래를 하는 것은 다른 투자가와의 관계에서는 불공정할 수 있다. 167조는 이 점을 고려하여 공개매수·주식매집에 관한 중요사실에 관하여 공개 전에 공개매수자·매집자와 일정한 관계가 있는 자(**공개매수자 등관계자**)가 증권거래를 하는 것을 금지하고 있다.

이는 공개매수·주식매집 이외의 외부정보에 의한 내부자거래에 대해서는 일본에서 금지하고 있지 않음을 의미한다. 예를 들어 ① 업무적으로 경쟁관계에 있는 다른 회사에 면허 부여, ② 정부의 특정산업분야에 대한 규제강화·완화, ③ 정부의 금리·외환정책, ④ 증권회사의 기획판매(推奬販賣), ⑤ 투자펀드의 투자대상 등에 관한 정보에 기한 내부자거래는 규제대상으로 하고 있지 않다.

다만 ①~③은 영향을 받은 상장회사의 입장에서는 「운영, 업무 또는 재산에 관한 중요한 사실」(166조 2항 4호)에 해당할 가능성이 있다. 그러나 이 경우에도 당해 상장회사의 회사관계자가 내부자로서 규제의 대상이 되고 정보원(情報源)과의 관계에서 정보를 입수할 수 있는 지위에 있는 자(공무원 등)는 규제의 대상이 아니라는 점에서 문제가 있다. ④ 및 ⑤와 같은 시장정보(market information)는 상장증권에 관한 사실로서 상장회사의 운영·업무·재산에 관한 사실이라고는 할 수 없을 것이다. 이하에서는 공개매수·주식매집과 관련되는 내부자규제 중 내부정보에 관한 내부자규제와 다른 점에 대하여 설명하겠다.

167조의 중요사실이란 어떤 자가 상장회사의 주권 등에 관하여 공개매수 등을 하는 것을 결정하거나 또는 일단 한다고 결정하여 공표한 공개매수 등을 하지 않기로 결정한 것을 말한다(동조 2항). 「공개매수 등」에는 타사주공개매수·자사주공개매수와 상장주권 등의 5% 이상의 매집이 포함된다. 「어떤 자」가 법인인 경우에는 그 업무집행결정기관에 의한 결정이 필요하다.

중요사실이 투자판단상의 중요성과 무관하게 정의되고 있기 때문에 예를 들어 X가 A주식의 매집 결정을 하였지만 자금사정이 여의치 않아 매집을 개시하지 못한 때나 애당초 실현 가능성이 낮은 「매집 결정」을 한 때일지라도 매집의 결정을 알게 된 Y는 A주식을 취득할 수 없게 되는 등 제도의 불비가 있다. 펀드 운영자가 주식매집결정을 알고 대상주식을 거래했다는 이유로 소추된 무라카미 펀드 사건의 공소심에서는 결정이라고 할 수 있으려면 상응하는 실현 가능성이 필요하다고 하였으나, 최고재판소는 2011년 6월 6일 판결에서 실현가능성이 거의 존재하지 않는 경우는 별론으로 하고 공개매수 등의 실현가능성이 있다고 구체적으로 인정될 것은 요하지 않는다고 판단하였다. 해석에 의한 대처가 어려우면 법률개정을 통하여 제도의 불비를 시정할 필요가 있을 것이다.

규제의 대상이 되는 공개매수자등관계자는 공개매수자·매집자의 임원·대리인·사용인 그 밖에 종업원, 거래처 등이다(동조 1항). 공개매수의 대상회사 및 그 임직원도 공개매수 정보에 접근이 용이한 지위에 있으므로 공개매수자등관계자에 포함된다. 다만 공개매수나 매집을 행하는 자 본인은 공개매수 등에 관한 중요사실을 알고 있다고 하여 대상주권의 취득이 금지되는 것은 아니다.

중요사실의 공표가 이루어졌다라고 함은 공개매수의 개시결정 또는 중지결정이 ① 공개매수개시공고·공개매수철회공고·공개매수신고서·공개매수철회신고서에 기재되었을 것, ② 2 이상의 보도기관에 공개된 후 12시간이 경과하였을 것, ③ 상장회사인 공개매수자나 대상회사로부터 거래소에 통지되고 거래소의 홈페이지상에 공개되었을 것, ④ 상장회사가 아닌 공개매수자가 대상회사에 대하여 거래소에 통지하도록 요청하여 거래소의 홈페이지상에 공개되었을 것을 말한다(동조 4항).

내부자의 금지행위는 공개매수 등의 결정의 국면에서는 관계증권의 매수, 공개매수 등의 중지의 국면에서는 관계증권의 매도에 국한되지만(동조 1항), 정보 전달 및 거래권장이 금지되는 점은 내부정보에 관한 내부자거래의 경우와 동일하다(167조의2). 적용제외거래에는 2절 (6)의 ⑥ 및 ⑧이 그 성질상 없고, ⑤(대항매수)의 대신에 공개매수자·매집자의 요청에 기하여 하는 지원매수(應援買い)가 포함되어 있다(동조 5항). 또한 ① 공개매수 등의 결정·중지결정을 전달받은 자는 공개매수신고서 등에 그 사실을 기재하면 스스로 공개매수를 할 수 있고, ② 공개매수의 결정·중지결정을 전달받은 때로부터 6개월을 경과하면 거래를 하는 것이 인정된다(동항). 이는 앞에서 언급한 제도의 불비를 일부 해소하기 위하여 2013년 개정에서 도입된 적용제외거래이지만, ①은 공개매수신고서에의 기재를 「공표수단」으로 규정하면 될 것이고, ②는 실현가능성이 적어진 결정은 「공개매수의 결정」에 해당하지 않는다고 규정하면 족할 것이다.

4. 내부자거래의 제재와 방지

내부자거래죄는 1988년 도입 당시는 형식범으로 구성하여 그 벌칙도 가벼웠으나 점차 내부자거래의 반사회성이 강조되면서 벌칙이 강화되었다. 금융상품거래법에 의하면 위반자에게는 5년 이하의 징역, 500만 엔 이하의 벌금 또는 양벌의 병과가 가능하며(197조의2), 법인의 재산 또는 업무에 관하여 내부자거래가 이루어진 경우에는 법인은 5억 엔 이하의 벌금이 처해진다(207조). 내부자거래에 의해 얻은 재산(매수주권이나 매각대금)은 몰수의 대상이 되고, 몰수할 수 없는 경우에는 당해 물건의 가액에 해당하는 금액이 추징된다(198조의2). 투자운용업자가 고객의 계산으로 내부자거래를 한 경우에 고객이 얻은 재산상의 이익은 헌법상의 요청(재산권의 보장)에 의해 몰수·추징의 대상이 아니라고 보는 것이 일반적이다.

내부자거래는 과징금의 대상으로도 되어 있고, 내부자가 얻은 이득상당액 또는 회피한 손실상당액에 대해 과징금을 부과한다(175조). 벌금과 과징금은 병과가 가능하나, 몰수·추징이 이루어진 경우에는 그 금액을 차감하여 과징금액을 정한다. 따라서 과징금은 내부자거래에 관하여 형사소추가 이루어지지 않은 경우에 효과를 발휘하게 된다. 내부자거래에 대해 과징금은 적극적으로 적용되고 있지만, 내부자의 이득이 과징금을 초과하는 등 과징금의 억지효과에 문제가 있었기 때문에 2008년 개정에서 과징금액을 종래의 2배로 인상하였다. 또한 증자 내부자사건에서 투자운용업자에 대한 과징금이 너무 적었기 때문에 2013년 개정을 통하여 운용업자의 과징금은 운용보수의 3개월분을 기준으로 하는 것으로 변경되었다.

상장회사의 임원(이사·감사·집행역) 및 10% 이상의 의결권을 갖는 주요주주는 자사주를 6개월 이내에 매매하여 얻은 이익을 회사에 반납하여야 한다(164조). 이 **단기매매이익반환**제도는 내부자거래를 방지하기 위하여 1948년 증권거래법 제정 당시에 도입한 것으로서 1988년 내부자거래금지 입법 후에도 살아남았다. 이익반환의무의 발생은 실제로 미공개정보를 알고 거래할 것을 요건으로 하지 않는다. 이 제도는 단기매매 자체를 금지하는 것이 아니라 단지 이익을 취하는 것을 제한하는 것에 지나지 않기 때문에 최고재판소는 164조는 헌법 29조(재산권의 보장)에 반하지 않는다고 판단하였다(2002년 2월 13일 판결).

회사가 임원 등에 대하여 단기매매이익의 반환을 청구하지 않는 때에는 주주가 회사를 대위하여 청구할 수 있다. 이익반환청구를 용이하게 하기 위하여 임원 및 주요주주가 자사주 등의 매매를 한 경우 익월 15일까지 **매매보고서**를 내각총리대신에게 제출하도록 의무화하고 있다(163조).

민법상의 조합과 같이 법인격이 없는 펀드가 투자를 할 때 10% 이상의 주요주주에 해당하는지는 펀드의 배후에 있는 조합원의 수로 계산하게 된다. 여기서는 이익의 귀속주체가 중요하기 때문이다. 그런데 펀드의 배후에 있는 주주를 파악하는 것이 어렵기 때문에 금융상품거래법은 주요주주에 해당하는지는 조합이 가지는 의결권의 수로 판단하는 것으로 하였다(165조의2). 단기매매이익의 발생 여부도 조합별로 판단하고 단기매매이익이 발생한 경우에는 조합원 전원이 이익반환의무를 진다. 이 개정에 의하여 단기적인 이익을 목적으로 하는 투자펀드의 활동이 억제될 것으로 예상된다.

내부자의 민사책임에 관하여는 특별히 규정이 마련되어 있지 않으므로 투자가는 일반불법행위책임에 관한 규정(민법 709조)에 따라 손해배상을 청구하게 된다. 내부자의 의무는 "거래를 하려면 공시를 하여야 하는 의무"(「공시하지 않으면 거래해서는 안되는 의무」라고 봐도 좋다)이므로 공시의무위반으로도 거래단념의무위반으로도 볼 수 있을 것이다.

이것을 공시의무위반으로 보면 부실정보공시에 근거한 책임(제3장 5절 참조)과 마찬가지로 내부자거래시부터 진실한 정보가 공시된 때까지 거래를 한 모든 투자가에 대해 내부자는 막대한 금액의 배상책임을 지게 될 것이다. 다른 한편 거래단념의무위반으로 보면 내부자가 거래를 한 것에 의해 투자가가 구체적인 손해를 입었다고는 생각할 수 없기 때문에 투자가는 손해배상을 청구할 수 없을 수도 있다. 이에 관해 지금까지 판례는 없다. 내부자의 민사책임에 관하여는 내부자거래에 대해 억제효과가 발휘될 수 있도록 입법상의 조치가 필요하다.

5. 시세조종의 금지

시세조종이란 시장에 있어서의 가격형성(시세)을 인위적으로 조작하는 것을 말한다. 시세조종은 시세가 정보에 기하여 형성되는 것을 방해할 뿐만 아니라 일반투자가는 시세조종이 행해지고 있는 시장에는 접근하지 않을 것이므로 시장에 대한 투자가의 신뢰를 저해하는 강한 악성이 있다. 그리하여 엄한 벌칙으로써 금지하고 있다. 그러나 무엇이 시세조종에 해당하는지에 대해서는 많은 논란이 있다.

159조는 시세조종의 행위유형으로는 ① 가장거래(1항 1~3호), ② 담합거래(1항 4~8호), ③ 변동조작(2항 1호), ④ 표시에 의한 시세조징(2항 2호·3호), ⑤ 안정조작(2항 4호)이 있다.[1] 이른바 작전은 이러한 테크닉을 구사하는 것으로서 위법한 시세조종행위이다.

가장거래(우리나라의 가장매매)란 동일인이 동일종목에 대해 같

1) (역자 주) 우리나라의 경우는 시세조종에 관해 자본시장법 제176조는 ① 가장·통정매매 등 위장거래에 의한 시세조종(1항), ② 현실거래에 의한 시세조종(2항 1호), ③ 표시에 의한 시세조종(2항 2호·3호), ④ 불법한 시세의 고정이나 안정행위(3항), ⑤ 연계거래에 의한 시세조종(4항)을 규정하고 있는데, 일본의 가장거래와 담합거래는 우리나라의 ①에 해당하고, 변동조작은 ②에, 표시에 의한 시세조종은 ③에, 안정조작은 ④에 해당한다.

은 시기에 매도주문과 매수주문을 내는 경우처럼 형식적으로는 매매의 외관을 갖추고 있으나 실질적으로는 권리의 이전을 목적으로 하지 않는 거래를 말하고, **담합거래**(우리나라의 통정매매)란 복수의 자가 통정한 후 가장거래를 하는 것을 말한다. 어느 경우에도 거래량에 관해 허위 정보를 만들어 투자가의 판단을 그르치게 할 우려가 있으므로 법은 가장거래·담합거래가, 거래가 성황을 이루고 있는 듯이 오인하게 하는 등 거래상황에 관하여 타인에게 오인시킬 목적(오인목적)으로 이루어질 때에는 금지하고 있다.

변동조작(우리나라의 현실거래에 의한 시세조종)이란 대량의 매매주문을 시장에 냄으로써 시세를 인위적으로 변동시키는 행위를 말한다. 그런데 대량의 매매주문을 내면 시세가 변동하는 것은 당연하므로 적법한 거래와 위법한 거래를 구별하는 것이 쉽지 않다. 판례는 인위적인 조작을 통해 시세를 변동시킨 경우 투자가에게는 그 시세가 자연스런 수요공급의 원칙에 의하여 형성된 것으로 오인시켜 유가증권의 매매에 끌어들이려는 목적(유인목적)을 가지고 하였다면 그것은 변동조작이고, 그 유인목적이 없는 경우에는 변동조작에 해당하지 않는다고 판단하고 있다(최고재판소 1994년 7월 20일 판결). 변동조작은 정상적인 거래와 구별이 어렵기 때문에 시세조종의 수단으로서 가장 빈번히 이용되고 있는 수법이다.

표시에 의한 시세조정에는 두 가지의 행위유형이 있는데, 하나는 시세가 자기 또는 타인의 시장조작에 의하여 변동할 것이라는 말을 유포하는 행위(유포행위)이고, 또 하나는 유가증권의 매매 등을 할 때에 허위 또는 오해를 불러일으키는 표시를 고의로 하는 행위(허위표시)이다. 어느 경우이든 유인목적이 있어야 한다.

안정조작이란 시세를 안정시킬 목적으로 일련의 매매를 하는 행위를 말한다. 시세를 안정시키기 위해서는 하락기조에 있는 시세를 상승시키거나 또는 상승기조에 있는 시세를 하락시킬 필요가 있기 때문에 안정조작도 변동조작(현실거래에 의한 시세조종)과 차이가 없다.

다만 유가증권의 모집이나 매출 시에는 대량의 물량이 시장에 공급됨에 따라 수급관계가 무너져 가격이 하락할 우려가 있고, 가격이 모집·매출가액 보다 하락하면 모집·매출이 실패로 끝날 위험이 있다. 그리하여 법은 모집·매출의 원인수증권회사가 일정한 절차에 따라 대상증권을 시장에서 매입하여 시세(가격)를 안정시키는 것을 허용하고 있다. 따라서 제159조가 금지하는 것은 이러한 제한에 따르지 않은 안정조작거래이다.

시세조종 금지는 유가증권의 매매뿐만 아니라 장내파생상품거래, 상장금융상품 등과 관련된 장외파생상품거래에도 적용된다. 시세조종에 해당하는 거래를 위탁하는 행위도 금지의 대상이다. 매매가 성황을 이루고 있는 듯이 보이게 하기 위하여 허위의 주문을 내고 약정이 성립할 것 같으면 취소하는 이른바 **허수주문**은 이에 해당한다. 허수주문에 의해 다른 투자가가 거래에 끌려들 우려가 있기 때문이다.

시세조종행위에 대한 제재는 개인의 경우에는 10년 이하의 징역, 1,000만 엔 이하의 벌금 또는 양벌(197조)의 병과가 가능하며, 법인의 경우에는 7억 엔 이하의 벌금이다(207조). 처음에는 시세조종행위 중 변동조작만이 과징금의 대상이었다. 변동조작의 경우 행위자의 부당이득액을 산정하기 쉽기 때문이었다. 그러나 위법행위를 억지하려는 과징금제도의 도입취지를 생각하면 다른 시세조종행위도 과징금의 대상으로 함이 마땅하다. 그리하여 2008년 개정에서 가장거래, 담합거래, 안정조작도 과징금의 대상에 포함시켰다(174조~174조의3).

시세조종에 대해서는 민사책임규정이 마련되어 있지만(160조), 지금까지 손해배상책임이 인정된 예는 없다. 시세조종기간 중에 시장에서 거래를 한 투자가는 위반행위에 의해 형성된 가격과 위반행위가 없었더라면 형성되었을 가격과의 차액에 상당하는 금액에 대해 손해를 입은 것으로 볼 경우 투자가의 손해를 전부 합하면 막대한 금액에 이를 것이다. 시세조종을 억제하기 위해서도 투자가에 의한 손해배상청구를 규합할 수 있는 제도(**집단소송**)가 필요할 것이다.

6. 그 밖의 불공정거래

(1) 포괄적인 사기금지규정

157조는 ① 유가증권의 매매 그 밖의 거래 또는 파생상품거래 등에 관하여 부정한 수단·계획·기교를 사용하는 것, ② 유가증권의 매매 그 밖의 거래 또는 파생상품거래 등에 관하여 허위 또는 오해를 유발하는 표시를 사용하여 금전 그 밖의 재산을 취득하는 것, ③ 유가증권의 매매 그 밖의 거래 또는 파생상품거래 등을 유인할 목적으로 허위의 시세를 이용하는 것을 금지하고 있다. 이를 위반하면 벌칙이 가해진다.

이 규정의 모델이 된 미국의 연방증권거래소법 제10조 (b)항 및 SEC규칙 10b-5는 새로운 사기행위에 대처하기 위한 포괄적인 사기금지규정이고, 내부자거래규제나 적합성 원칙(제7장 4절)의 근거 규정이기도 하다. 또한 명문의 규정이 있는 정보공시위반이나 시세조종에 대해서도 적용되는 등 제도의 불비를 보충하는 역할을 다하고 있다.

일본의 157조도 **포괄적 사기금지규정**의 성질을 가지고 있지만 거의 이용되지 않고 있다. 그 이유는 본조에는 벌칙이 적용되는데

「부정한 수단·계획·기교」라는 구성요건이 형벌규정으로서 갖추어야 할 명확성을 결하고 있기 때문이다.

그러나 현재 내부자거래규제가 미치지 않는 금융상품에 관해 행해지고 있는 내부자거래유사행위나 엄밀히는 시세조종의 요건을 충족하지 않으나 거래 전체를 보면 시세조종과 동일한 악성이 있는 행위에 대해서는 본조를 적용하는 것이 가능할 것으로 생각된다. 예를 들면 과거 종종 있었던 것으로서 경영자가 보유주식을 팔고 나가기 위하여 대규모 주식분할을 함으로써 주가의 인위적인 변동을 초래한 행위는 시세조종과 같거나 그 이상으로 시장에 악영향을 주는 행위이므로 본조의 부정 수단에 해당하는 것으로 보아 규제하여야 할 것이다.

(2) 풍설의 유포·위계거래

158조는 누구라도 ① 유가증권의 모집, 매출, 그 밖에 거래를 위하여 또는 ② 유가증권의 시세변동을 도모할 목적으로 (a) 풍설을 유포하고, (b) 위계를 사용하거나, (c) 폭행·협박을 하여서는 아니된다고 규정하고 있다. 이 규정은 2차세계대전 전의 거래소법에 있었던 것으로 시세조정방지를 목적으로 한 것이다. 그 후 증권거래법 제정 시에 미국증권규제법을 참고하여 시세조종의 금지규정(5절)과 일반적인 사기금지규정((1))이 도입되면서 본조의 적용범위는 이것들과 겹치게 되었다.

풍설(풍문)의 유포란 허위 또는 불확실한 정보를 흘리는 것이다. 2006년의 라이브도아 사건에서는 거래소의 자율규정에 근거한 적시정보공시제도와 분기보고서제도를 통해 허위의 사실을 공표한 것이 「풍설의 유포」에 해당하는 것으로 소추되었다. 법정공시서류의 허위기재이면 그것만으로 처벌의 대상이 되는데, 거래소의 자율규정 위반에는 벌칙이 없으므로 형사책임을 묻기 위해서 「풍설의 유포」를 이용한 것으로 생각된다. 유죄로 처벌하기 위해서는 유가증권거래를 성립시키기 위해서 혹은 시세변동을 도모할 목적으로 풍설을 유포하여야 한다. 라이브도아 사건의 판결(동경고등재판소 2008년 7월 25일 판결)에서는 피고에게 이 두 목적이 있었던 것으로 인정되었다.

위계거래가 무엇인지에 대해 판례·학설은 구체적으로 논하고 있지 않으나 사실을 숨기고 거래를 하는 것으로 보아도 무방할 것이다. 2006년의 라이브도아 사건에서는 이익을 얻기 위해 주식교환비율을 임의적으로 결정했음에도 그 사실을 숨기고 거래를 한 것은 위계거래에 해당한다고 하여 소추되었다. 주식교환 등 회사의 조직재편행위에 부정이 있었던 경우에는 통상은 조직재편행위의 유지(留止)나 무효의 소와 같은 사법상의 수단을 통해 다투게 되지만, 위계거래의 금지규정을 이용하면 형사책임을 물을 수 있다. 라이브도아 사건의 판결은 위계거래의 성립을 인정한 것으로서 향후 158조는 부정한 회사경영을 규율하는 유력한 수단이 될 것이다.

또한 최근 증권거래등감시위원회는 경영상태가 좋지 않는 회사에게 제3자 배정증자를 하도록 한 후 자금을 회사로부터 빼돌린 불공정 파이낸스 사건에서 시장을 기만하여 투자가로부터 자금을 편취한 위계거래로 보아 158조 위반을 이유로 고발을 한 적이 있다(동경지방법원 2010년 2월 18일 판결 등). 이처럼 일본에서는 157조가 아니라 158조가 **포괄적인 사기금지규정**으로서 계속 활용되고 있다. 그리고 풍설의 유포 또는 위계거래에 의하여 시세에 영향을 미친 자에게는 과징금의 제재도 부과된다.

Chapter 07

유가증권의 매매·파생상품거래의 권유

제 7 장 유가증권의 매매·파생상품거래의 권유

1. 규제의 구조

금융상품거래업자는 유가증권 및 파생생품에 관해 고객과 다양한 거래를 한다. 고객에 대한 업자의 행위 중에는 ① 시세조정에 해당하는 거래를 수탁하는 경우와 같이 시장에서 유가증권 및 파생상품의 공정한 가격형성에 직접적으로 영향을 미칠 수 있는 것과 ② 부당한 권유와 같이 시장에 대한 영향은 간접적이지만 고객의 투자판단을 왜곡시키고 고객에게 손해를 끼칠 수 있는 행위가 있다. 금융상품거래법은 공정한 가격형성이라는 시장의 기능을 유지하고 투자가를 보호하기 위하여 업사 또는 그 임직원에 대해 일정한 행위를 금지하고 있다.

행위규제의 유형으로서는 ① 벌칙으로써 금지하는 것(손실보전 금지 등)과 ② 행정처분의 대상이 되는 것(단정적 판단의 제공 등)이 있는데, 어느 경우든 위반행위로 인하여 고객에게 손해가 발생하면 업자는 임직원의 불법행위(민법 709조)에 의한 사용자책임으로서 손해배상책임(민법 715조; 우리나라의 민법 756조)을 져야 할 가능성이 있다.

또한 금융상품거래업협회는 금융상품거래업자의 임직원에 대해 법령보다 엄격한 자율규제를 하고 있으며 자율규제를 위반하는 경우에는 외무원의 등록취소, 직무정지처분, 업자에 대한 과태료부과, 업자의 제명처분 등의 제제를 하고 있다.

제8장에서 후술하는 바와 같이 금융상품거래업에는 다양한 종류의 업무가 있고 업자가 영위하는 업무 또한 천차만별이다. 그리하여 금융상품거래법은 금융상품거래업자와 특정 금융상품거래업을 영위할 수 있는 등록금융기관이 준수하여야 하는 규정을 일률적으로 정한 다음(36~40조의3), 투자자문업 · 투자운용업 · 유가증권등관리업에 적용되는 특칙을 별도로 두고 있다(41조~43조의4).

금융상품거래업자와 등록금융기관의 대부분은 유가증권 및 파생상품거래를 권유하고 있으므로 본장에서는 권유에 관한 규정 중 대표적인 것에 대해 설명하고 투자자문업 등에 관한 특칙에 대해서는 제8장에서 살펴보기로 한다.

2. 외무원제도

증권회사는 오래전부터 영업소 이외의 장소에서 주문을 수탁하는 등 영업행위를 확대하기 위하여 외무원을 적극적으로 활용해 왔고, 이에 따라 외무원에 대한 법적 규제도 일찍부터 정비되어 왔다. 증권회사가 외무원을 채용하여 영업 기회를 확대하고 있는 이상 그에 상응하는 책임을 지는 것이 당연하다는 판단에 따른 것이다. 금융상품거래법에서는 이러한 외무원제도를 금융상품거래업자 및 등록금융기관(금융상품거래업자 등)에 공통적으로 적용하고 있다.

외무원이란 금융상품거래업자 등을 위하여 ① 유가증권에 관한 각종 거래행위(유가증권관련 파생상품거래를 포함하며, 법 2조 2항 각호의 간주유가증권에 관한 행위는 제외한다)나 그 권유, ② 점두파생상품거래, 그 중개·주선·대리 또는 이의 권유, ③ 유가증권관련 이외의 장내파생상품거래·외국시장파생상품거래, 그 중개·주선·대리 또는 이의 권유를 하는 자를 말하며, 금융상품거래업자 등은 외무원에 관해 외무원등록원부에 등록하여야 한다(64조 1항, 령 17의12). 따라서 사외에서 주문을 권유하거나 주문을 받는 자뿐만 아니라 금융상품거래업자 등의 계산으로 하는 자기매매업무(딜링업무)를 수행하는 내근직원도 외무원에 해당함에 주의를 요한다. 금융상품거래업자 등은 외무원을 외무원등록원부에 등록하여야 한다(64조 1항, 령 17조의14).

외무원은 64조 1항 각호에서 규정하고 있는 행위에 대해 소속 금융상품거래업자 등을 대리할 권한이 있는 것으로 간주된다(64조의3). 즉 금융상품거래업자 등이 외무원에게 대리권을 부여하지 않은 경우에도 외무원이 고객과 계약을 체결하면 고객과 업자 간에 계약이 체결된 것이 되고, 외무원이 고객으로부터 금전이나 유가증권을 수령하면 업자가 이를 수령한 것이 된다. 등록을 하지 않은 외무원에 대해서도 동일하다. 다만 외무원에게 그러한 권한이 없음을 고객이 알고 있었던 경우에는 외무원의 행위가 업자의 행위로 간주되지 않는다(동조 2항). 외무원이 업자의 대리인이라기보다는 고객의 대리인으로서 행동한 경우에도 64조의3은 적용되지 않는 것으로 해석되고 있다.

그리고 금융상품거래업자 등이 64조의3의 규정에 의해 고객에 대해 책임을 지지 않는 경우에도 외무원이 고객에게 끼친 손해에 대해서는 업자가 민법 715조(우리나라 민법 756조)에 근거한 사용자 책임을 부담할 가능성이 있다.

3. 상품의 설명의무

(1) 신의칙상의 설명의무

유가증권이나 파생상품을 판매하는 것은 눈에 보이지 않는 계약을 판매하는 것이고, 따라서 업자가 고객에게 상품내용을 설명하지 않으면 실제로 판매는 불가능하다. 그러나 종래 증권거래법에서는 설명의무에 관한 규정을 별도 두고 있지 않았다. 증권거래법시대의 판례는 고객과 증권회사 간에 정보량에 격차가 있음을 이유로 증권회사의 임직원은 신의칙상 설명의무를 부담하는 것으로 보았다. 증권회사의 임직원이 설명의무에 위반하여 권유를 한 때에는 고객에 대해 불법행위가 성립하게 된다. 다만 무엇을 어디까지 설명하면 설명의무를 다하는 것인지에 대해서는 명확하지 않았다.

설명의무의 대상은 상품의 개요(투자신탁처럼 거래 구조가 상품내용으로 되어 있는 때는 거래 구조)와 그 상품·거래의 리스크로 파악하는 판례가 많았고, 유가증권의 가치를 판단하는데 중요한 정보의 제공이나 해당 정보의 설명을 의무화하는 판례는 거의 없었다. 다만 무담보사채의 경우에는 권유 시에 의뢰등급 이외의 등급의 존재나 유통이율과 같은 발행자의 구체적 신용 리스크를 표시한 정보를 설명할 의무를 인정한 판례도 있었다.

최근 파생상품거래나 파생상품을 이용한 구조화채권(仕組債)거래에서 적합성 원칙(4절 참고)이나 설명의무위반이 문제가 되는 분쟁이 증가하고 있다. 파생상품거래의 분쟁 사례로는 금리스왑과 통화옵션(실질은 옵션 매도 거래)이 많다. 구조화채권이란 특정 발행자가 발행하는 채권에 투자를 하고 최초에는 높은 쿠폰이 지급되지만 원본 상환에 대해서는 참조지표(예컨대 특정종목의 주가)를 정하고 상환까지 참조지표가 노크인 가격(원터치 수준이라고도 불린다)이하로 떨어지지 않으면 원본전액이 상환되나 참조지표가 한번이라도 노크인 가격이하로 떨어지면 참조지표의 변화율에 따라 상환금액이 감액되는(예를 들어 특정 종목의 주가가 50%떨어지면 구조화채권의 상환액이 50% 감액된다)것을 말한다.

최고재판소는 2013년 3월 7일 고정금리와 변동금리를 교환하는 플레인 바닐라(Plain vanilla)형 금리스왑거래에 있어서 고정금리의 수준이 타당한 범위인지에 관한 문제는 투자자의 자기책임에 속하는 것이고, 금융기관에 설명의무는 없다고 판결하였다. 다만 이 판결은 플레인 바닐라형 금리스왑거래에 한하여 적용되어야 할 것이고, 구조화채권에 대해서는 리스크의 정성적인 설명이나 참조지표가 어느 정도 저하하면 어느 정도의 손실이 발생하는지에 대한 시뮬레이션 정보의 제공으로는 부족하고 고객이 상품의 가치(파생상품 이론가격)를 판단할 수 있을 만한 정보(위의 예에서 노크인이 발생할 확률)의 설명이 필요하다고 생각한다.

(2) 금융상품판매법상의 설명의무

금융상품판매법은 2000년 제정당시부터 금융상품의 판매업자에 대해 특별한 설명의무를 부과하고 있다. 즉 업자는 ① 시세변동이나 발행인·판매업자의 신용상태의 변화에 의해 원본손실이 발생될 우려가 있거나, ② 판매대상의 권리에 행사기간의 제한 혹은 판매계약에 해제기간의 제한이 있는 경우에는 그러한 사실을 금융상품을 판매할 때까지 고객에게 설명하여야 한다(금융상품판매법 3조 1항).

①의 원본손실이란 지급금액보다 회수금액(정확히는 회수한 것의 현재 가치)이 적은 경우를 말한다. 따라서 주식의 경우에도 원본손실이 발생할 수 있다. ②의 권리행사기간의 제한은 예를 들면 워

런트(warrant) 행사기간의 제한을 말하고, 해제기간의 제한은 투자신탁의 폐쇄(closed)기간을 말한다. 또한 금융상품판매법에서 말하는 금융상품에는 유가증권이나 파생상품(다만 상품선물은 제외한다) 외에 예금계약이나 보험계약도 포함된다.

2006년 개정에서 금융상품판매법상의 설명대상에 ③ 시세변동이나 발행인·판매업자의 신용상태의 변화에 따라 원본을 초과하는 손실이 발생할 우려가 있는 것 및 ④ 상품구조 중 중요부분이 추가되었다(동법 3조 1항). ③은 파생상품과 같이 출자한 원본손실뿐만 아니라 추가출자의 가능성이 있는 거래에 대해 특별히 설명을 요구하는 것이고 ④는 원본손실이나 원본초과손실이 왜 발생하는지에 관해 이해할 수 있도록 설명을 요구하는 것이다.

그리고 이러한 설명은 고객의 지식, 경험, 재산상태 및 당해계약을 체결하는 목적에 비추어 당해 고객이 이해하는 데 필요한 방법 및 정도로 이루어져야 한다는 규정을 신설하였다(동법 3조 2항). 고객의 적합성(4절 참조)을 고려하여 설명을 하라는 것이고, 지식 및 경험 등이 부족한 고객에게는 보다 주의를 기울여 설명하여야 하며 그렇지 않으면 설명의무위반이 될 가능성이 있다는 것이다.

업자가 금융상품판매법상의 설명의무를 위반한 때에는 그로 인해 고객이 입은 손해를 배상할 책임이 있다(동법 5조). 일반불법행위에 근거한 책임과 비교하면 ① 업자의 책임이 무과실책임이고, ② 원본손실액이 고객이 입은 손해로 추정된다는 점에서 고객 측에 유리한 내용으로 되어 있다. 또한 프로투자가(1장 5절 (2) 참조)에 대해서는 금융상품판매법상의 설명의무 및 손해배상책임의 규정은 적용되지 않는다(동법 3조 7항; 동시행령 8조).

(3) 금융상품거래법상의 설명의무

금융상품판매법상의 설명의무는 민사책임을 발생시킬 뿐이고 행정감독의 직접적인 근거가 되는 것은 아니다. 그래서 설명의무를 위반한 업자에 대해 감독상의 규제가 직접 미칠 수 있도록 금융상품거래법에서도 설명의무에 관해 규정하고 있다.

다만 금융상품거래법은 설명의무라는 형식이 아니라 금융상품거래계약체결 전의 서면교부의무라는 형식으로 규정하고 있다. 즉 금융상품거래업자 등은 금융상품거래계약을 체결하기 전에 고객에 대해 ① 당해계약의 개요, ② 수수료·보수 등, ③ 시세변동에 의해 손실이 발생할 우려가 있는 것, ④ ③의 손실이 고객의 위탁증거금 등을 상회할 우려가 있는 것 등을 기재한 서면(계약체결전교부서면)을 교부(전자적 수단에 의한 제공도 가능)하여야 한다(37조의3).

여기의 **금융상품거래계약**이란 업자가 고객을 상대로 하거나 또는 고객을 위하여 2조 8항 각호에서 열거하고 있는 행위(금융상품거래업을 구성하는 행위)를 할 것을 내용으로 하는 계약(34조 참조)을 말한다. 다만 프로투자가를 대상으로 하는 경우 및 과거 1년 이내에 서면을 교부한 경우에는 서면교부의무는 적용되지 않는다.

또한 금융상품거래업자의 금지행위에는 계약체결전서면교부시에 리스크정보 등에 관해 고객의 지식, 경험, 재산상태 및 계약체결목적에 비추어 당해고객이 이해하는데 필요한 방법 및 정도로 설명을 하지 아니하고 계약을 체결하는 행위가 포함되어 있다(38조 6호; 금상업무령 117조). 이것으로 인하여 금융상품판매법상의 설명의무와 동일한 내용의 설명의무가 업자의 행위규제로서 적용된다. 서면교부의무를 위반한 경우에는 행정처분의 대상이 될 뿐 아니라 위반자와 법인 모두 처벌의 대상이 된다(205조, 207조).

4. 적합성의 원칙

적합성의 원칙이란 고객의 지식, 경험, 재산상태 등에 비추어 부적절한 권유를 해서는 아니된다는 원칙을 말하는데, 종래 증권거래법 43조에서 업자의 행위규제의 하나로서 규정하고 있었다(위반하면 행정처분의 대상이 됨). 설명의무와는 별도로 적합성원칙을 권유규범으로 한 의의는 투자대상에 관해 적합성을 결한 고객에 대해서는 처음부터 권유를 하지 말라는 의무를 업자에 부과한 것에 있다.

최고재판소 2005년 7월 14일 판결은 ① 고객의 지식, 경험, 재산상태뿐만 아니라 고객의 의향(투자목적)도 적합성의 판단기준이 된다는 점과 ② 적합성원칙의 현저한 위반은 불법행위법상의 손해배상책임을 발생시킨다는 점을 분명히 하였다. ①에 기하여 금융상품거래법에서는 「계약을 체결하는 목적」을 적합성의 판단기준에 포함시켰다(40조 1호). 그 결과 금융상품거래업자 등의 임직원은 아무리 재산이 있더라도 안전한 운용을 희망하는 고객에게는 리스크가 높은 상품을 권유해서는 아니된다.

이 규정은 금융상품중개업자에게도 적용되며(66조의15), 그 외에 은행의 파생예금판매(은행법 13조의4), 보험회사의 변액보험판매(보험업법 300조의2), 부동산특정공동사업자의 부동산특정공동사업계약의 체결(부동산특정공동사업법 21조의2) 등에 대해서도 준용되고 있고, 상품선물거래에도 동일한 규정이 마련되어 있다(상품선물거래법 215조). 투자상품에 대해 기능별 횡단적인 규제를 가하기 위해서이다.

적합성원칙은 프로투자가에게는 적용되지 않는다(45조). 그러나 이는 어떠한 권유를 하더라도 프로투자가가 상대방이면 불법행위가 성립하지 않는다는 것을 의미하는 것은 아니다. 적합성의 원칙은 고객에 대한 **성실의무**(36조)를 구체화한 것이고, 금융상품거래업자의 성실의무는 프로투자가에 대한 관계에서도 면제되지 않기 때문이다.

5. 부당권유의 금지

(1) 허위사실의 고지·단정적 판단의 제공

유가증권의 가격이 오르기만 할 것이라고 생각하는 투자가는 많지 않다. 그러나 증권회사 외무원으로부터 특정 종목의 가격이 반드시 상승한다거나 얼마까지 상승한다는 이야기를 들으면 투자가는 그 말을 믿어버리게 되고 자신의 의사와는 무관하게 투자결정을 하여 예기치 않은 손실을 입게 될 가능성이 있다. 그러하여 법은 금융상품거래계약의 체결 또는 그 권유 시에는 업자 또는 임직원이 허위의 사실을 고지하거나 단정적 판단을 제공하는 것을 금지하고 있다(38조 1호·2호). 허위사실의 고지·단정적판단의 제공의 금지는 유가증권이나 파생상품의 판매·권유뿐만 아니라 투자자문계약이나 투자일임계약의 체결에도 적용된다.

허위사실의 고지 및 단정적 판단의 제공 금지는 업자와 프로투자가 사이에도 적용된다. 이러한 행위에 의해 프로투자가가 왜곡된 투자판단을 하게 되면 시장에서의 공정한 가격형성을 방해하기 때문이다.

단정적 판단 등을 제공한 업자는 다음 두 가지의 위험을 부담하여야 한다. 첫째 단정적 판단을 제공받은 고객(사업으로서 계약을 체결하지 않은 개인에 한한다)이 제공받은 정보가 확실한 것으로 오인하여 계약을 체결한 경우에는 고객은 소비자계약법에 근거하여 계약을 취소할 수 있다(소비자계약법 4조 2항). 다만 취소는 오인한 때로부터 6개월 이내에 하여야 한다. 둘째 허위의 사실을 고지하거나 또는 단정적 판단을 제공한 업자는 금융상품판매법에 근거하여 고객이 입은 손해를 배상할 책임을 진다(금융상품판매법 4조·5조, 프로투자가에게도 적용). 이 경우에도 원본손실액(3절 (1) 참조)은 고객이 입은 손해로 추정되며, 업자의 책임은 무과실책임이다.

(2) 불초청권유·재권유의 금지

불초청권유란 권유를 요청하지 않은 자에 대해 전화, 방문 등의 방법으로 하는 권유를 말하며, 영국에서는 가격변동이 심한 상품에 대해서는 불초청권유가 금지되고 있다. 일본에서는 외환증거금거래에 의한 소비자 피해가 사회문제된 것을 계기로 2005년 외국환증거금거래에 대해 금융선물거래법을 적용함과 동시에 동법에서 불초청권유를 금지하였다.

금융상품거래법은 금융선물거래법상의 불초청권유의 금지원칙을 승계하고 있다. 즉 금융상품거래업자 등 또는 그 임직원은 금융상품거래계약의 체결권유를 요청하지 않은 고객에 대해 방문하거나 또는 전화를 걸어 권유를 할 수 없다(38조 3호). 다만 금지규정은 정령에서 정한 계약에 한해 적용되며 정령에서는 거래소 외에서 행해지는 금융선물거래로 적용을 국한하고 있다(령 16조의4).

재권유금지란 최초 권유가 어떠한 방법에 의한 것이든 고객이 계약체결을 일단 거절하면 그 후에는 같은 권유를 계속하는 것을 금지하는 것을 말한다. 특정상거래에 관한 법률(특정상거래법)은 정령지정상품의 전화권유판매에 대해 재권유금지규정을 두고 있는데(특정상거래법 17조), 정령지정상품에는 금융상품은 포함되어 있지 않다.

금융상품거래법에서는 권유받은 금융상품거래계약을 체결하

지 않거나 또는 당해권유를 계속 받을 것을 원하지 않는다는 뜻을 고객이 표명한 경우 당해권유를 계속하는 것을 금지하고 있다(38조 5호). 재권유금지의 전제로서 권유에 앞서 권유받을 의사의 유무를 고객에게 확인하는 것이 필요하다(동조 4호). 재권유금지규정도 정령에서 정하는 계약에 한해 적용되고, 정령에서는 금융선물거래를 지정하고 있다(령 16조의4).

불초청권유 · 재권유금지는 프로투자가에게는 적용되지 않는다. 허위사실의 고지나 단정적 판단의 제공은 그 자체 투자가의 판단을 왜곡할 위험성이 있는 행위이며, 권유시에 해서는 아니될 행위이지만, 불초청권유 · 재권유는 행위의 성질 그 자체가 부당하다고 할 수는 없다. 불초청권유 · 재권유를 금지하는 근거에 대해 프라이버시의 보호나 투자가의 자기결정권 존중에서 구하는 견해가 있지만, 특히 이러한 행위는 위험이 매우 높다는 점과 현실에서 피해가 실제로 발생하고 있는 점을 이유로 금지의 범위를 확대하여야 할 것이라는 견해도 있다. 한편 불초청권유 · 재권유가 금지되면 그만큼 투자가에게 상품내용을 알려줄 기회가 감소하기 때문에 투자가는 자신에게 적합한 투자를 할 기회를 놓치게 된다는 지적도 있다. 이처럼 어떤 범위까지 불초청권유 · 재권유를 금지할 것인지는 금지의 근거, 금지의 효과 등을 잘 살펴서 검토하여야 할 어려운 문제이다.

(3) 쿨링오프

계약체결 후 일정기간(쿨링오프기간) 동안 고객이 계약을 자유롭게 해제할 수 있다면 부당한 권유로 인한 피해를 효과적으로 줄일 수 있다. 소비자계약에서는 법률상 또는 계약상 무조건 계약해제권이 인정되고 있다. 증권거래 분야에서는 종래 투자고문업법 17조에서 투자고문계약 체결에 한해 10일간의 쿨링오프기간(cooling-off period)을 인정하고 있었다.

그러나 유가증권의 매매나 파생상품거래에서는 거래대상의 가격이 항상 변동하기 때문에 쿨링오프를 인정하면 거래 후 가격이 하락한 때에 계약해제권을 행사하는 등 고객의 투기를 조장할 우려가 있다. 금융상품거래법은 정령에서 정하는 금융상품거래계약에 한하여 고객에게 무조건 계약해제권을 인정하고 있는데(37조의6), 정령에서는 투자고문계약을 그 경우로 정하고 있다(령 16조의3).

(4) 그 밖의 금지행위

금융상품거래법 38조 6호는 금융상품거래업자 등 또는 그 임직원이 해서는 아니되는 행위에 대해 내각부령에서 정하도록 위임하고 있는데, 내각부령에서는 20개 이상의 금지행위를 열거하고 있다(금상업부령 116조·117조). 주된 금지행위에는 ① 특별이익 제공, ② 선행매매(front running), ③ 내부자거래 수탁행위, ④ 법인관계정보(내부자거래의 중요사실과 거의 동일)에 기한 권유, ⑤ 대량추장판매(우리나라의 기획판매), ⑥ 작위적 시세조성거래가 있다.

①은 금융상품거래계약을 체결하기 위하여 고객 또는 제3자에게 특별이익을 약속하거나 실제로 제공하는 행위를 말하고, 손실보전약속과 마찬가지로 고객이 자신의 의사에 기하여 투자판단을 하는 것을 방해하므로 금지한 것이다. ②는 금융상품거래업자가 고객의 주문을 미리 알고 자신의 주문을 먼저 내는 것을 말하며, 업자의 성실의무위반(36조)의 전형이다. ③ 및 ④는 내부자거래방지를 위하여 특히 금융상품거래업자 등 또는 그 임직원이 해서는 아니되는 금지행위로 한 것이다. ⑤는 금융상품거래업자가 영업전략에 따라 특정종목의 유가증권을 집중적으로 권유하는 것을 말하며, 유인목

적을 결하여 시세조종에는 해당하지 않지만 금지대상으로 한 것이다. ⑥은 인위적인 시장가격형성을 조장하는 행위를 말하며, 업자가 스스로 인위적인 조작을 하는 것은 물론 인위적인 조작이 되는 거래를 수탁하는 것도 모두 금지된다.

위에서 언급한 ① 및 ③~⑥의 행위는 법이 벌칙으로써 금지하는 손실보전·내부자거래·시세조종에는 해당하지 않지만(만일 해당할 경우에는 금지규정이 모두 적용된다) 투자가의 투자판단을 왜곡하거나 시장거래의 공정을 해하는 점에서는 동일한 폐해를 초래할 수 있다. 그리하여 법은 금융상품거래업자의 시장 중개자로서의 역할의 중요성을 고려하여 업자 및 그 임직원이 해서는 아니되는 행위(금지행위)로 한 것이다.

고객의 주문에 관하여 매매별, 종목, 수량, 가격 중 전부 또는 일부를 증권회사에 일임하는 **일임매매**(一任勘定取引)는 손실보전의 온상이었기 때문에 증권거래법하에서는 원칙적으로 금지하고 있었다. 그러나 금융상품거래법에서는 일임매매를 금지하는 조문을 삭제하였다. 이것은 다음의 의미가 있다. 첫째는 투자운용업을 영위하는 금융상품거래업자의 경우는 고객과 투자일임계약(2조 8항 12호)을 체결하여 일임매매를 적법하게 할 수 있게 되었다는 것이고, 둘째는 고객과의 계약이 투자일임계약에 해당하지 않는 거래는 투자운용업을 영위하지 않는 금융상품거래업자도 원칙적으로 할 수 있게 되었다는 것이다. 그러나 내각부령에서는 일임매매를 하려면 엄격한 사내관리체제를 사전에 정비할 것을 요구하고 있다(40조 2호; 금상업부령 123조). 즉 규정의 문언상은 일임매매는 「원칙 금지」에서 「원칙 허용」으로 바뀌었으나 그 실질은 크게 바뀐 것은 없는 듯하다.

6. 손실보전의 금지

손실보전이란 고객이 증권거래에 의해 입은 손실을 증권회사가 보전해주는 것을 말한다. 버블붕괴 후 1991년 대형증권회사를 포함한 많은 증권회사가 관리 고객인 큰손에게 거액의 손실보전을 하고 있었던 사실이 발각되어 사회문제가 된 적이 있다. 손실보전은 증권거래의 자기책임원칙에 반하고 또한 일부의 큰손만 유리하게 취급하는 점이 일반투자가의 증권업에 대한 신뢰를 훼손하는 것으로 지적되어 동년 증권거래법 개정을 통해 손실보전을 벌칙으로써 금지하였다.

금융상품거래법은 손실보전금지를 모든 금융상품거래업자에 적용하고 있다. 손실보전이 금지되는 구체적인 경우는 유가증권의 매매, 기타 거래 또는 파생상품거래에 관한 다음의 행위이다(39조 1항).

① **거래전 소실보전·이익추가의 제안 및 약속** 유가증권의 매매 기타 거래 또는 파생상품거래에 의해 고객에게 손실이 발생하거나 또는 사전에 정한 수익을 내지 못한 경우에 손실을 보전하거나 또는 이익을 보장해 주기 위하여 당해 고객 또는 제3자에게 재산상의 이익을 제공하는 취지를 당해 고객 또는 그가 지정한 자에게 업자가 제안 또는 약속하거나 혹은 제3자에게 제안하게 하거나 약속하게 하는 행위를 말한다. 제안도 금지되므로 업자가 제안한 경우에는 설령 약속이 이행되지 않았더라도 처벌된다. 제3자로 하여금 제안하게 하는 행위도 금지되므로 예를 들면 고객이 업자로부터 매입한 유가증권이 결산기에 평가손이 발생할 우려가 있는 경우 제3자로 하여금 당해 유가증권의 매수를 제안하도록 하는 행위도 손실보전의 약속에 해당하게 될 것이다.

② **거래후 손실보전·이익추가의 제안 및 약속** 거래에 의해 고객에게 손실이 생기거나 예상수익이 발생하지 않은 후에 ①과 동일한 행위를 하는 것을 말한다.

③ **손실보전·이익추가의 실행행위** 업자 또는 제3자가 고객 또는 그가 지정한 자에게 손실보전·이익추가의 목적으로 재산상의 이익을 공여하는 행위를 말한다. 사전 약속이 없거나 또는 입증할 수 없어도 재산상의 이익이 공여되면 그것만으로 법위반이 된다. 다만 업자의 위법한 권유에 의해 고객이 입은 손해를 업자가 배상하는 행위는 내각총리대신의 확인을 받든지 손해배상판결이나 화해절차를 거침으로써 적법하게 할 수 있다.

금융상품거래업자에 대한 벌칙은 위반자의 경우 3년 이하의 징역 또는 300만 엔 이하의 벌금(병과 가능)(198조의3), 법인의 경우에는 3억 엔 이하의 벌금이다(207조).

고객이 손실보전을 요구하고 약속이 이행된 경우나 고객이 요구한 손실보전이 이루어진 경우(39조 2항)에는 고객도 1년 이하의 징역 또는 100만 엔 이하의 벌금(병과 가능)(200조 14호)에 처해지고 고객이 얻은 재산상의 이익은 몰수된다(200조의2).

손실보전의 금지는 금융상품거래업자 등이 행하는 투자조언업무 및 투자운용업에도 적용된다(41조의2 5호, 42조의2 6호). 즉 투자조언에 의한 거래나 재산운용으로서 행하는 거래와 관련하여 고객의 손실을 보전하거나 이익을 추가하는 행위도 금지된다.

손실보전의 약속은 형사벌로써 금지하므로 약속으로서의 효력은 없다. 다만 투자권유가 손실보전을 약속하면서 이루어짐으로써 투자가가 거래를 하게 되고 그로 인하여 손실을 입은 경우에는 투자가는 부당권유를 이유로 증권회사에 대해 손해배상을 청구할 수 있다.

손실보전의 금지는 프로투자가에 대한 관계에서도 금지된다. 손실보전이 행해지면 시장의 공정성이 훼손된다고 보기 때문이다. 판례도 손실보전을 증권거래질서상 허용될 수 없는 반사회적인 행위로 보고 있다(최고재판소 1997년 9월 4일 판결). 그러나 거래 후의 손실보전의 경우에는 손실보전이 사후적으로 이루어지므로 이미 이루어진 투자판단을 왜곡시키는 일은 있을 수 없고, 그 거래전의 손실보전의 경우도 손실보전의 리스크를 부담하는 업자로서는 진지하게 투자판단을 할 수밖에 없으므로 손실보전에 의해 시장의 공정성이 훼손되는 것은 실제로는 없다고 생각된다.

7. 무등록업자에 의한 미공개주식 등의 매도

최근 금융상품거래업자등록을 하지 않은 무등록업자가 전화 등을 통해「조만간 상장할 주식이므로 반드시 수익을 낼 것이다」는 식으로 거짓정보를 이용하여 미공개주식 등을 고가로 매도하는 사기사건이 빈발하고 있다. 무등록자에 의한 미공개주식 등의 매도는 금융상품거래법의 등록규제를 위반한 업자가 한 행위이고, 미공개 주라는 정보의 비대칭성이 강한 유가증권에 관한 거래라는 점에서 2011년 개정에서 공서양속에 반하는 폭리행위로 보아 원칙적으로 무효로 하는 171조의2를 신설하였다. 미공개주식 등이란 미상장의 주식·신주예약권·사채 등을 말한다. 미공개주식 등의 권유사례에서는 착오에 의한 계약 무효, 사기에 의한 계약 취소, 부실고지·단정적 판단의 제공에 의한 계약 취소(소비자계약법 4조 1항)를 근거로 고객이 보호를 받은 경우도 있지만 고객이 무효·취소의 요건충족을 입증하기가 어려운 경우도 있을 것이다. 또한 권유를 한 무등록업자에 대해서는 금융상품판매법상의 설명의무위반(3절 (2))이나

[역자 약력]

권 종 호(權鍾浩)

건국대학교 법과대학
일본 동경대학 대학원(법학석사, 법학박사)
일본 대장성 재정금융연구소 실무연구원
금융위원회 금융발전심의회 위원
한국거래소 코스닥시장상장위원회 위원장
국민연금 의결권행사전문위원회 위원장
법무부 회사법개정위원회 위원
(현) 건국대학교 법학전문대학원 교수
건국대학교 법학전문대학원 원장

주요 저서 및 논문
주식회사법대계(공저), 법문사, 2013.
자본시장법[주석서1.2](공저), 박영사, 2009.10.10.
経営者監視メカニズムとしての委任状勧誘制度ー公開買付·株主提案·委任状勧誘に関する日米比較研究を中心としてー(동경대 박사학위논문, 1997년)
금융산업의 발전과 소비자보호,「저스티스」제121호(2010)
사채관리회사제도의 운영상의 쟁점과 과제,「상사법연구」제31권 2호(2012)
우리나라 경영권방어법제의 문제점과 개선방안—신주인수선택권과 차등의결권주식을 소재로—,「선진상사법률연구」제72호(2015)

[저자 약력]

黒沼悦郎(くろぬま えつろう·구로누마 에츠로우)

東京大学 法学部(동경대학 법학부)
東京大学 法学部 助手(동경대학 법학부 조수)
(현) 早稲田大学 大学院 法務研究科 教授(와세다대학 대학원 법무연구과 교수)

주요 저서 및 논문
『資本市場の機能と不公正取引の規制』(神戸法学双書)(有斐閣, 2002年)
『アメリカ証券取引法』(第2版, 弘文堂, 2004年)
『金融商品取引法入門』(第3版, 近藤光男, 吉原和志と共著, 商事法務, 2013年)
『論点体系·金融商品取引法1·2』(太田洋と共編著, 第一法規, 2014年)
「証券市場における情報開示に基づく民事責任(1)~(5·完)」法学協会雑誌105巻12号, 106巻1·2·5·7号(法学協会, 1988年~1989年)
「公開買付規制の理論問題と政策問題」江頭憲治郎編『株式会社法体系』所収(有斐閣, 2013年)
「有価証券届出書に対する元引受証券会社の審査義務」岩原紳作=山下友信=神田秀樹編『会社·金融·法』所収(商事法務, 2013年)

제6판
일본금융상품거래법 입문

제6판인쇄 2015년 11월 25일
제6판발행 2015년 11월 30일

지은이 구로누마 에츠로우
옮긴이 권종호
펴낸이 박노일

총괄기획 김중용
편 집 심성보·김인숙

펴낸곳 피엔씨미디어

경기도 고양시 일산동구 강송로 153 310-1501
등록 제396-2012-000203호
전 화 070)7550-3758 팩 스 02)718-8554
홈페이지 www.pncmedia.co.kr 이메일 pnc@pncmedia.co.kr
ISBN 979-11-5730-248-2 93360

정 가 20,000원